Mein großes Tier LEXIKON

Bei jeder Tierart findest du unter dem Namen eine Zeile mit Symbolen:

- Lebensraum des Tieres: z.B. Erdteile, Länder, Inseln oder Meere.
- ▶ Länge des Tieres: bei Säugetieren vom Kopf bis zum Schwanzansatz, bei anderen Tieren die Gesamtlänge.
- ▲ Höhe des Tieres: bei großen Säugetieren die Schulterhöhe, bei einigen vom Scheitel bis zur Sohle.
- ◀▶ Flügelspannweite bei Schmetterlingen.
- ! Tiere mit diesem Symbol sind giftig. Einige können sogar Menschen gefährlich werden.
- → Siehe Fachbegriffe ab Seite 318.

Bei den Größenangaben werden immer die erreichbaren Höchstwerte genannt. Selbstverständlich gibt es von jeder Tierart verschieden große Exemplare.

Der Text dieses Buches entspricht den Regeln der neuen deutschen Rechtschreibung.

Autor: Hans Peter Thiel
Redaktion: Irmingard Seidel-Reisner, Agentur für Kindermedien, München
Redaktion und Umbruch: Dieter Klee, Buch-Werkstatt GmbH, Bad Aibling
Bildredaktion: Stephanie Grote, Irmingard Seidel-Reisner, Agentur für Kindermedien, München
Illustration: Johann Brandstetter, Petra Dorkenwald, München, Arno Kolb
Umschlag: Falken Verlag Archiv: U1 und Pinguine, U4 Schneehase und Elefanten (Gerd Ohnesorge).
Lizenzfrei: U1 Delfine, U4 Zebras (Dynamic Graphics).
IFA-Bilderteam GmbH, Ottobrunn/Fritz Pölking: U4 Leoparden, Johann Brandstetter/Arno Kolb:
U1 Koalas, U4 Pfau, Ivars Silis, Qaqortoq: U1 Eisbären
Umschlaggestaltung: Therese und Horst Rothe, Niedernhausen
Datenaufbereitung und Satz: Buch-Werkstatt GmbH, Bad Aibling; Anke Eickholt
Layout: PräsentationsDesign, Wiesbaden
Druck und Bindung: Mohn Media Mohndruck, Gütersloh

Printed in Germany

817 2635 4453 6271

Mein großes Tier LEXIKON

Bassermann

Inhaltsverzeichnis

Inhaltsverzeichnis

Säugetiere

Die Säugetiere sind die am höchsten entwickelte Tiergruppe der Erde. Sie erschienen vor rund 200 Millionen Jahren auf unserem Planeten und waren damals noch sehr klein. Erst nach dem Aussterben der Dinosaurier konnten sie sich ausbreiten. Als gleichwarme Tiere eroberten sie jeden Lebensraum. Es gibt Säugetiere auf dem Land, im Wasser und in der Luft.

Das größte fliegende Säugetier ist der Kalong. Der Flughund hat eine Spannweite von 1,40 m.

Brüste, Euter oder Zitzen

Säugetiere unterscheiden sich von allen anderen Tieren dadurch, dass sie Milchdrüsen haben. Darin entwickelt sich die Milch, mit der sie ihre Jungen gleich nach der Geburt säugen. Bei der Kuh heißt die Milchdrüse Euter, bei Affen spricht man von Brustwarzen, bei Hunden und Katzen von Zitzen. Mit der Muttermilch bekommt das Junge alle wichtigen Nährstoffe. Die Milch enthält auch viele Stoffe, die das Junge vor Krankheiten schützen. Die Neugeborenen müssten ohne die Milch der Mutter sterben. Der Mensch verträgt auch die Milch von Kühen, Schafen und Ziegen.

Kühe können über 5 000 Liter Milch im Jahr geben.

Wale und Delfine sind die intelligentesten Meerestiere. Obwohl sie keine Haare, sondern eine glatte Haut haben und im Wasser leben, sind sie Säugetiere. Am häufigsten ist der Grönlandwal.

Ein großes Gehirn

Bei Säugetieren ist das Großhirn besser entwickelt als bei anderen Tieren. Das Großhirn ist der Teil des Gehirns, der zum Beispiel für das »Denken« zuständig ist. Natürlich können Tiere nicht denken wie wir. Aber Menschenaffen können manche ihrer Handlungen steuern. Sie besitzen also eine Art Intelligenz. Durch ihr Gehirn haben viele Säugetiere die Fähigkeit, bestimmte Dinge zu lernen. Sie wurden dadurch anderen Tieren überlegen.

Das kleinste Säugetier ist die Etruskerspitzmaus. Sie wiegt nur zwei Gramm. Das größte Säugetier, der Blauwal, ist 65 Millionen Mal schwerer.

Anpassung an Kälte und Wärme

Vögel haben Federn, Schlangen haben Schuppen, Käfer haben einen Panzer aus hornähnlichem Stoff. Aber nur Säugetiere haben Haare. Sie erhalten ihre Körpertemperatur sowohl bei Kälte als auch bei großer Hitze aufrecht. Bei den meisten Säugetieren ist der gesamte Körper behaart. Sie tragen einen Pelz wie der Bär. Säugetiere können auch als Einzige schwitzen. Sie besitzen Schweißdrüsen in der Haut.

Kleine und große Kinder

Säugetiere bringen lebende Junge zur Welt. Die → Embryos entwickeln sich im Mutterleib. Es gibt zwei Ausnahmen: die Schnabeltiere und die Ameisenigel. Diese urtümlichen Säugetiere legen Eier, aus denen die Jungen schlüpfen. Die Jungen des Kängurus sind bei der Geburt so groß wie ein Fingernagel. Sie kriechen in den Brutbeutel der Mutter, wo sie gesäugt werden und weiterwachsen. Ein Elefantenbaby oder ein Blauwaljunges ist dagegen riesig.

Beuteltiere wie das Wallaby sind urtümliche Säugetiere. Sie brüten ihre Jungen in einer Bauchtasche aus.

Auf vier Beinen

Alle Säugetiere sind Vierbeiner. Bei manchen sind die zwei vorderen Beine zu Armen umgebildet. Sie können dann aufrecht gehen wie Menschenaffen. Seekühe, Wale und Delfine haben Flossen anstelle von Armen. Ihre hinteren Gliedmaßen sind verkümmert. Dafür haben sie eine waagerechte Schwanzflosse gebildet, die Fluke.

Der Löwe ist ein Raubtier. Das Männchen gilt als König der Tiere. Diesen Ruf hat es, obwohl zum Beispiel der Tiger größer und kräftiger ist. Aber kein Tier brüllt so laut und Furcht erregend wie ein Löwenmännchen.

Säugetiere

Am Gebiss lässt sich feststellen, was Tiere fressen.

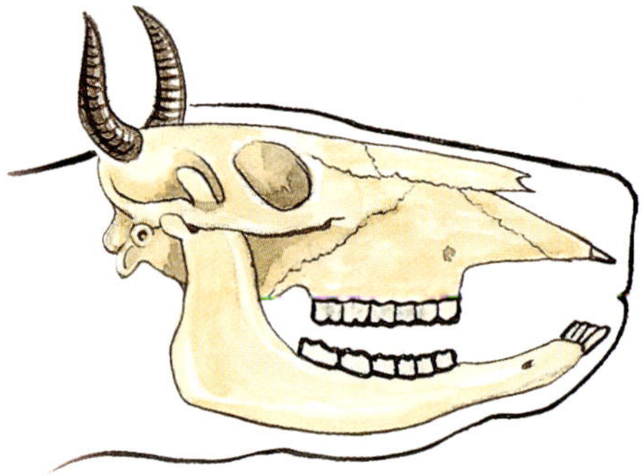

Gebiss eines Pflanzenfressers: Kuh

Gebiss eines Raubtiers: Löwe

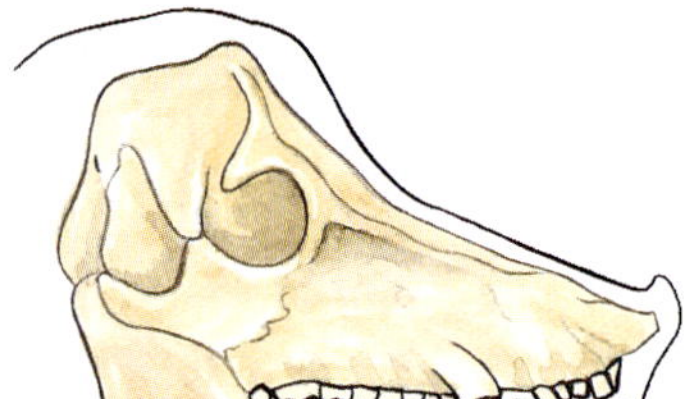

Gebiss eines Allesfressers: Schwein

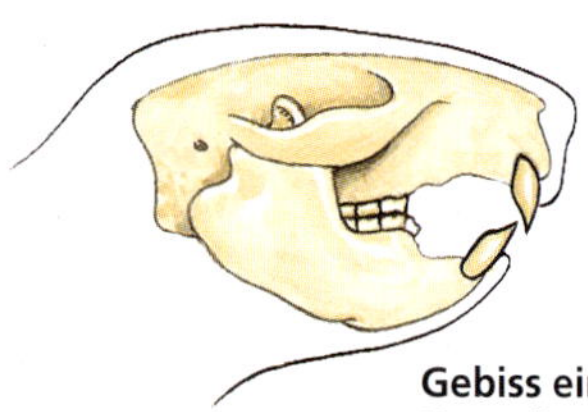

Gebiss eines Nagetiers: Biber

Pflanzenfresser – Fleischfresser – Allesfresser

Die größten Säugetiere, die Bartenwale, ernähren sich von den kleinsten Lebewesen. Sie verzehren tonnenweise Krill. Das sind winzige Krebschen, die im ➔ Plankton der Meere treiben. Die meisten Säugetiere sind aber Pflanzenfresser. Je nach Größe müssen sie gewaltige Mengen an Pflanzen zu sich nehmen, um satt zu werden. Ein ausgewachsener Elefant etwa braucht täglich bis zu 300 Kilogramm Grünfutter. Die Fleischfresser unter den Säugetieren können länger hungern als die Pflanzenfresser. Denn nicht immer haben sie das Glück, ein Tier zu erbeuten und sich satt zu fressen. Besser haben es da die Allesfresser. Sie nehmen pflanzliche und tierische Nahrung zu sich. Ein bekannter Allesfresser ist das Schwein, das manchmal sogar die eigenen Jungen frisst. Auch manche Raubtiere wie die Bären sind Allesfresser. Viele Bären nehmen sogar überwiegend pflanzliche Kost zu sich. Ob Tiere Pflanzenfresser oder Fleischfresser sind, erkennen wir am Gebiss.

Das Heer der Nager

Die Nagetiere sind die größte Säugetiergruppe und überwiegend Pflanzenfresser. Sie umfassen fast die Hälfte aller Säugetierarten. Manche sind sehr klein wie die Zwergmaus, die mit Schwanz nur zehn Zentimeter lang wird. Am größten wird das Wasserschwein mit 1,20 Meter Länge. Man unterscheidet vier Gruppen von Nagetieren: Mäuse, Hörnchen, Meerschweine, Stachelschweine sowie deren jeweilige Verwandte. Alle besitzen sie Nagezähne. Das sind die oberen und unteren Schneidezähne. Da sie sich stark abnutzen, wachsen sie ständig nach.

Auch an den Hufen können wir Tiere erkennen:

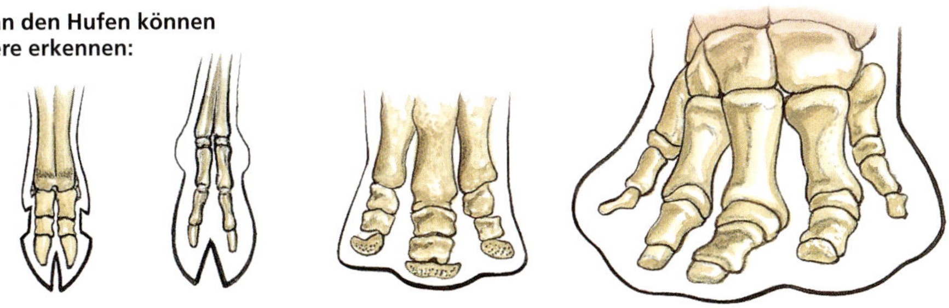

Wenn Nagetiere nichts zu nagen haben, wachsen die Zähne immer weiter und versperren dem Tier schließlich das Maul.

Raubtiere

Raubtiere jagen und fressen andere Tiere. Dazu hetzen sie ihre Beute oder sie schleichen sich an. Man erkennt die Raubtiere an ihren dolchartigen Eckzähnen und den Reißzähnen. Fast alle besitzen scharfe, kräftige Krallen, mit denen sie ihre Beute schlagen. Eines der kleinsten Raubtiere ist das Mauswiesel. Es wird nur etwa 20 Zentimeter lang und ist ein Marder. Das größte Raubtier ist eine Robbe: der Seeelefant. Außer Mardern und Robben zählen Bären, Hyänen, Schleichkatzen, Katzen und Hunde zu den Raubtieren. Hundeartige Raubtiere sind zum Beispiel Wölfe und Füchse, katzenartige sind Löwen, Tiger und Leoparden.

Mit Ausnahme des Gepards können alle Katzen ihre Krallen einziehen.

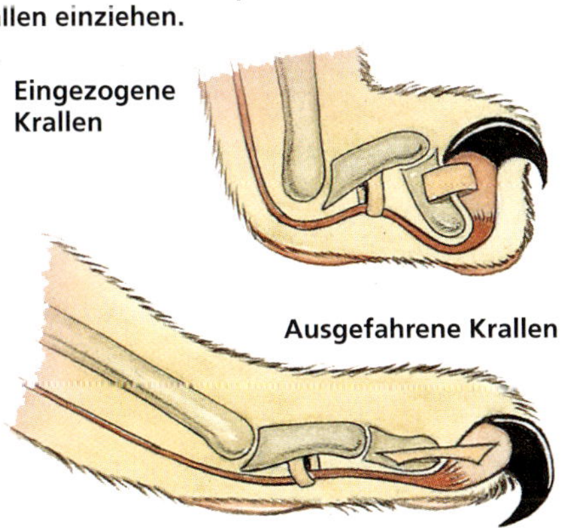

Die Urpferde hatten noch vier Zehen. Unser heutiges Pferd läuft nur noch auf der Mittelzehe. Der Zehennagel ist vom Huf umschlossen.

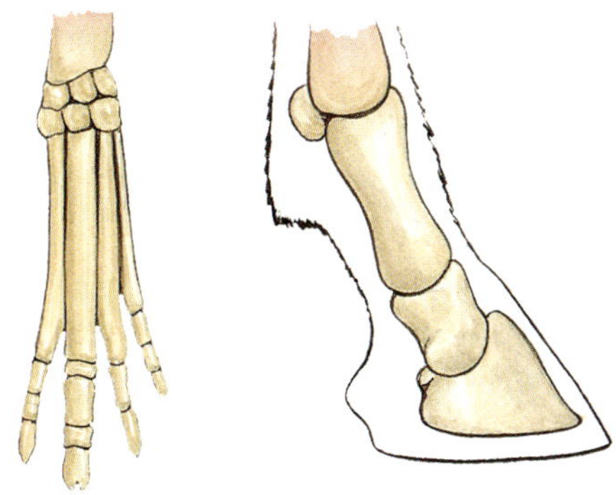

Auf einem, zwei, drei oder vier Zehen

Die für den Menschen wichtigsten Pflanzenfresser sind die Huftiere. Wir haben viele von ihnen zu Haustieren gemacht. Auf dem Rücken von Pferden wurden große Teile der Welt entdeckt. Pferde zogen Wagen und Pflug. Die Rinder hat der Mensch gezähmt, weil sie ihm Fleisch, Milch und Häute geben. Pferd und Rind sind Huftiere. Das Pferd gehört zu den Unpaarhufern wie das Nashorn und der Tapir. Pferde haben nur einen Hornschuh, der die Mittelzehe umgibt. Nashörner laufen auf drei Zehen, Tapire vorn auf vier und hinten auf drei. Sie haben also unpaarige Hufe. Die Kuh ist ein Paarhufer. Bei ihr tragen die dritte und vierte Zehe einen Huf. Zu den Paarhufern zählen auch Schafe und Ziegen, Hirsche und Schweine, Giraffen, Antilopen und Kamele.

Affen und Halbaffen

Menschenaffen

Unsere nächsten Verwandten im Tierreich sind die Menschenaffen. Nach dem Menschen sind sie die am höchsten entwickelten Lebewesen. Sie besitzen auch ein hoch entwickeltes Gehirn. Menschenaffen können aufrecht gehen und gebrauchen ihre Hände. Sie lachen und weinen fast wie wir. Man unterscheidet drei Arten Großer Menschenaffen sowie die Gibbons.

Orang-Utan

Südostasien ▶ bis 1,80 m

»Orang-Utan« ist malaiisch und bedeutet Waldmensch. Er lebt im ➔ Regenwald und hält sich als Einziger der Großen Menschenaffen nur in den Baumwipfeln auf. Heute findet man den Orang-Utan eher im Zoo als in seiner Heimat auf den Inseln Borneo und Sumatra. Dort sind die Orang-Utans vom Aussterben bedroht. Weibchen und Jungtiere hangeln sich im Familienverband durch die Bäume. Erwachsene Männchen sind meist Einzelgänger. Nur wenn man sie reizt, fletschen sie die Zähne und brüllen. Dann ist es besser, sich zurückzuziehen.

Ein Orang-Utan-Weibchen kümmert sich liebevoll um den Nachwuchs. Es trägt sein Junges stets mit sich und säugt es drei Jahre lang.

Weißhandgibbons sind wahre Artisten. Mit Hilfe ihrer langen Arme schwingen sie sich wie Trapezkünstler von Ast zu Ast.

Weißhandgibbon

Asien ▶ bis 60 cm

Gibbons sind Kleine Menschenaffen und bilden eine eigene Gruppe. Es gibt fünf Arten. Der Weißhandgibbon wiegt nur acht Kilogramm. Er schwingt sich am elegantesten durch die Baumwipfel. Ein Gibbon kann bis zu zwölf Meter weit durch die Luft schnellen und trotzdem sicher auf einem Ast landen. Bei seinen Luftsprüngen ergreift der Affe auch noch Früchte oder fängt sogar Vögel. Auf dem Boden läuft er dagegen recht unbeholfen. Dabei fuchtelt er mit den langen Armen herum und balanciert so seinen Gang aus.

Gorillas leben in Familienverbänden. Der Anführer ist ein Gorillamännchen. Alle Mitglieder der Gruppe ordnen sich ihm unter.

Gorilla

Afrika ▸ bis 2 m

Gorillas sind die größten Menschenaffen. Ein ausgewachsenes Gorillamännchen ist aufgerichtet größer als ein Mensch und wiegt bis zu 275 Kilogramm. Mit seinen Armen kann es jeden Mann umfassen und erdrücken. Denn Gorillas sind sehr stark. Aber sie sind friedlich. Tagsüber ziehen sie in der Familiengruppe umher. Nachts bauen sie sich ein Schlafnest am Boden. Die Gorillagruppe wird von einem starken Männchen angeführt. Ein Blick von ihm genügt, und alle anderen Tiere kuschen. Der Anführer ist meist ein Silberrücken mit grauen Rückenhaaren. Er steht in der → Rangordnung am höchsten. Wenn sich die Gruppe bedroht fühlt, greift der Silberrücken ein: Er schüchtert einen Gegner zuerst ein, indem er ihn scharf anschaut. Hilft das nichts, trommelt er sich mit den Fäusten auf die Brust, reißt Pflanzen aus und wirft sie in die Luft. Dazu stößt er laute Schreie aus. Zieht der Gegner noch nicht ab, dann greift ihn der Gorilla an.

Schimpanse

Afrika ▸ bis 1,70 m

Schimpansen sind den Menschen am ähnlichsten. Sie sind Bodentiere und

Der Schimpanse lebt in lockeren Gruppen, deren Zusammensetzung sich täglich ändert.

Affen und Halbaffen

Die Schimpansen stochern mit einem Stöckchen Termiten aus ihrem Bau, um sie zu verspeisen.

wandern auf allen vieren weit umher. Auf Bäume klettern sie nur, um Früchte zu pflücken oder ein Schlafnest zu bauen. Schimpansen sind die intelligentesten Menschenaffen. Sie lernen viele Dinge durch Nachahmen und gebrauchen auch Werkzeuge. Zum Beispiel klopfen sie Nüsse mit Steinen auf.

Affen

Die rund 135 Affenarten sind auf drei Erdteilen zu Hause: In Afrika und Asien leben die Schmalnasen, in Südamerika die Breitnasen. Die Schmalnasen haben nach unten gerichtete Nasenlöcher. Bei den Breitnasen stehen die Nasenlöcher seitwärts.

Mantelpavian

Afrika ▸ bis 90 cm

Die Paviane haben eine hundeähnliche Schnauze. Sie werden deshalb auch Hundskopfaffen genannt. Zu diesen weit verbreiteten Affenarten in Afrika gehört der Mantelpavian. Wie alle Paviane fällt er durch sein leuchtendes Hinterteil auf. Bei ihm ist es rot gefärbt. Paviane bewohnen die offene Landschaft und ziehen meist in Horden von bis zu 200 Tieren umher. Sie werden dabei von kräftigen Männchen angeführt. Diese gelten als sehr angriffslustig. Die Weibchen halten zeitlebens Kontakt zu ihren Müttern, auch wenn sie selbst schon Junge haben.

Rotgesichtsmakak

Japan ▸ bis 70 cm

Die Makaken bilden eine große Gruppe von Affen in Afrika und

Affen und Halbaffen

Schnee und Kälte scheinen den Rotgesichtsmakaken nichts auszumachen. Sie kuscheln sich dann aneinander, um sich zu wärmen.

Asien. Der Rotgesichtsmakak lebt in Japan und ist damit der Affe, der am weitesten nördlich vorkommt. Im Sommer baden und tauchen Rotgesichtsmakaken im Meer. Sie fressen dann auch Muscheln. Im Winter schneit es in ihrem Gebiet. Dann suchen sie unter der Schneedecke nach Wurzeln. Die Japanmakaken sind dafür bekannt, dass sie ihre Nahrung waschen, bevor sie diese fressen.

Paviane gehören zu den Schmalnasen. Das Männchen des Mantelpavians geht mutig sogar auf Leoparden los.

Rhesusaffe

Asien ▸ bis 55 cm

Der Rhesusaffe zählt zu den Makaken. Er ist nicht sehr groß. Früher sah man ihn oft auf Jahrmärkten, wo er die Drehorgel drehte. Die Rhesusaffen dienen auch als medizinische Versuchstiere. Viele haben für die Forschung ihr Leben lassen müssen. Auch als die ersten Raumschiffe ins Weltall starteten, waren Rhesusaffen an Bord. In ihrer indischen Heimat streifen diese Affen in großen Horden umher. Viele leben auch in Dörfern und Städten und dringen in Gärten und sogar Häuser ein. Am Abend ziehen sie sich auf ihre Schlafbäume zurück.

Rhesusaffen bilden stets größere Horden. Wenn sie gemeinsam ruhen, betreiben sie Fellpflege und lausen sich gegenseitig.

Blaumaulmeerkatze

Afrika ▸ bis 58 cm

Es gibt etwa 20 Arten von Meerkatzen. Sie gehören zu den geschicktesten Kletterern und springen von Baumwipfel zu Baumwipfel. Alle haben

Affen und Halbaffen

lange Schwänze, mit denen sie sich aber nicht festhalten. Die Blaumaulmeerkatze ist besonders auffällig. Sie hat ein blaues Gesicht und einen weißen Streifen auf der Oberlippe. Dadurch sieht sie aus wie ein Clown. Blaumaulmeerkatzen bilden Gruppen von sechs bis zehn Tieren. Sie ernähren sich vor allem von Blättern, Früchten und Samen. Am liebsten fressen sie das Mark der Palmnuss. Sie plündern aber auch Vogelnester.

Blaumaulmeerkatzen halten sich fast ständig auf Bäumen auf und betreten den Boden nur selten.

Nasenaffe

Asien ▶ bis 70 cm

Der Nasenaffe ist 70 cm lang und hat einen ebenso langen Schwanz. Er lebt im ➔ Regenwald auf der Insel Borneo und fällt durch seine gewaltige Gurkennase auf. Sie hängt ihm über das Maul und stört ihn oft beim Fressen.

Der Nasenaffe kann gut schwimmen und tauchen.

Die Riesennase dient als Schallkörper. Sie verstärkt das Geheul des Nasenaffen.

Schwarzer Brüllaffe

Südamerika ▶ bis 60 cm

Brüllaffen sind die größten Affen Südamerikas. Wenn ein Brüllaffe im ➔ Regenwald zu singen anfängt, wird daraus schnell ein schauerliches Gebrüll. Denn die ganze Affenhorde stimmt in den Gesang ihres Vorsängers und Anführers ein. Die Affen haben einen stark vergrößerten Kehlkopf, und ihr Gebrüll ist kilometerweit zu hören. Die Tiere hängen bei ihrem Konzert oft an Ästen und halten sich mit ihrem Wickelschwanz fest. Alle südamerikanischen Affen haben Schwänze, die fast ebenso lang sind wie ihr Körper. Die großen Affen benutzen diese auch zum Greifen und haben so eine fünfte Hand.

Der Spinnenaffe gebraucht seinen Wickelschwanz wie eine fünfte Hand.

Spinnenaffe

Brasilien ▶ bis 63 cm
Der Spinnenaffe zählt zu den Klammerschwanzaffen. Die schlanken Affen vollführen die tollsten Verrenkungen wie Schlangenmenschen im Zirkus. Spinnenaffen leben nur in den Wäldern Südostbrasiliens. Sie sind so scheu, dass man sie fast nie zu sehen bekommt.

Es gibt fünf Arten von Brüllaffen. Am bekanntesten sind der Rote und der Schwarze Brüllaffe, bei dem aber die Jungen und Weibchen hellbraun sind.

Kaiserschnurrbarttamarin

Südamerika ▶ bis 25 cm
Die kleinen Krallenaffen besitzen keine Finger- und Zehennägel wie andere Affen. Sie haben stattdessen scharfe Krallen. Zu den merkwürdigsten dieser Krallenaffen gehört der Kaiserschnurrbarttamarin. Sein schneeweißer Schnauzbart reicht ihm bis auf den Bauch. Der verspielte Affe lebt im ➔ Regenwald des Amazonas und turnt in den höchsten Bäumen herum. Dort sucht er Blätter und Früchte. Die Weibchen bringen gewöhnlich Zwillinge zur Welt. Wenn diese gestillt werden sollen, trägt sie der Vater auf dem Rücken zur Mutter. Auch in der übrigen Zeit schleppt meist der Vater den Nachwuchs herum.

Löwenäffchen

Südamerika ▶ bis 20 cm
Das Löwenäffchen gehört zu den Krallenaffen. Es sieht tatsächlich

Affen und Halbaffen

einem Löwen recht ähnlich. Wenn es zornig ist, stellt es seine Mähne auf und fletscht die Zähne. Sein Fell glänzt wie Gold in der Sonne. Löwenäffchen gelten als die schönsten Affen und waren als Spieltiere sehr beliebt. Sie ernähren sich von Blättern und Früchten, jagen aber auch Eidechsen und Vögel und fressen Eier. Wenn sie durch die Baumwipfel springen, erinnern sie an Eichhörnchen. Nachts schlafen sie in einer Baumhöhle.

Sind Affen intelligent?

Viele höhere Tiere lernen durch Erfahrung und Probieren. Die meisten Affen drehen Steine um und suchen darunter nach Insekten. Affen lassen sich auch leicht dressieren. Man kann Rhesusaffen dazu bringen, eine Drehorgel zu bedienen oder eine Trommel zu schlagen. Schimpansen lernen sogar durch Einsicht: Legt man einem Schimpansen eine Banane vor das Käfiggitter und gibt ihm einen Stock, dann versucht er die Banane mit den Armen zu erreichen. Gelingt dies nicht, beginnt er zu überlegen. Nach einiger Zeit kommt er auf die Idee, den Stock zu benützen. Er wird sich die Banane mit Hilfe des Stocks in den Käfig ziehen.

Das Löwenäffchen gehört zu den seltensten Krallenaffen. Es lebt im Regenwald, doch sein Lebensraum wird immer kleiner.

Weißstirnkapuziner

Südamerika ▶ bis 50 cm

Die meisten Kapuziner werden 40 bis 50 cm groß und haben einen langen Schwanz. Der Weißstirnkapuziner ist sehr intelligent und lebhaft. Wie alle Kapuziner kann er lächeln und weinen.

Dieses Kapuzineräffchen gehört zu einer Gruppe südamerikanischer Affen.

Affen und Halbaffen

Halbaffen

Nur in Afrika und Asien leben Halbaffen. Die meisten finden sich auf der Insel Madagaskar vor Afrika. Dort sind mehr als die Hälfte aller Säugetiere Halbaffen. Diese Tiere gab es schon vor über 60 Millionen Jahren. Mit den echten Affen sind sie nur entfernt verwandt. Viele Halbaffen sind Nachttiere mit riesigen Augen.

Indris ernähren sich von Früchten, die sie auf den Bäumen pflücken. Angeblich sollen sie auch Vögel fangen.

Katta

Madagaskar ▶ bis 35 cm
Die meisten Halbaffen auf Madagaskar sind Makis. Dazu zählen die Kattas. Sie erinnern mit ihrem geringelten Schwanz an Waschbären. Weil sie manchmal wie Katzen miauen, nennt man sie fälschlich auch Katzenmakis. Das sind aber andere, → nachtaktive Halbaffen. Kattas sind am Tag aktiv. Meist streifen etwa ein Dutzend Tiere gemeinsam umher und suchen nach Früchten. Sie klettern vorzüglich und wagen auch auf glatten Felsen weite Sprünge. Am liebsten halten sie sich in der Sonne auf. Wenn es ihnen kalt wird, kuscheln sie sich aneinander. Die Kattas haben an den Unterarmen Duftdrüsen, die Männchen auch an den Oberarmen. Dort reiben sie jeden Gegenstand ab, der ihnen fremd ist. Sie nehmen ihn auf diese Weise in Besitz. Die Kattajungen werden von allen Weibchen der Gruppe betreut, und sogar der fremde Nachwuchs wird von ihnen gesäugt.

In Ruhestellung schlagen die Kattas ihren Schwanz unter den Körper und dann nach rückwärts. Wenn sie laufen, halten sie ihn wie eine Fahne hoch.

Indri

Madagaskar ▶ bis 80 cm
Der Indri ist der größte Halbaffe. Er hat einen auffallend kleinen, fuchsähnlichen Kopf. Indris sind Tagtiere, die

Affen und Halbaffen

in Familien oder paarweise umherziehen. Auf dem Boden hüpfen sie wie Kängurus, weil ihre Hinterbeine viel länger sind als die Arme. Früh am Morgen klettern sie auf Bäume und beginnen ihr Konzert. Ihre Rufe klingen wie Hundegebell. Die Menschen Madagaskars verehrten sie als heilige Tiere.

Plumplori

Asien ▸ bis 37 cm

Der Plumplori ist ein Halbaffe, der vor allem in Indonesien vorkommt. Wie sein kleiner Verwandter, der Schlanklori, bewegt er sich im Zeitlupentempo. Dennoch ist er ein geschickter Kletterer. Wird er verfolgt, dann flüchtet er rückwärts einen Baum hinauf.

Der Plumplori gilt auf der Insel Java als Unheilbringer. Doch er ist ein harmloses Tier.

Der winzige Zwerggalago macht auch im Dunkeln bis zu 4 m weite Sprünge, um ein Tier zu erbeuten. Dabei helfen ihm seine scharfen Sinne.

So behält er den Gegner stets im Blick. Plumploris sind Allesfresser, die nachts auf Nahrungssuche gehen. Vor allem haben sie es auf Vögel abgesehen. Da sich die Plumploris sehr langsam bewegen und anschleichen, nehmen die Beutetiere sie oft gar nicht wahr. Dann aber beißt der Plumplori blitzschnell zu.

Zwerggalago

Afrika ▸ bis 14 cm

Die Galagos heißen auch Buschbabys, weil sie wie Babys schreien. Der Zwerggalago ist der kleinste unter ihnen und damit der kleinste Halbaffe überhaupt. Er hat kaum noch Ähnlichkeit mit seinen Verwandten und sieht fast aus wie eine Springmaus. Das Nachttier hat riesige Augen. Sie leuchten im Dunkeln wie glühende Kohlen. Beim leisesten Geräusch stellen Galagos ihre Ohren auf. Kaum eine Beute entgeht ihnen. Sie jagen Insekten und Kleintiere.

Elefanten

Die Elefanten sind die größten und schwersten Säugetiere auf dem Land. Heute gibt es noch drei Arten dieser Rüsseltiere: Den Afrikanischen und den Asiatischen sowie den Waldelefanten. Bis vor rund 10 000 Jahren lebten auch in Europa Elefanten – die Mammuts.

Afrikanischer Elefant

Afrika ▶ bis 4,50 m

Afrikanische Elefanten leben in Gruppen von zehn bis zwölf Weibchen und ihren Kälbern. Die Anführerin ist eine erfahrene Elefantenkuh. Die Bullen bilden eigene Gruppen. Mit etwa 25 Jahren pflanzen sie sich fort. Sie kommen dann für kurze Zeit zur Herde. Die Tiere der Herde begrüßen sich, indem

Vom Afrikanischen Elefanten gab es einst riesige Herden. Noch vor zwanzig Jahren lebten 1,3 Millionen Elefanten in der Savanne, heute sind es gerade noch 500 000 Tiere. Viele fallen Wilderern zum Opfer, die es auf die Stoßzähne abgesehen haben. Da die Menschen in Afrika immer mehr Land beanspruchen, bleibt für die Elefanten immer weniger übrig. Die Dickhäuter brauchen aber bis zu 300 kg Grünfutter am Tag und fressen täglich bis zu 20 Stunden lang.

Elefanten

sie ihre Rüssel umeinanderwickeln und sich gegenseitig an Kopf und Körper betasten. Über größere Entfernung lassen sie ständig dumpfe Laute hören. So halten sie miteinander Verbindung. Wenn es still wird, droht Gefahr. Sind Elefanten gereizt, schütteln sie den Kopf, spreizen die Ohren ab und scharren mit den Füßen.

Asiatischer Elefant

Asien ▶ bis 4 m

Der Asiatische Elefant ist kleiner als der Afrikanische. Nur die Männchen tragen Stoßzähne. Asiatische Elefanten hat man schon vor 2 000 Jahren zu Arbeitstieren gemacht. Elefanten sind sehr intelligent und gelehrig und lassen sich leicht dressieren. Berühmt sind sie für ihr Gedächtnis. Auf ihren Wanderungen benutzen Elefanten stets dieselben Pfade wie schon ihre Vorfahren. Und selbst in einer großen Herde kennen sich alle Tiere untereinander.

Elefanten haben gewaltige Kräfte. Der Asiatische Elefant muss deshalb schwer arbeiten.

Was sind die besonderen Merkmale der Elefanten?

Füße: Das Männchen des Afrikanischen Elefanten wiegt bis zu sieben Tonnen – so viel wie ein Lastwagen. Dieses Gewicht federn Polster in den Füßen ab. So tritt der Elefant trotzdem leicht und leise auf.

Ohren: Wenn der Elefant mit den Ohren fächelt, kühlt er sich ab. Die Ohren des Afrikanischen Elefanten sind doppelt so groß wie die des Asiatischen.

Rüssel: Den Rüssel benutzen Elefanten als Arm. Sie können damit einen Baumstamm heben. Das Rüsselende hat beim Afrikaner zwei, beim Asiaten einen Finger. Damit führen sie ihre Blätternahrung zum Mund. Sie saugen bis zu sechs Liter Wasser in den Rüssel ein.

Stoßzähne: Diese verlängerten Schneidezähne aus Elfenbein werden über 3 m lang und 100 kg schwer. Die vier Backenzähne wachsen bis zu sechsmal nach.

Seekühe

Die Seekühe sind mit den Elefanten verwandt. Vor 60 Millionen Jahren lebten sie noch auf dem Land. Dann gingen sie ins Wasser. Ihre Arme wurden zu Flossen. Die Beine verkümmerten. Eine Schwanzflosse entstand.

Die Dugongs sind vom Aussterben bedroht. Die plumpen Tiere mit dem walzenförmigen Körper wiegen bis zu 400 Kilogramm.

Dugong

Indischer Ozean, Pazifik ▶ bis 4 m
Den Dugong bekommt man nur selten zu Gesicht. Er liegt die meiste Zeit am flachen Meeresgrund. Dort weidet er die Algen ab. Nur zum Luftholen taucht er alle paar Minuten auf. Früher hielten Seefahrer die auftauchenden Seekühe aus der Ferne für Menschen. So entstand die Sage von den Meerjungfrauen.

Manati

Afrika, Mittelamerika ▶ bis 4,50 m
Manatis fressen Wasserpflanzen. Sie unterscheiden sich von Dugongs durch ihre runde Schwanzflosse. Manatis leben an warmen Küsten des Atlantiks, zum Beispiel in Florida.

Manatiseekuh mit Jungem. Sie kommen auch in Flüssen vor wie z. B. Amazonas und Niger.

Huftiere

Flusspferde

Die Flusspferde sind näher mit den Schweinen als mit den Pferden verwandt. Sie haben einen mächtigen Kopf und einen Körper wie ein Fass. Auf ihren kurzen, dicken Beinen laufen sie recht schnell. Die großen Flusspferde nennt man auch Nilpferde, da sie früher im Nil sehr häufig waren.

Flusspferd

Afrika ▶ bis 4 m

Von einem Flusspferd ragen meist nur die Nasenlöcher, die Augen und Teile des Rückens aus dem Wasser. Das Tier wiegt ein bis zwei Tonnen. Trotzdem schwimmt und taucht es sehr gut. Auf dem Grund seichter Gewässer läuft es hin und her und weidet Wasserpflanzen ab. Das reicht meist nicht zum Sattwerden. Ein ausgewachsenes Flusspferd braucht bis zu 70 Kilogramm Futter täglich. Deshalb steigt es nachts aus dem Wasser, um an Land noch Gras zu fressen. Flusspferde haben eine sehr dicke Haut. Wenn sie lange nicht ins Wasser kommen, scheiden Drüsen eine rote Flüssigkeit aus. Sie schützt die haarlosen Tiere vor dem Austrocknen. Man glaubte früher, die Tiere schwitzten Blut.

Das Zwergflusspferd kommt nur noch an wenigen Stellen in Afrika vor. Es ist schon beinahe ausgerottet.

Bei Kämpfen unter Rivalen gehen die Flusspferd-Männchen mit ihren scharfen Hauern aufeinander los. Dabei verletzen sich die Bullen gegenseitig oft schwer.

Zwergflusspferd

Afrika ▶ bis 1,50 m

Das Zwergflusspferd lebt im ➔ Regenwald und verbringt die meiste Zeit auf dem Land. Auch wenn es verfolgt wird, geht es kaum ins Wasser. Es versteckt sich lieber in einem Gebüsch. Das Tier ist nur etwa ein Viertel so groß wie sein Vetter, das Nilpferd, und ein Einzelgänger. Gegen Artgenossen ist es meist recht angriffslustig.

Kamele

Die Kamele nennt man wegen ihres schaukelnden Ganges auch Wüstenschiffe. Es gibt vier Arten. Von den Großkamelen lebt je eine Art in Afrika und Asien. In Südamerika kommen wilde Kleinkamele vor. Vor 5 000 Jahren hat der Mensch das Kamel zum Haustier gemacht. Es trägt Lasten und dient zum Reiten.

Dromedar

Afrika ▶ bis 3,40 m ▲ bis 2 m

Das einhöckerige Kamel oder Dromedar gibt es heute nur noch als Haustier. Dromedare können lange dürsten. Wenn sie zu trinken bekommen, nehmen sie in kurzer Zeit 100 Liter Wasser auf und speichern es im Magen. Der Höcker dient als Fettspeicher. Als Reitkamele legen sie täglich bis zu 140 Kilometer zurück.

Dromedare leben ausschließlich in Arabien und den Randgebieten der Sahara.

Trampeltier

Asien ▶ bis 3,10 m

Das Trampeltier hat zwei Höcker. In der Wüste Gobi in Asien leben noch einige dieser Kamele wild. Im Gegensatz zum Dromedar hat das Trampeltier langes, zotteliges Haar. Und wie dieses kann es die Nasenlöcher fest verschließen. Auf diese Weise übersteht es einen Sandsturm in der Wüste.

Das Trampeltier ist etwas stämmiger als das Dromedar.

Vikunja/Alpaka

Südamerika ▶ bis 2 m ▲ bis 1 m

Das Vikunja ist ein Hochgebirgstier, das bis auf 5 500 m steigt. Die Leithengste haben ein Dutzend Weibchen, die sie gegen andere Hengste verteidigen. Junghengste bilden eigene ➔ Rudel, bis sie eine Herde gewinnen. Vikunjas liefern die feinste Kamelhaarwolle. Ob das Alpaka, das man wegen seiner Wolle als Haustier

Huftiere

hält, vom Vikunja oder Guanako abstammt, ist nicht ganz klar.

Guanako/Lama

Südamerika ▸ bis 2,20 m
Das Guanako kommt in den Grassteppen Südamerikas vor. Die Kleinkamele klettern bis in 4 000 m Höhe. Ein Männchen führt ein → Rudel mit etwa zehn Weibchen an. Es bekämpft → Rivalen, indem es sie beißt, ihnen in die Augen spuckt und sie boxt. Aus dem Guanako haben schon die Inka das Lama als Haustier gezüchtet. Es dient den Indianern noch heute als Tragtier.

Schweine

Die Schweine sind Paarhufer wie die Rinder. Im Unterschied zu diesen sind sie aber keine Wiederkäuer, sondern Allesfresser. Man erkennt sie an der rüsselförmigen Schnauze. Fast überall auf der Erde kommen wilde Schweine vor. Es gibt neun Arten von Schweinen sowie drei Arten Nabelschweine oder Pekaris.

Hirscheber

Indonesien ▸ bis 1,10 m
Hirscheber leben in sumpfigen → Regenwäldern auf einigen indonesischen Inseln. Sie können gut schwimmen

Hirscheber fressen Blätter, Nüsse und Früchte. Sie können gut schwimmen und schnell rennen. Durch Jagd und Abholzen der Wälder sind diese Schweine vom Aussterben bedroht.

und rennen recht schnell. Man nennt sie Babirusas. Das männliche Wildschwein besitzt zwei merkwürdige, nach oben gebogene Eckzähne. Sie wachsen ihm durch den Rüssel und bogenförmig nach hinten. Manchmal wachsen die Spitzen von oben wieder in den Kiefer hinein. Man weiß nicht, wozu diese recht brüchigen Zähne dienen. Einheimische behaupten, die Hirscheber würden sich damit an Äste hängen und schaukeln. Das Männchen hat im Unterkiefer noch zwei gebogene Hauer.

Warzenschwein

Afrika ▸ bis 1,50 m
Das Warzenschwein hat seinen Namen von großen Warzen im Gesicht. Es bewohnt Erdhöhlen, die es selten selbst gräbt. Meist besetzt es den Bau eines anderen Tieres. In diesen schlüpft das Warzenschwein stets rückwärts hinein. So kann es notfalls schnell fliehen. Bei der Flucht erreicht es Geschwindigkeiten von über 30 Stundenkilometern. Seinem Hauptfeind, dem Löwen, entkommt es dennoch nicht.

Das Warzenschwein hat zwei mächtige Hauer. Damit wühlt es nach Wurzeln und Knollen.

Halsbandpekaris leben in Rotten bis zu 20 Tieren.

Halsbandpekari

Nordamerika, Südamerika ▸ bis 1 m ▲ bis 0,50 m
Die Pekaris kommen in drei Arten in Amerika vor. Sie sind kleiner als unsere Wildschweine. Werden sie angegriffen, dann beißen sie. Das Halsbandpekari hat seinen Namen von dem gelblichen Band an der Kehle. Pekaris heißen auch Nabelschweine. Sie haben als Gegenstück zum Nabel eine Duftdrüse auf dem Rücken.

Pinselohrschwein

Afrika ▸ bis 1,50 m
Dieses afrikanische Wildschwein hat einen sehr großen Kopf mit einer langen Schnauze. An den Ohren wachsen ihm lange weiße Borsten wie Pinsel. Auf dem Rücken trägt das Tier eine borstige Mähne, die es bei Erregung aufstellt. Es lebt im afrikanischen Busch und durchwühlt die Erde nach allem Fressbaren. Seine Eckzähne sind sehr scharf, da

Huftiere

Pinselohrschweine gelten wegen ihrer Farbigkeit als »Clowns« unter den Wildschweinen.

sie sich ständig an den oberen Zähnen wetzen.

Wildschwein

Europa, Asien ▶ bis 1,70 m
Wildschweine haben ein grauschwarzes Borstenfell. Der Jäger nennt sie deshalb auch Schwarzkittel. Bis zu 50 Weibchen und Jungtiere bilden eine ➔ Rotte. Die Männchen heißen Keiler und sind Einzelgänger. Das Weibchen heißt Bache. Die jungen Wildschweine nennt man Frischlinge.

Wenn eine Bache Junge hat, ist sie gefährlich. Sie geht dann auf jeden Störenfried los.

Kann man Wildschweine zähmen?

Das Wildschwein wurde in Europa vor etwa 6000 Jahren zum ersten Mal domestiziert. Domestizieren bedeutet, dass man ein Wildtier zähmt und durch die Auswahl der Nachkommen allmählich zu einem Haustier züchtet. Das dauert lange und ist bei vielen Tieren gar nicht möglich. Das Wildschwein war leicht zu zähmen, weil es ein geselliges Tier ist. Zieht man ein Wildschweinjunges mit der Flasche auf, dann betrachtet es den Menschen als Artgenossen und schließt sich ihm an. Es bleibt auch als erwachsenes Tier zahm. Wählt man stets die besten Tiere für die Paarung aus, dann erhält man Haustiere. Vom Schwein züchtete man rund 200 ➔ Rassen.

Man erkennt sie an ihrem hellbraunen gestreiften Fell. Wildschweine verbergen sich tagsüber im Unterholz. Nachts suchen sie sich ihre Nahrung. Sie fressen alles, was sie finden, auch Mäuse und tote Tiere. Manchmal brechen sie in einen Kartoffelacker ein. Mit ihren kräftigen Rüsseln wühlen sie den Acker oft ganz um. Dabei hört man sie vor Behagen grunzen.

Hirsche

Die Hirsche zählen zu unseren größten heimischen Säugetieren. Außer in Europa kommen Hirsche auch in Asien und Amerika vor. Es gibt über 35 Hirscharten. Die Männchen tragen ein Geweih. Es wird jedes Jahr abgeworfen und wächst mit mehr Enden wieder nach. Dadurch kann man das Alter eines Hirsches am Geweih ablesen.

Rothirsch

Europa ▶ bis 2,50 m ▲ bis 1,50 m
Der Rothirsch lebt auf der nördlichen Erdhälfte. Es gibt über 20 Unterarten. Im Herbst sind die Hirsche in der ➔ Brunft. Die Männchen paaren sich nun mit den Weibchen. Zuvor kämpfen sie um die Hirschkühe und gehen mit den Geweihen aufeinander los. Manchmal verhaken sie sich so, dass sie nicht mehr auseinander kommen. Sie müssen dann zusammen verhungern. Der stärkste Hirsch legt sich einen ➔ Harem von mehreren Weibchen zu. Jede befruchtete Hirschkuh bringt nach acht Monaten ein Hirschkalb zur Welt.

Reh

Europa ▶ bis 1,40 m ▲ bis 75 cm
Das Reh ist unsere kleinste Hirschart. Der Rehbock trägt ein kleines Geweih, das man auch Gehörn nennt. Er hat jeweils nur ein Weibchen, die Ricke. Sie bringt im Mai ein oder zwei Kitze zur Welt. Diese setzt sie in einem Nest auf einer Wiese oder in einem Getreidefeld ab. Wenn man ein solches Kitz findet, darf man es nicht berühren. Die Mutter ist immer in der Nähe. Der Geruch von Menschen vertreibt sie,

In der Brunftzeit hört man den Hirsch laut röhren. Das weit dröhnende Gebrüll soll die Rivalen vertreiben.

Huftiere

und das Kitz muss dann vielleicht verhungern. Schon bald kann das Kitz laufen und folgt dem ➔ Rudel in den Wald. Die Rehe sind scheue Tiere. Sie kommen in der Dämmerung auf Wiesen und Felder, um dort zu fressen (äsen). In unseren Wäldern leben über eine Million Rehe. Sie können in einem Wald großen Schaden anrichten, weil sie

Die Lappen in Schweden und Norwegen haben das Ren zum Haustier gemacht. Ihre Rentierherden liefern ihnen alles, was sie zum Leben brauchen: Fleisch, Fett und Milch, Felle und Leder sowie Knochen für Werkzeuge.

Die Ricke betreut ihr Kitz den ganzen Sommer über. Wenn das Junge von Menschen berührt wird, nimmt die Mutter es nicht mehr an.

die Triebe und Knospen der Bäume abfressen. Deshalb müssen Jäger immer wieder Rehe schießen.

Ren/Karibu

Nordeuropa, Kanada, Asien
▶ bis 2,20 m
Das Ren oder Rentier heißt in Amerika auch Karibu. Sowohl die Männchen als auch die Weibchen tragen ein Geweih. Die Rentiere leben in den kalten Gebieten der Erde. Im Winter haben sie ein helles, sehr dichtes Fell mit einer langen Mähne. Mit den kräftigen Vorderhufen scharren sie unter dem Schnee nach Moosen und Flechten. Im Frühjahr ziehen die Rentiere in riesigen Herden von Tausenden von Tieren in die baumfreie ➔ Tundra. Im Herbst wandern sie in die Waldgebiete zurück.

Weißwedelhirsch

Amerika ▶ bis 2 m
Den Weißwedelhirsch kennt wohl jedes Kind, das den Film »Bambi« von Walt Disney gesehen hat. Der Schwanz dieses Hirsches ist auf der Unterseite weiß. Daher hat er seinen Namen. Man nennt ihn auch Virginiahirsch. Wenn das Tier aufgeschreckt davonspringt, stellt es den Schwanz auf. Die weiße »Fahne« ist dann als Signalzeichen für andere Hirsche des ➔ Rudels weithin sichtbar. Weißwedel-

Wächst das Hirschgeweih jedes Jahr neu?

Die männlichen Hirsche werfen jedes Jahr nach der Paarung ihr Geweih ab. Im Frühjahr schieben sich die Rosenstöcke nach. Sie sind vom Bast umgeben, einer samtartigen Haut. Im Laufe des Sommers wächst das Geweih heran und bekommt mehr Enden als zuvor. Im Spätsommer fegt der Hirsch die Reste der Basthaut an Baumstämmen ab. Mit dem neuen Geweih führt er nun die Kämpfe aus.

hirsche sind vor allem in Nordamerika weit verbreitet und kommen bis ins nördliche Südamerika vor. Früher haben Indianer diese Hirsche gejagt. In den USA gehören sie heute zu den häufigsten Tieren. Sie vermehren sich sehr stark, da die Weibchen häufig Zwillinge bekommen. Manchmal haben sie sogar drei Junge. Die Jungen können sofort nach der Geburt laufen und folgen immer ihrer Mutter. Wie die meisten Hirschkälber sind sie weiß gefleckt. Die weißen Flecken im braunen Fell dienen ihnen als ➔ Tarnung. Dadurch können die Jungtiere im hohen Gras von Feinden nicht so leicht entdeckt werden.

Elch

Europa, Asien, Nordamerika
▶ bis 3,10 m ▲ bis 2 m

Der Elch ist der größte Hirsch und eines der größten Landtiere. Ein Bulle kann über eine halbe Tonne wiegen. Er trägt ein mächtiges, schaufelförmi-

Der Elch geht gern ins Wasser, um dort Wasserpflanzen zu fressen. Im Wasser ist er auch vor einem Angriff von Wölfen sicher.

Huftiere

ges Geweih. Die Elchkühe haben kein Geweih. Der Elch bewohnt Sumpfwälder und geht gern ins Wasser. Junge Bäume nimmt er zwischen die Beine, läuft weiter und drückt sie um. Dann frisst er die Blätter und Knospen.

Moschustier

Moschustier

Asien ▲ bis 0,55 m

Die Moschustiere in China sind etwas kleiner als unsere Rehe. Sie klettern in Felswänden so sicher wie Gämsen. Der männliche Hirsch erzeugt in einem Beutel am Bauch einen Duftstoff. Dieser Moschus war für die Herstellung von Parfüm früher sehr begehrt. Man hat diese Tiere deshalb stark bejagt.

Giraffen

Giraffen gibt es nur in Afrika. Sie leben dort in der Savanne. In der Regenzeit finden sie in diesem Grasland genug Nahrung. Mit ihrem langen Hals erreichen sie mühelos ihre Blätternahrung in den Baumkronen. Es gibt mehrere Rassen. Sie unterscheiden sich durch das Fellmuster.

Giraffe

Afrika ▶ bis 3,30 m ▲ bis 6 m

Die Giraffe ist das höchste Säugetier der Erde. Sie könnte zum Beispiel Wasser aus der Dachrinne eines Hauses trinken. Um aus einem Fluss zu trinken, kniet sich die Giraffe hin oder grätscht die Beine sehr weit. Männchen und Weibchen tragen kurze, mit Fell überzogene Hörner. Einige → Rassen haben zwischen den Augen ein drittes Horn, andere sogar noch zwei weitere hinter den Ohren. Giraffen bilden kleine Herden von mehreren Weibchen und Jungtieren. Alte Bullen leben meist einzeln. Wenn die Männchen um die → Rangordnung kämpfen, schlagen sie ihre Hälse gegeneinander und versuchen, sich mit

Die einzelnen Unterarten der Giraffe sind an dem Muster ihres Fells zu erkennen. Die Männchen werden im Alter immer dunkler.

Netzgiraffe

Sterngiraffe

Alle Unterarten können sich miteinander paaren und fruchtbare Nachkommen haben.

Die Beine der Giraffe sind länger als ihr Hals. Obwohl sie über 750 kg wiegt, ist sie auf kurzen Strecken im Galopp 50 km/h schnell.

den Hörnern zu treffen. Greifen zum Beispiel Löwen an, dann verteidigen sich die Giraffen mit heftigen Tritten. Ein solcher Tritt kann für Löwen tödlich sein.

Okapi

Afrika ▶ bis 2 m ▲ bis 1,70 cm
Diese Waldgiraffe aus dem afrikanischen → Regenwald wird 2 m lang und nur 1,70 m hoch. Man könnte sie für eine Mischung aus Esel und Zebra halten. Wie ihr großer Vetter, die Steppengiraffe, hat das Okapi eine lange blaue Zunge. Damit rupft es Blätter von den Bäumen. Das scheue Tier wurde erst vor etwa 100 Jahren entdeckt.

Okapis oder Waldgiraffen sind Einzelgänger. Wie sie zusammenfinden, ist noch unerforscht.

Antilopen

Die Antilopen sind Hornträger wie die Rinder, Ziegen und Schafe. Die Tiere benutzen ihre Stirnwaffen selten zur Verteidigung. Sie dienen vielmehr für Rangkämpfe unter den Männchen. Die rund 70 Antilopenarten sind unterschiedlich groß. Sie haben auch unterschiedliche Hörner: gebogene oder gerade, gedrehte oder gewundene.

Kronenducker

Afrika ▶ bis 1,15 m ▲ bis 70 cm
Die Ducker sind in ganz Afrika verbreitet. Diese kleinen Antilopen schlüpfen

Huftiere

Der Kronenducker verbirgt sich am Tag im hohen Gras und sucht nachts Nahrung.

nachts lautlos durch den Buschwald. Um nicht entdeckt zu werden, kriechen sie sogar auf dem Bauch über den Boden. Tagsüber verbergen sie sich im Gebüsch. Die kleinste dieser Antilopenarten wird kaum größer als ein Hase. Der rehgroße Kronenducker bewohnt nur die Steppe. Wie alle Ducker zieht er nachts alleine umher. Er wird von Raubtieren, Vögeln und Schlangen gejagt.

Gnu

Afrika ▶ bis 2,50 m

Die Gnus sehen aus wie eine Mischung aus Pferd und Rind. Das Weißbartgnu lebt in großen Herden in der Steppe. Ständig ziehen Tausende dieser Antilopen auf der Suche nach Wasser umher. Häufig sieht man sie mit Zebras und Straußen zusammen. Diese Tiere sind besonders wachsam und warnen auch die Gnus bei Gefahr. Gnus haben aber außer dem Löwen und dem Menschen kaum Feinde. Die Männchen tragen Kämpfe um die Weibchen aus. Dazu fallen sie

An einer Wasserstelle versammeln sich oft Hunderte von Gnus, um zu trinken.

auf die Knie und ringen sich mit den Hörnern gegenseitig nieder.

Weiße Oryx

Arabien ▶ bis 1,60 m ▲ bis 1,10 m
Die Oryxantilopen sind Wüstentiere. Wegen ihrer etwa einen Meter langen Hörner heißen sie auch Spießböcke. Die Weiße Oryx kann nahezu ohne Wasser auskommen. Die Flüssigkeit, die sie mit den Pflanzen aufnimmt, genügt ihr. Mit Hufen und Hörnern gräbt sie im Wüstensand ein Loch, um sich vor der Sonne zu schützen. Die großen Antilopen lebten einst in Scharen in der Arabischen Wüste. Leider haben Beduinen sie vom Auto und sogar vom Flugzeug aus gejagt und fast ausgerottet. Die Hörner und das weiße Fell der Tiere sind sehr begehrt. Auch ihr Fleisch wird hoch geschätzt. Heute ist die Jagd auf Oryxantilopen streng verboten, und die Tiere sind geschützt.

Die Weiße Oryx ist eine der seltensten Antilopen. Man schätzt, dass es nur noch ein paar Hundert Tiere gibt.

Giraffengazellen leben in kleinen Trupps von etwa 6 Tieren.

Giraffengazelle

Afrika ▶ bis 1,50 m
Gazellen sind kleine, pfeilschnelle Antilopen. Die Giraffengazelle hat einen sehr langen Hals und die längsten Beine von allen Antilopen. Wie die echte Giraffe ernährt sie sich fast nur von Blättern der Bäume. Um sie zu erreichen, stellt sie sich oft auf die Hinterbeine und richtet sich zur vollen Größe von 2,50 m auf.

Rappenantilope

Afrika ▶ bis 2,30 m ▲ bis 1,40 m
Ein Rappe ist ein schwarzes Pferd, daher hat diese Pferdeantilope ihren Namen. Aber nur die männlichen Tiere sind schwarz. Die Weibchen und die Jungen sind dagegen meist rotbraun gefärbt. Die Tiere bilden größere ➔ Rudel in der ➔ Savanne. Sowohl Männchen als auch Weibchen haben

Huftiere

Hörner. Diese sind nach hinten gebogen und werden beim Männchen bis zu 1,70 Meter lang. Die Männchen setzen sie nur bei Kämpfen zwischen ➔ Rivalen als Waffe ein. Dazu lassen sich die Bullen der Rappenantilope wie die Gnus auf die Knie nieder und ringen miteinander. Gegen Feinde verteidigen sich die Rappenantilopen durch heftige Schläge mit den Hufen. Vor diesen Huftritten ergreifen selbst Löwen die Flucht.

In der Paarungszeit sondern sich Weibchen und Männchen der Rappenantilope von der Herde ab und bleiben eine Weile zusammen.

Ziegen

Die meisten Ziegen haben Hörner und können gut klettern. Sie sind Gebirgstiere wie der Steinbock oder die Gämse. Vier Arten von Ziegen kommen wild vor. Sie sind über die ganze nördliche Erdhälfte verbreitet. Es gibt aber auch über hundert Rassen von Hausziegen.

Bezoarziege

Asien ▶ bis 1,60 m

Die Bezoarziegen nehmen es im Klettern leicht mit Steinböcken und Gämsen auf. Früher kamen sie in großen ➔ Rudeln in den Gebirgen von Griechenland bis Indien vor. Aber man hat sie seit Jahrhunderten stark bejagt und fast ausgerottet. Neben dem Fleisch und dem Fell hatte man es auf die Bezoare abgesehen. Das sind »Steine« im Magen der Ziegen. Sie entstehen, wenn diese sich die Haare ablecken und verschlucken. Man hielt die Bezoare früher für eine Wundermedizin.

Schraubenziege

Asien ▶ bis 1,60 m

Die Hörner der Schraubenziege sind wie bei einem Korkenzieher gedreht. Beim Bock werden sie 1,50 Meter lang. Die Männchen haben außerdem einen langen Kinnbart und eine Mähne an Rücken und Brust. Wie alle Ziegenböcke verströmen sie einen unangenehmen Bocksgeruch. Die Schraubenziegen klettern und springen noch besser als die Steinböcke. Mit persischem Namen heißen sie Markhors.

Markhor bedeutet »Schlangenfresser«: Die Schraubenziegen sollen nämlich nicht nur Blätter und Zweige, sondern auch Schlangen fressen. Das ist aber nicht bewiesen.

Die Bezoarziege ähnelt dem Alpensteinbock. Sie gilt als Stammmutter aller europäischen Hausziegen.

Steinbock

Europa ▶ bis 1,60 m

Vor 150 Jahren gab es in den deutschen und österreichischen Alpen keine Steinböcke mehr. Man hatte sie durch die Jagd ausgerottet. Zum Glück bestand damals in Italien ein Schutzgebiet für Steinböcke. So wurden die Tiere vor dem Aussterben bewahrt. Heute haben sie sich wieder ausgebreitet und stehen überall unter Schutz. Steinböcke klettern viel besser als Gämsen. Auf steilsten Felsen machen sie weite Sprünge und landen punktgenau.

Der Alpensteinbock wurde ausgewildert. Man hat gezüchtete Tiere in Freiheit gesetzt, damit sie sich dort vermehren.

Huftiere

Gämse

Europa ▸ bis 1,30 m
Die ziegenartigen Gämsen sind an das Leben im Gebirge gut angepasst. Ihre Hufe bestehen aus stahlharten Schalen. Die Sohlen sind weich wie Gummi und haften auch auf glattem Fels. Sehr sicher klettert ein ➔ Rudel von sechs bis zehn Tieren durch die Felswände. Nur der Adler kann ihnen folgen und gefährlich werden. Der Mensch jagt die Gämsen nicht nur wegen des Fleisches. Aus den Rückenhaaren des Gamsbocks macht man Gamsbärte für Trachtenhüte oder Rasierpinsel.

Gämsen haben kurze, nach hinten gebogene Hörner, die man Krucken nennt.

Warum haben unsere Hausziegen keine Hörner?

Die meisten Ziegen haben Hörner. Jedenfalls bei den wilden Ziegen. Es gibt aber noch rund 200 Ziegenrassen, die man als Haustiere hält. Einige dieser Rassen haben keine Hörner mehr. Man hat sie ihnen weggezüchtet, damit die Böcke nicht zu wild miteinander kämpfen. Das geschah durch Auslese. Man suchte für die Vermehrung stets Tiere aus, die zufällig keine oder nur schwache Hörner hatten. So erhielt man hornlose Ziegen. Ziegen sind genügsam und leicht zu halten. Sie liefern Milch, aus der man Käse macht, sowie Fleisch, Wolle und Leder. Es gibt ungefähr 600 Millionen Hausziegen auf der Welt. Die meisten leben in Indien und in China.

Schneeziege

Nordamerika ▸ bis 1,80 m
Die Schneeziege ist mit der Gämse verwandt. Sie lebt in den Rocky Mountains. In diesem Felsengebirge klettert sie bis auf 4000 m hoch. Hier liegt fast immer Schnee. Das weiße Fell der Schneeziege ist kein Winterkleid. Sie trägt es das ganze Jahr und ist damit in Eis und Schnee gut getarnt.

Schafe

Die Schafe und Ziegen sind miteinander nah verwandt. Beide tragen sie Hörner. Bei weiblichen Schafen können die Hörner fehlen. Die Schafböcke unterscheiden sich von Ziegenböcken dadurch, dass sie nicht stinken. Sie haben auch keinen Kinnbart. Man kennt zwei Gruppen von Wildschafen: die Mufflons und die Dickhornschafe.

Dickhornschaf

Amerika ▸ 1,60 m

Früher lebten in den Rocky Mountains in Nordamerika große ➔ Rudel Dickhornschafe. Sie waren Jagdwild der Indianer. Als die Siedler die Dickhornschafe mit Gewehren jagten, nahm deren Zahl rasch ab. Heute stehen die Schafe unter Schutz. Die Widder oder Schafböcke sind sehr kampfeslustig. Sie haben mächtige eingedrehte Hörner. Damit kämpfen sie um die Geißen. Dabei brechen ihre Hörner oft ab.

Mähnenschaf

Afrika ▸ bis 1,60 m

Das Mähnenschaf ist zum Teil ein Schaf, zum Teil eine Ziege. Es hat ein Ziegengesicht, aber keinen Bart und stinkt auch nicht wie ein Ziegenbock.

Der Bock mit den größten Hörnern führt das Rudel der Dickhornschafe an. Die Weibchen haben viel kleinere Hörner.

Huftiere

Das Mähnenschaf ist ein Tier der Wüste. Es muss nicht trinken. Die Flüssigkeit aus den Pflanzen reicht ihm aus.

Die Böcke tragen eine gewaltige Mähne an Hals und Brust. Das Mähnenschaf kommt in den Gebirgen Nordafrikas vor und heißt dort Tur. In der Paarungszeit berennen sich die Böcke mit Anlauf und krachen dann mit den Hörnern gewaltig zusammen. Bei diesen Kämpfen kommt so mancher Bock ums Leben. Trotzdem geht es dabei fair zu. Denn wenn ein ➔ Rivale strauchelt, wird er nicht mehr weiter angegriffen.

Mufflon

Europa ▶ 1,30 m

Der Mufflon ist das einzige Wildschaf in Europa. Man begegnet ihm noch auf den Mittelmeerinseln Sardinien und Korsika. Früher war das Muffelwild auch in Süddeutschland zu Hause. Die einwärts gerollten Hörner dieses Schafes sehen aus wie Schnecken. Sie sind bei einem alten Männchen bis zu 85 Zentimeter lang und wiegen bis zu sechs Kilogramm. Weibchen haben keine oder nur sehr kleine, stumpfe Hörner. Wenn die Widder gegeneinander kämpfen, hört man das Krachen der Hörner sehr weit. Ihre dicken Schädelknochen schützen die Tiere vor Verletzungen.

Selbst tiefer Schnee lässt die Mufflons nicht weit ins Tal ziehen. Sie bleiben hoch in den Bergen und wandern nur talwärts, wenn sie unter dem Schnee nichts zu fressen finden.

Woher kommt die Wolle?

Das Schaf gilt nach dem Hund und der Ziege als das älteste Haustier. Es gibt dem Menschen Milch, Fleisch und Fett. Vor allem aber gibt es ihm Wolle. Viele Schafe werden heute nur wegen ihrer Wolle gehalten. Die Wildschafe haben in der kalten Jahreszeit eine dichte Unterwolle. Sie verlieren diese wieder, wenn es wärmer wird. Gerade die Unterwolle ist aber besonders dick und wertvoll. Man hat deshalb Schafe gezüchtet, die ihre Unterwolle das ganze Jahr über behalten. Dazu zählt zum Beispiel das Merinoschaf, dessen Wolle besonders weich und warm ist. Die Wollschafe werden erst im späten Frühjahr geschoren, damit die Tiere nicht frieren müssen. Die Schurwolle wird gewaschen, gefärbt und zu Wollgarn versponnen. Heute gibt es auf der ganzen Welt über eine Milliarde Schafe.

Rinder

Von allen Säugetieren sind die Rinder am wichtigsten für den Menschen. Viele hat man schon vor Jahrtausenden zu Haustieren gemacht. Unsere Kuh stammt vom wilden Auerochsen ab. Dieses Wildrind ist schon lange ausgestorben. Es gibt aber auch heute noch wild lebende Rinder wie den Bison, den Kaffernbüffel und andere.

Bison

Nordamerika ▶ bis 3 m ▲ bis 2 m

Die Bisons zählen zu den größten Landsäugetieren. Ein Bulle wiegt über eine Tonne. Selbst Wölfe wagen es nicht, diese gewaltigen Tiere anzugreifen.

In der Prärie weideten einst Millionen von Bisons. Man hatte sie bis zum Anfang des vorletzten Jahrhunderts schon beinahe ausgerottet. Doch heute leben in Schutzgebieten wieder rund 150 000 dieser Wildrinder.

Huftiere

Säugetiere

Der Bison war der Büffel der Indianer, und große Herden dieser Tiere bevölkerten einst die Prärie. Sie wurden stets von einer Büffelkuh angeführt. Die Büffel lieferten den Indianern alles, was diese zum Leben brauchten: Fleisch und Fett, Knochen für Werkzeuge, Sehnen für Stricke, Felle und Häute für Kleidung und Zelte.

Die Herden wilder Yaks bestehen aus Kühen mit ihren Kälbern. Die Bullen sind einzelgängerisch und schließen sich zur Paarung im September den Herden an. Dort bekämpfen sie sich um das Recht zur Führung der Herde.

Yak

Asien ▶ bis 3 m

Yaks leben nur noch in abgelegenen Gebirgsgegenden Tibets. Die Wildrinder sind vom Aussterben bedroht. Hausyaks sind nur halb so groß. Man nennt sie auch Grunzochsen. Sie liefern den Tibetern Milch, Fleisch und Felle und dienen als Zug- und Lasttiere.

Woher stammt unsere Milchkuh?

Vor rund 8000 Jahren wurde der Auerochse in Europa wahrscheinlich zum ersten Mal gezähmt. Von ihm stammen unsere Rinder ab. Es gibt heute mehr als 500 ➔ Rassen von Hausrindern. Sie unterscheiden sich nicht nur im Aussehen und in der Fellfarbe. Man hat die Rinder auch zu unterschiedlicher Nutzung gezüchtet. Manche Rassen geben viel Milch, andere viel Fleisch. In jedem Fall sind die Rinder unsere wichtigsten Haustiere.

Der Auerochse ist schon vor über 300 Jahren in Europa ausgestorben. Er war ein gewaltiges Wildrind, das im Wald lebte.

Kaffernbüffel

Afrika ▶ bis 3,40 m ▲ bis 1,70 m

Der Kaffernbüffel lebt in der afrikanischen Steppe und ➔ Savanne. Er ist eines der wenigen Rinder, die noch in freier Wildbahn vorkommen. Die Herden umfassen gewöhnlich um die 50 Tiere, die in der Dämmerung im Grasland umherwandern und weiden. Wenn sie genug gefressen haben, ziehen sie sich zum ➔ Wiederkäuen in einen nahen Wald oder ins Dickicht zurück. Die Tiere bilden eine enge Gemeinschaft. Man hat sogar schon gesehen, dass Kaffernbüffel einem angeschossenen oder verletzten Artgenossen zu Hilfe eilten. Eine Herde Steppenbüffel kann aus bis zu 500 Tieren bestehen.

Gaur

Asien ▶ bis 3 m ▲ bis 2 m
Der Gaur im Süden Asiens ist das größte Wildrind. Die Gaure lieben

Kaffernbüffel werden oft von Löwen belauert, die auf eine Gelegenheit zum Angriff warten.

Huftiere

Moschusochsen flüchten nicht bei Gefahr. Jäger konnten sie deshalb leicht aus nächster Nähe töten. So wurden die Moschusochsen beinahe ausgerottet.

dichte Wälder. Beim Äsen halten sie durch Schnauben miteinander Verbindung. Die Inder halten eine kleinere Form des Gaur, den Gayal, als Haustier.

Moschusochse

Asien, Amerika ▶ bis 2,45 m
Moschusochsen sind keine echten Rinder, sondern stehen den Schafen und Ziegen näher. Sie haben die längsten und dichtesten Haare aller Säugetiere. Sogar die Kälte der Polargebiete macht ihnen nichts aus. Bei Gefahr bilden die Moschusochsen einen Kreis: Die erwachsenen Tiere stehen außen mit drohend gesenkten Hörnern. Die Kälber innen im Kreis sind geschützt. Selbst Wölfe und Eisbären wagen da keinen Angriff.

Nashörner

Vor 40 Millionen Jahren gab es Nashörner auch in Europa und Amerika. Heute leben nur noch zwei Arten in Afrika und drei in Asien. Sie sind aber vom Aussterben bedroht. Nach den Elefanten sind die Nashörner die größten Landsäugetiere der Erde.

Spitzmaulnashorn

Afrika ▶ bis 3,75 m ▲ bis 1,60 m
Das Spitzmaulnashorn hat zwei Hörner. Das Vordere wird etwa 80 Zentimeter lang und ist scharf wie ein Dolch. Die Nashörner kämpfen damit jedoch selten. Wenn sich zwei Bullen begegnen, schnauben sie sich nur wütend an und grunzen laut.

Den Tag verbringen die Spitzmaulnashörner damit, Gras und Zweige zu fressen. Das Futter reißen sie mit der verlängerten Oberlippe ab.

Schließlich gibt einer auf und trottet davon. Spitzmaulnashörner lieben feuchten Schlamm. Darin wälzen sie sich, um lästiges Ungeziefer loszuwerden. Wie alle seine Artgenossen hat man das Spitzmaulnashorn wegen seiner Hörner sehr stark gejagt. Es gibt nur noch ungefähr 3000 Tiere in ganz Afrika.

Indisches Panzernashorn

Indien ▶ bis 4,20 m
▲ bis 2 m

Asiatische Nashörner haben grobe Hautfalten. Das sieht aus, als trügen die Tiere einen Panzer. Das Indische Panzernashorn hat danach seinen Namen. Auch das etwas kleinere Javanashorn hat solche Falten. Beide Dickhäuter besitzen nur ein Horn. Es wird beim Panzernashorn bis zu 60 Zentimeter lang. Die Panzernashörner haben außer ihrem Horn noch scharfe Schneidezähne, die sie im Kampf einsetzen.

Panzernashörner lieben sumpfiges Gelände. Es gibt heute noch etwa 600 Tiere. Die meisten leben in einem Nationalpark in Indien.

Huftiere

Sie greifen sogar Elefanten an, wenn diese in ihr ➔ Revier eindringen.

Breitmaulnashorn

Afrika ▶ bis 4 m ▲ bis 1,80 m
Das Breitmaulnashorn ist das größte Nashorn. Es wird mitsamt Schwanz fast 4 m lang und ist 1,80 m hoch. Ein Bulle kann bis zu drei Tonnen wiegen. Das vordere Horn wird bis zu 1,50 m lang. Breitmaulnashörner kommen fast nur noch in Südafrika vor und sind auch dort selten. Wenn die Tiere angegriffen werden, stellen sie sich zu einem Kreis zusammen.

Es gibt nur noch etwa 300 Sumatranashörner auf Borneo und der Malaiischen Halbinsel.

Sumatranashorn

Asien ▶ bis 2,80 m ▲ bis 1,50 m
Das Sumatranashorn ist das kleinste Nashorn. Es wiegt nur 500 Kilogramm. Im Unterschied zu den anderen Nashörnern ist es teilweise behaart. Die Jungen kommen mit einem dichten Fell zur Welt. Sumatranashörner leben im sumpfigen Dschungel und sind sehr scheu. Bei Gefahr verschwinden sie sofort im Dickicht.

Breitmaulnashörner sind keine Einzelgänger wie andere Nashornarten.

Säugetiere

Tapire

Die Tapire sind sehr altertümliche Säugetiere und mit den Nashörnern und Pferden verwandt. Sie haben keine Hufe wie die Pferde, sondern vorne vier und hinten drei Zehen. Und sie besitzen einen beweglichen Rüssel, ähnlich wie ein Elefant. Es gibt vier Tapirarten: drei braune in Mittel- und Südamerika und eine schwarzweiße in Südostasien.

Junge Schabrackentapire sind gestreift und ähneln jungen Wildschweinen. Nach einem halben Jahr sind sie schwarzweiß gefärbt.

Schabrackentapir

Südostasien ▸ bis 2,50 m

Der Schabrackentapir liebt sumpfige Waldgebiete. Dort suhlt er sich in Schlammlöchern, um lästige Mitbewohner in seinem Fell loszuwerden. In der Dämmerung geht er auf Nahrungssuche. Er frisst vorwiegend Blätter. Der Schabrackentapir kann ausgezeichnet schwimmen. Wie das Flusspferd läuft er am Grund der Gewässer und weidet Wasserpflanzen ab. Das Tier ist friedlich. Wenn es sich aber verteidigen muss, kann es sehr kräftige Tritte austeilen und fest zubeißen. Seinen Namen hat der Tapir nach dem weißen Teil auf seinem sonst schwarzen Fell. Eine Schabracke ist eine Decke unter dem Pferdesattel.

Pferde

Die Pferde haben sich aus einem Tier entwickelt, das kaum größer war als ein Fuchs. Dieses Urpferd lebte vor rund 50 Millionen Jahren in sumpfigen Wäldern. Es besaß noch keine Hufe wie die Pferde heute, sondern Zehen. Im Laufe der Erdgeschichte änderte sich das Klima. Die Tiere mussten sich anpassen oder sie starben aus. So wurde aus dem kleinen Urpferdchen ein Steppentier. Die Pferdefamilie umfasst heute nur noch drei Hauptarten: die Pferde, die Zebras und die Esel.

Prschewalskipferd

Asien ▸ bis 2,60 m ▲ bis 1,35 m

Im Jahr 1879 wurde dieses Wildpferd von dem russischen Forscher Prschewalski entdeckt. Es lebte in der mongolischen Steppe. Angeblich soll es dort heute noch eine kleine Herde solcher Pferde geben. Wahrscheinlich ist das Prschewalskipferd in freier Wildbahn aber schon ausgestorben. Nur in

Huftiere

Tiergärten kann man es noch sehen. Es ist nicht größer als ein Pony und gilt als Urwildpferd und Vorfahr unserer Pferde.

Das Prschewalskipferd ist das Urwildpferd. Es wird heute in einigen Zoos gezüchtet, um die Art vor dem Aussterben zu bewahren.

Zebra

Afrika ▶ bis 2,50 m ▲ bis 1,50 m
Zebras sind afrikanische Wildpferde. Es gibt drei Arten. Sie unterscheiden sich in ihrem Streifenmuster. Wegen ihrer Streifen nennt man diese Wildpferde auch Tigerpferde. Das Grevy-Zebra ist das größte von allen. Es ähnelt einem Esel, und auch sein Schrei ist eselartig. Die kleineren Zebras erinnern mehr an Pferde. Sie ziehen heute noch in größeren Herden durch die afrikanische ➔ Savanne. Früher gab es Hunderttausende von ihnen. Am weitesten verbreitet ist das Steppenzebra. Zebras sind eigenwillig. Es ist bis heute nicht gelungen, sie wie andere Wildpferde zu zähmen.

Die Zebrastreifen sind eine Anpassung an den Lebensraum. Die Körperformen lösen sich dadurch für einen Betrachter aus einiger Entfernung auf. Die Tiere sind kaum zu sehen.

Die afrikanischen Wildesel erkennt man entweder am schwarzen Kreuz auf der Schulter oder an den geringelten Beinen. Selten hat ein Tier beide Zeichnungen wie der Esel vorn.

Wildesel

Afrika ▶ bis 2,30 m ▲ bis 1,40 m
Wildesel gab es früher in ganz Nordafrika. Sie lebten im Gebirge, in Steppen und Wüsten. Dort gibt es wenig zu fressen. Aber die genügsamen Tiere kamen mit den dort wachsenden Dornsträuchern aus.

Wie pflege ich mein Pferd?

Vor etwa 5000 Jahren spannte der Mensch zum ersten Mal ein Wildpferd vor einen Wagen. Reiten ließen sich die Steppentiere erst viel später. Heute werden die meisten Pferde bei uns nur zum Reiten gehalten.
Ein Reitpferd erfordert viel Pflege:

- Mit dem Hufkratzer werden Schmutz und Steine aus dem Pferdehuf gekratzt.
- Mit dem Striegel muss der gröbste Schmutz aus dem Fell und Haar entfernt werden. Für Weichteile wie Augenränder und Nüstern nimmt man den Schwamm.
- Mit der Fußbürste wird festgetrockneter Schlamm von den Beinen entfernt. Die Kardätsche hat kurze Borsten und dient zur Pflege von Fell, Mähne und Schweif. Man kann die Mähne und den Schweif noch mit dem Mähnenkamm auskämmen.
- Mit dem Strohwisch reibst du das Fell des Pferdes ab. Es wird dabei massiert. Danach musst du mit einem sauberen Leinentuch den Staub aus dem Fell wischen. Fertig!

Die Wildesel sind nahezu ausgestorben. Man schätzt, dass es höchstens noch etwa 300 wild lebende Esel in Afrika gibt. Afrikanische Wildesel waren die Stammeltern aller europäischen Hausesel. Diese Wildesel waren etwa so groß wie Zebras.

Halbesel

Asien ▶ bis 2,50 m ▲ bis 1,50 m
Halbesel sehen Pferden ähnlich, haben aber lange Eselsohren und einen Quastenschweif. Ihre Stimme liegt zwischen dem Schreien der Esel und dem Wiehern der Pferde. Man unterscheidet sieben Rassen, darunter den Kulan, den Kiang und den Onager. Vom Onager gibt es noch kleine Herden in der Wüste Irans.

Der Onager ist der bekannteste Halbesel. Er hat ein glattes, kurzhaariges Fell wie ein Pferd und ist gelblich. Echte Esel sind grau und langhaarig. Vor allem haben sie sehr große Ohren.

Raubtiere

Bären

Die Bären zählen zu den Raubtieren. Sie fressen aber nicht nur Fleisch, sondern sind Allesfresser. Einige nehmen sogar überwiegend Pflanzen zu sich. Es gibt sieben Großbären und 18 Arten von Kleinbären, zu denen der Waschbär gehört. Die beiden Pandas bilden eine eigene Gruppe.

Braunbär

Europa, Asien, Amerika ▶ bis 3 m

Braunbären leben heute noch in großer Zahl in Nordamerika und in Asien. In Europa kommen sie nur noch vereinzelt in den Gebirgen Spaniens und Norditaliens und in Skandinavien vor. Sie können sich in der Fellfarbe stark unterscheiden, von Schwarz bis zu Hellbraun. Braunbären sind Einzelgänger. Nur in der Paarungszeit bleiben Männchen und Weibchen ein paar Wochen zusammen. Eine Bärin mit Jungen ist gefährlich. Sie verteidigt ihre Kinder erbittert – auch gegen den Vater. Als Raubtiere fressen die Bären Fleisch und reißen andere Tiere. Auf dem Speisezettel von »Meister Petz« stehen aber vor allem Beeren, Nüsse, Pilze und Wurzeln. Fast drei Viertel der Bärennahrung machen Pflanzen aus. Beim Ausgraben von Wurzeln helfen ihm die kräftigen Pranken. Jede Tatze hat fünf scharfe Krallen. Damit kann ein Bär auch gut klettern. Begierig sind die Braunbären auf Honig. Um Honig zu bekommen, klettern sie auf die Bäume und nehmen die Nester wilder Bienen aus. Der Bär ist eben ein Allesfresser.

Die Bärin bringt im Dezember oder Januar ein bis drei Junge zur Welt. Dazu zieht sie sich in eine Höhle zurück. Die Jungen sind bei der Geburt etwa so groß wie eine Ratte.

Grislis sind hervorragende Fischer. Sie stellen sich an den Stromschnellen in einen Fluss und fangen geschickt die hochspringenden Lachse auf.

Grisli

Nordamerika ▶ bis 2,80 m

Der Grisli oder Graubär ist einer der größten Braunbären. Nur der Kodiak ist mit drei Metern noch größer. Dem Grisli kann man heute noch in den Wäldern Kanadas begegnen. In Indianergeschichten wird er als besonders stark und angriffslustig beschrieben. Er kann mit einem Schlag seiner Pranke ein Ren niederschmettern und töten. Sein Gebiss ist fürchterlich. Das Gefährliche am Grisli ist, dass er nicht sichtbar wütend wird. Er greift ganz plötzlich und unvermutet an. Im Winter hält er wie alle Bären → Winterschlaf.

Schwarzbär

Nordamerika ▸ bis 2 m
Der Schwarzbär heißt auch Baribal. Er ist kleiner als der Grisli. In den Nationalparks lässt er sich gern von den Touristen füttern. Besonders freche Schwarzbären kommen an die Autos der Besucher und betteln. Das Füttern der Bären ist nicht ungefährlich. Denn auch der scheinbar so gemütliche Baribal ist ein Raubtier. Baribals ernähren sich überwiegend von Eicheln und Nüssen und können ausgezeichnet klettern.

Schwarzbären hat man früher viel gejagt, da ihr Fell begehrt war. Sie zählen zu den beliebtesten Tieren in den Nationalparks der USA.

Der Brillenbär gehört zu den kleinsten unter den so genannten Großbären. Obwohl er sich überwiegend von Pflanzen ernährt, schlägt er doch gelegentlich auch ein Tier.

Brillenbär

Südamerika ▸ bis 1,50 m
Der Brillenbär ist der einzige Großbär in Südamerika. Er lebt in den Gebirgswäldern. Heute sieht man ihn recht selten. Er gilt als gefährdete Tierart. Die Bären haben ein fast schwarzes Fell und weiße Kreise um die Augen. Das sieht aus wie eine Brille, und deswegen heißt er Brillenbär. Der Bär ernährt sich fast nur von Pflanzen. Nachts klettert er auf einen Baum und richtet sich dort ein Nest zum Schlafen her.

Kragenbär

Asien ▸ bis 1,70 m
Kragenbären leben in Südostasien. Es gibt unterschiedlich große Tiere. Der größte Bär wird etwa 1,70 m lang und hat eine Schulterhöhe von 80 cm. Aufgerichtet ist er fast 2 m hoch. Seinen Namen hat der Kragenbär von

Raubtiere

Kragenbären leben im Sommer in Höhenlagen bis 3 600 Meter.

der abstehenden Halskrause. Er ist schwarz bis auf eine helle Zeichnung auf der Brust.

Eisbär

Arktis ▸ bis 2,80 m

Eisbären kommen nur in den nördlichen Polargebieten vor. Am Südpol gibt es keine Eisbären. Diese Großbären können ausgezeichnet tauchen und schwimmen. Sie haben Schwimmhäute zwischen den Zehen. Ihr Pelz ist dicht und Wasser abweisend. Im Winter graben sie sich eine Höhle in den Schnee und halten darin ➔ Winterschlaf. Die Bärin bringt in einer Schneehöhle auch ihre Jungen zur Welt. Sie sind bei der Geburt so groß wie Meerschweinchen. Nach drei

Die weißen Eisbären sind im Schnee gut getarnt. Ihre Haut ist schwarz und speichert die Sonnenwärme. Außerdem schützt eine dicke Fettschicht die Eisbären vor Kälte.

Monaten dürfen sie zum ersten Mal ins Freie. Die Mutter jagt für sie Robben. Diesen lauert sie an deren Atemlöchern im Eis auf. Auch Fische holt sie mit der Pranke aus dem Wasser.

Da Bambus nur wenige Nährstoffe enthält, muss der Große Panda den ganzen Tag fressen. Ohne Bambus verhungert der Bär.

Großer Panda

China ▸ bis 1,50 m

Vom Pandabären gibt es nur noch wenige Tiere in freier Wildbahn. Er lebt in Gebirgsgegenden in China und ist streng geschützt. Obwohl er ein Raubtier ist, frisst er kein Fleisch, sondern nur Bambus. Da man viele Bambuswälder gerodet hat, ist der Panda vom Aussterben bedroht. Die Chinesen nennen ihn »weißer Bär«. Der Panda ist das Wappentier des → WWF.

Kleiner Panda

Asien ▸ bis 60 cm

Der Kleine Panda heißt auch Katzenbär. Wie der Große Panda ernährt er sich hauptsächlich von Bambus. Er frisst aber auch Vögel, Eidechsen und Insekten. Der 60 cm lange Kleinbär lebt in Gebirgswäldern am Himalaja. Die Chinesen nennen das rotbraune Tier auch »Feuerfuchs«. Es ähnelt dem Waschbär.

Kleine Pandas geben selten Laute von sich. Manchmal zwitschern, quieken oder pfeifen sie, um sich zu verständigen.

Raubtiere

Waschbär

Amerika, Europa ▶ bis 60 cm
Man sagt, Waschbären nähmen ihre Nahrung in die Pfoten und tauchten sie ins Wasser. Doch das hat man bisher nur im Zoo beobachtet. Die Kleinbären leben gern nahe am Wasser. Sie sind eigentlich Waldtiere, kommen in Amerika heute aber fast überall vor. In Dörfern und Städten holen sie sich Abfälle und öffnen sogar Mülltonnen. In Deutschland wurden Waschbären wegen ihres Pelzes gezüchtet. Einige sind vor 50 Jahren aus einer Pelztierfarm entkommen. Inzwischen haben sie sich über ganz Mitteleuropa verbreitet. Die Waschbären jagen Kleintiere und Vögel, plündern Nester und töten Hühner und anderes Geflügel. Da sie bei uns keine Feinde haben, vermehren sie sich stark.

Waschbären sind sehr anpassungsfähig. Sie kommen nachts sogar in Städte und Dörfer.

Bei den Nasenbären haben die Weibchen das Sagen. Die Männchen sind Einzelgänger, die nur in der Paarungszeit zur Gruppe stoßen.

Nasenbär

Nord- und Südamerika ▶ bis 70 cm
Nasenbären zählen zu den Kleinbären. Sie sind sehr gesellig und bilden oft Gruppen von über 20 Tieren. Sie leben im ➔ Regenwald, in der Steppe und auch im Gebirge. Dort suchen sie mit ihrer Rüsselnase nach Insekten. Sie jagen auch Mäuse und kleine Echsen. Viele Insekten rollen sie erst mit der Pfote, damit diese sie nicht stechen. Bei Gefahr flüchten Nasenbären auf Bäume.

Hunde

Alle Hunde sind Raubtiere, selbst das kleinste Schoßhündchen. Solche Zwergrassen kommen in der Natur jedoch nicht vor. Mehr als 350 Hunderassen hat der Mensch gezüchtet. Zu

den hundeartigen Raubtieren zählen die Wölfe, Kojoten, Füchse und Schakale. Fast alle sind Hetzjäger. Große Hunde wie die Wölfe jagen im Rudel, andere wie die Füchse sind Einzeljäger. Beim Jagen kommt den Hunden ihre Ausdauer und ihr Geruchssinn zustatten.

Afrikanischer Wildhund

Afrika ▸ bis 1 m

Afrikanische Wildhunde sind schlank und hochbeinig. Sie können sehr schnell rennen und hetzen Antilopen und sogar Zebras. Dazu schließen sie sich zu einem ➔ Rudel zusammen. Oft sind es mehr als 50 Tiere, die gemeinsam die Beute jagen. Haben sie ein Tier zur Strecke gebracht, dann fressen sie es sofort auf. Dabei wird die Beute unter allen Mitgliedern des Rudels aufgeteilt. Jungtiere bekommen immer als Erste zu fressen.

Leitwölfe sind ein Männchen und ein Weibchen, die sich im Rudel durchgesetzt haben.

Der Afrikanische Wildhund lässt sich von den Jungen ohne Widerstand das Fressen aus dem Maul nehmen.

Wolf

Nördliche Erdhalbkugel
▸ bis 1,40 m

Hungrige Wölfe sind gefährliche Raubtiere. Sie reißen Elche, Pferde und selbst Bären. Unter Viehherden richteten sie oft Schaden an. Deshalb hat man den Wolf in Mitteleuropa fast ausgerottet. Wölfe sind sehr intelligent und haben einen hervorragenden Geruchssinn. Sie jagen meist im ➔ Rudel, das zwei Leitwölfe anführen. Die einzelnen Rudel verständigen sich durch Geheul. Innerhalb eines Rudels herrscht eine strenge ➔ Rangordnung.

Raubtiere

Woher kommen unsere Hunde?

Wölfe sind gesellige Tiere. Sie bilden größere Rudel für die gemeinsame Jagd. Dies machte sich der Mensch schon früh zunutze. Einige zutrauliche Wölfe begleiteten bereits vor fast 15 000 Jahren die Jäger, um Reste der Beute zu fressen. Die Steinzeitmenschen erkannten, dass Wölfe sehr feine Geruchs- und Hörsinne besaßen. Sobald Wildtiere sich näherten, wurden die Wölfe unruhig. Dadurch spürte der Mensch seine Jagdbeute schneller auf. Bald begann der Mensch Wolfswelpen aufzuziehen und sie zu zähmen. Diese zahmen Wölfe paarten sich, und so entstanden die ersten Haushunde. Man nimmt an, dass dies zum ersten Mal in Indien geschah, wo kleinere Wölfe lebten.

Schabrackenschakal

Afrika ▶ bis 90 cm

Der Schabrackenschakal ist eine von drei Schakalarten. Er fällt vor allem durch seinen dunklen Rücken auf. Schakale ähneln sowohl kleinen Wölfen als auch dem Fuchs. Sie leben meist einzeln oder paarweise. Tagsüber verbergen sie sich in Höhlen. Nachts gehen sie auf Nahrungssuche. Erst wenn die Löwen mit ihrer Mahlzeit fertig sind, wagt sich ein Schakal in die Nähe. Er räumt dann die Reste ab. Früher folgten die Schakale auch den Karawanen und ernährten sich von den Abfällen. Nur wenn Schakale gar nichts zu fressen finden, bilden sie kleine ➔ Rudel und jagen gemeinsam ein größeres Tier.

Der Schabrackenschakal ist wie alle Schakale mehr mit dem Wolf als mit dem Fuchs verwandt. Das Raubtier ist außerordentlich schlau.

Kojote

Nord-, Mittel- und Südamerika

▶ bis 1,10 m

Der Kojote ist der Wolf der Prärie Nordamerikas. Die Indianer vereh-

Kojoten haben kein besonderes Sozialverhalten. Sie sind aber keine strikten Einzelgänger.

ren ihn als besonders trickreich. Der Präriewolf ist kleiner als der europäische graue Wolf und nur am Rücken grau gefärbt. Kojoten leben meist paarweise oder bilden nur kleine Rudel. Sie jagen meist kleinere Tiere, fressen aber auch ➔ Aas.

Rotfuchs

Europa, Asien, Amerika ▶ bis 90 cm
Von allen hundeartigen Raubtieren hat der Rotfuchs sich dem Menschen am besten angepasst. Er gilt als

Das Fuchsweibchen, die Fähe, bringt fünf bis zehn Junge zur Welt. Diese werden blind geboren und öffnen erst nach 14 Tagen die Augen.

besonders schlau. Da er in Ställe einbricht und Hühner tötet, hat man ihn schon immer verfolgt. Schlimmer ist, dass der Fuchs auch die ➔ Tollwut verbreitet. Tag und Nacht streift er auf der Suche nach Beute umher. Er frisst alles, was ihm vor die Schnauze kommt: Jungtiere, Vögel und deren Eier, ja sogar Fische. Rotfüchse vertilgen auch viele Mäuse und mögen süße Beeren. Ihren Bau legen sie meist am sonnigen Waldrand an.

Eisfuchs im Sommer- und Winterfell

Eisfuchs

Nordpolargebiete ▶ bis 70 cm
Der Eisfuchs lebt in der ➔ Arktis. Er heißt auch Polarfuchs oder Weißfuchs. Vor der Kälte ist er durch einen besonders dicken Pelz geschützt. Dieser Pelz ist im Winter schneeweiß, sodass man den Fuchs im Schnee nicht gleich entdeckt. Früher hat man ihn wegen dieses Fells stark bejagt. Im Sommer hat er ein braunes Fell. Eisfüchse leben von Nagetieren und dem, was die Eisbären übriglassen. Wenn sie viel zu fressen finden, legen sie sich einen Vorrat im Schnee an.

Fennek

Afrika ▶ bis 40 cm
Der Fennek lebt in der Wüste Nordafrikas. Dieser Wüstenfuchs ist der kleinste Wildhund. Er wird nur 40 cm lang, sein Schwanz misst 30 cm. Fenneks haben besonders große Ohren, mit denen sie ihre

Raubtiere

Die Ohren des Fennek sind 15 cm lang.

Beutetiere am Geräusch aufspüren. Sie jagen nachts. Zu ihrer Beute zählen Insekten, Eidechsen und Mäuse.

Hyänen

Die Hyänen sehen ähnlich aus wie Hunde, erinnern aber auch an Katzen. Sie bilden eine eigene Familie der Raubtiere. Es gibt vier Arten. Alle Hyänen haben lange Vorderbeine und einen nach hinten abfallenden Rücken. Die Tiere können schrecklich heulen. Wie die Geier fressen sie vor allem Aas.

Fleckenhyäne

Afrika ▶ bis 1,65 m

Die Flecken- oder Tüpfelhyäne ist die größte Hyänenart. Nachts rufen sich die Hyänen durch ihr schauerliches Gelächter zu ➔ Rudeln zusammen. Sie leben in großen Rudeln. Dann ziehen sie gemeinsam auf Futtersuche. Wo ein Löwe oder ein Leopard ein Tier gerissen hat, stellen sie sich als ungebetene Gäste ein. Sie holen sich die Reste der Mahlzeit. Mit ihrem kräftigen Gebiss zermalmen sie sogar dickste Knochen. Im Rudel jagen sie aber auch selbst. Hyänen sind sehr schnell. Sie können ein fliehendes Zebra leicht einholen und in wenigen Minuten töten. Oft eilen dann die Löwen herbei, um den Hyänen ihre Beute abzujagen.

Tüpfelhyäne mit Jungem. Die Flecken- oder Tüpfelhyäne ist die größte und stärkste Hyäne. Sie jagt in der Nacht. Dabei hetzt das Rudel ein Tier, etwa ein Zebra, so lange, bis es schließlich erschöpft zusammenbricht.

Der Erdwolf ist ein Nachttier, das erst abends munter wird. Dann macht er sich auf die Suche nach Termiten.

Erdwolf

Afrika ▸ bis 80 cm

Der Erdwolf ist ein seltsames Tier. Er ist eine Hyäne und kein hundeartiges Raubtier, obwohl er »Wolf« heißt. Am meisten ähnelt er den Schleichkatzen. Wie alle Hyänen frisst auch er → Aas. So dient er als Gesundheitspolizist, der die Natur von Abfällen reinigt. Seine Hauptnahrung besteht aber vor allem aus Termiten und anderen Insekten. Er hat ein so feines Gehör, dass er diese krabbeln hört. Der Erdwolf gräbt sich wie ein Fuchs einen Bau, in dem er meist den Tag verschläft.

Schleichkatzen

Es gibt rund 70 Arten von Schleichkatzen. Sie sehen recht merkwürdig aus. Manche erinnern an eine Hauskatze, andere an einen Marder, wieder andere an einen Fuchs. Die meisten Schleichkatzen sind Einzelgänger und leben auf Bäumen. Sie kommen außer der Ginsterkatze nur in Afrika und Asien vor. Einige dieser Raubtiere werden fast einen Meter, andere nur etwa 30 Zentimeter groß. Alle haben einen auffallend langen Schwanz.

Ginsterkatze

Afrika, Südeuropa ▸ bis 60 cm

Die Ginsterkatze ist die einzige Schleichkatze Europas. Sie kommt außer in Afrika auch in Spanien und Portugal vor. Man sieht sie kaum, da sie nachts jagt. Sie frisst kleine Nagetiere und Eidechsen, an die sie sich wie jede andere Katze anschleicht. Wie unsere Hauskatze kann auch sie ihre Krallen einziehen. Die Ginsterkatze klettert auf Bäume, stellt dort den

Raubtiere

Vögeln nach und raubt deren Nester aus. Sie dringt auch gelegentlich in Hühnerställe ein und tötet die Hühner.

Die Ginsterkatze unterscheidet sich von unserer Hauskatze deutlich durch die kürzeren Beine und die spitze Schnauze.

Wasserschleichkatze

Afrika ▸ bis 45 cm

Die Wasserschleichkatze sieht aus wie eine Mischung aus Katze und Fuchs. Sie hat Schwimmhäute zwischen den Zehen und frisst Fische und Krebse. Zum Krebsfang steigt sie ins Wasser und dreht mit ihren Pfoten die Steine um. Das Tier ist so scheu, dass man es in freier Natur kaum zu Gesicht bekommt. Man hat es erst im Jahr 1916 entdeckt.

Die Wasserschleichkatze ist eine der Ausnahmen unter den katzenartigen Tieren. Die meisten Katzen gehen nur ungern ins Wasser.

Die Erdmännchen sind Frühaufsteher. Bevor sie mit der Nahrungssuche beginnen, nehmen sie ein ausgiebiges Sonnenbad.

Erdmännchen

Südafrika ▸ bis 35 cm

Die Erdmännchen haben ihren Namen daher, weil sie sich auf die Hinterbeine erheben und Männchen machen. Das erinnert an die Murmeltiere. Wittern die Erdmännchen eine Gefahr, dann schlüpfen sie flink in ihren Bau. Er besteht aus weitläufigen unterirdischen Höhlen und Gängen. Die Erdmännchen leben hier gesellig zusammen. Tagsüber gehen sie auf Jagd. Sie sind eifrig dabei, mit ihren langen Krallen den Boden aufzuscharren und Insekten, Mäuse, Eidechsen und sogar Schlangen zu jagen. Größere Tiere töten sie mit einem gezielten Biss. Bei den südafrikanischen Farmern sind die Erdmännchen gern gesehen, weil sie Ratten und Schlangen fressen.

Zibetkatze

Afrika, Asien ▸ bis 85 cm

Die Afrikanische Zibetkatze heißt Zivette. Sie lebt in der Savanne und

Die Afrikanische Zibetkatze ist eine der größten Schleichkatzen. Aus dem Duftstoff ihrer Afterdrüsen, dem Zibet, stellte man schon im Altertum Parfüm her.

im Buschwald. Tagsüber versteckt sie sich gern in einem Erdloch. Nachts geht sie auf Jagd. Ihre Nahrung besteht aus kleinen Tieren. Sie frisst auch Früchte. Ab und zu jagt die Schleichkatze sogar junge Antilopen. Unter dem Schwanz hat sie eine Drüsentasche. Darin speichert sie den Zibet. Mit dem Duftstoff markieren Zibetkatzen ihr ➔ Revier.

Indischer Mungo

Indien ▶ bis 50 cm

Die Mungos zählen zu den Schleichkatzen. Es gibt verschiedene Arten. Berühmt wurde der Indische Mungo durch eine Geschichte im »Dschungelbuch« von Rudyard Kipling. Er heißt dort »Rikki-Tikki-Tavi« und kann Schlangen töten. Tatsächlich schrecken die Mungos auch vor einer giftigen Kobra nicht zurück. Sie fressen auch Ratten und sind deshalb beliebt.

Im tödlichen Kampf mit der Kobra bleibt der Mungo meist Sieger.

Raubtiere

Katzen

Die Familie der Katzen umfasst 37 Arten. Alle sind besonders gut an ihre räuberische Lebensweise angepasst. Mit ihren scharfen Augen, Ohren und Nasen sind sie hervorragende Jäger. Lautlos schleichen sie sich an ihre Beute an. Dazu ziehen sie ihre Krallen ein. Wenn sie zuschlagen, strecken sie die Krallen aus: Das Opfer kann nicht mehr entkommen.

Löwe

Afrika ▸ bis 2 m
Der Löwe gilt als König der Tiere. Außer dem Menschen hat er keine Feinde. Das Männchen fällt durch seine dichte Mähne auf. Wenn es sein Gebrüll ertönen lässt, ergreifen alle anderen Tiere die Flucht. Löwen sind die einzigen Großkatzen, die brüllen. Sie sind auch die einzigen Katzen, die im ➔ Rudel leben. Ein Rudel umfasst bis zu 30 Tiere. Es sind Weibchen mit ihren Jungen. Meist gehören noch zwei Männchen dazu. Diese sind oft Brüder. Sie stehen in der ➔ Rangordnung über den Weibchen, selbst wenn sie schwächer sind als diese. Die übrigen Männchen sind Einzelgänger.

Außer Elefanten und Nashörnern greifen die Löwen fast alle Tiere an. Meist jagen die Löwinnen. Sie überfallen die Beutetiere oft an der Tränke, wie hier ein Gnu. Dabei jagen sie im Rudel und kreisen ihr Opfer zuvor ein. Wenn sie die Beute gerissen haben, fressen sie auch gemeinsam. Das kräftigste Tier holt sich den größten Anteil an der Beute.

Die auffällige Zeichnung des Tigerfells ist eine gute Tarnung. Das Tier ist im Dschungel kaum zu erkennen.

Tiger

Asien ▸ bis 2,80 m
Der Tiger ist die größte Raubkatze und noch stärker als der Löwe. Leider gibt es nur noch wenige dieser Großkatzen. Sie sind streng geschützt. Tiger sind Einzelgänger. Sie können gut klettern und schwimmen. In der Dämmerung schleichen sie sich an ihr Opfer an. Ein Tiger kann einen Büffel

mit einem Hieb der Pranken umwerfen. Er hat so viel Kraft, dass er die schwere Beute abschleppt.

Schneeleoparden bevorzugen im Sommer die Bergwiesen oberhalb der Baumgrenze in 6000 m Höhe. Im Winter suchen sie Schutz in den Wäldern der tieferen Lagen um 2000 m.

Leopard

Afrika, Asien
▶ bis 1,70 m
Der Leopard ist nach dem Tiger und dem Löwen die drittgrößte Großkatze in Afrika und Asien. Es gibt noch mehr Leoparden als Löwen und Tiger zusammen. Aber auch sie sind vom Aussterben bedroht. Man hat sie wegen ihres schön gefleckten Fells stark bejagt. Auch ganz schwarze Tiere kommen vor, die Schwarzen Panter. Der Leopard schleicht sich an sein Opfer heran und greift es im Sprung. Dann tötet er es durch einen Biss. Die Beute schleppt er an einen sicheren Ort, um sie in Ruhe zu verzehren. Meist klettert er damit auf einen Baum.

Leopardenmütter gehen zärtlich mit ihren Kindern um. Meist haben sie zwei bis vier Junge.

Schneeleopard

Asien ▶ bis 1,40 m
Der Schneeleopard lebt im Himalaja. Er wird etwa so lang wie ein Gepard, aber nicht so hoch. Seine Schulterhöhe beträgt nur 60 cm. Schneeleoparden jagen vor allem Steinböcke und Ziegen. Sie springen dabei bis zu 15 m weit von Fels zu Fels. Heute stehen sie wie alle gefleckten Katzen unter ➔ Artenschutz.

Gepard

Afrika, Westasien ▶ bis 1,40 m
Geparden sind sehr hochbeinige, elegante Katzen. Sie sind die schnellsten Landtiere. Geparden jagen am hellen Tag. Dabei schleichen sie sich nicht wie Katzen an, sondern hetzen ihre Beute wie Hunde. Wenn sie ein Tier nicht gleich einholen, geben sie auf.

Raubtiere

Die Höchstgeschwindigkeit von 110 km/h hält der Gepard nur über eine kurze Strecke durch.

Die Schnelligkeit des Geparden machten sich schon die alten Ägypter zunutze: Sie richteten diese Raubkatze zur Jagd ab.

Jaguar

Mittel- und Südamerika
▸ bis 1,85 m
Viele Indianervölker verehrten den Jaguar wie einen Gott. Er ist die größte Raubkatze Südamerikas. Der Jaguar wird größer als ein Leopard und kommt hauptsächlich im → Regenwald vor. Er ist nicht nur ein sehr geschickter Kletterer, sondern schwimmt auch gut. Seine wichtigsten Beutetiere sind Wasserschweine und kleine Hirsche. Diese Großkatze frisst aber auch Schildkröten und Kaimane. Da man heute große Teile des Regenwaldes abholzt, sind die Jaguare vom Aussterben bedroht.

Der Jaguar hält sich in Feuchtgebieten auf. Er geht auch ins Wasser, um Fische zu fangen.

Puma

Amerika ▸ bis 1,30 m

Der Puma heißt auch Silber- oder Berglöwe. Obwohl er so groß wie ein Leopard werden kann, wird er doch vom Jaguar getötet. Der Puma ist ein ausgezeichneter Kletterer. Dem Menschen geht er aus dem Weg. Trotzdem kommt es gelegentlich zu Angriffen auf Kinder. Bei Gefahr rettet er sich sofort auf einen Baum. Pumas können aus dem Stand sechs Meter hoch springen! Man hat die Pumas lange Zeit verfolgt und fast ausgerottet, weil man sie für Viehdiebe hielt. Pumas sind nicht besonders mutig. Sie wagen sich meist nur an kleinere Tiere wie Schafe oder Ziegen. Der Puma schleicht sich an ein Beutetier an und packt es im Sprung. Dann tötet er es durch einen schnellen Biss in den Nacken.

Pumas können über eine kurze Strecke sehr schnell rennen, haben aber wenig Ausdauer.

Fischkatze

Asien ▸ bis 85 cm

Die Fischkatze lebt in Hinterindien sowie auf den Inseln Sumatra und Java. Sie schwimmt sehr gut und hält sich meist an Wasserläufen, an Flüssen und an der Küste auf. Dort fängt sie Krebse und Fische. Daneben macht die Fischkatze aber auch Jagd auf Vögel und kleinere Säugetiere. Wenn sie sich bedroht fühlt, geht

Die Fischkatze schlägt mit den Pfoten ins Wasser und greift sich die Beute.

Raubtiere

sie zum Angriff über und setzt sich heftig zur Wehr.

Luchs

Europa ▸ bis 1,10 m
Luchse zählen nicht zu den Großkatzen. Mit ihren 1,10 m Länge sind sie aber die größten europäischen Wildkatzen. Die hochbeinigen Tiere haben einen kurzen Schwanz und einen Backenbart. An den Ohren wachsen ihnen lange Haarpinsel. Die Haare verbessern das Gehör des Luchses. Man hat diese Katzen wegen ihres Fells gejagt. Auch ihr Fleisch war begehrt. Heute sind die Luchse geschützt.

Luchs

Wildkatze

Europa, Afrika, Asien ▸ bis 80 cm
Wildkatzen sind scheu. Sie leben im Wald, und man bekommt sie kaum zu Gesicht. Unter Wildtieren richten sie wenig Schaden an, da sie sich überwiegend von Mäusen ernähren. Aber sie jagen auch Vögel. Viele Katzen, denen man im Wald begegnet, sind

Wie entwickelte sich unsere Hauskatze?

Im alten Ägypten wurden vor 5000 Jahren Falbkatzen gezähmt und als heilige Tiere verehrt. Es gab sogar eine eigene Katzengöttin: Sie hieß Bastet. Falbkatzen sind sehr schlank, und ihr Fell ist einfarbig, getigert oder gefleckt. Von der ägyptischen Falbkatze stammen alle Formen unserer Hauskatze ab. Im Unterschied zu Haushunden, von denen man über 400 ➔ Rassen kennt, unterscheidet man bei den Hauskatzen nur etwa 50 Rassen. Das sind die so genannten Edelkatzen. Zu ihnen zählt zum Beispiel die langhaarige Perserkatze oder die graue Siamkatze mit den hellblauen Augen. Auch die schwanzlose Manxkatze, die es nur auf der englischen Insel Isle of Man gibt, gilt als Rassekatze. Die meisten Edelkatzen wurden erst in den letzten 150 Jahren gezüchtet. Unsere Hauskatze kümmert sich wenig um Rasse und Aussehen: Sie paart sich mit jedem Kater. Und so sehen ihre Jungen dann auch aus: schwarz, weiß, braun oder grau, rot getigert, schwarzbraun gefleckt oder alles zusammen.

Wildkatze

verwilderte Hauskatzen. Die echte Wildkatze erkennt man am dicken geringelten Schwanz.

Marder

Die Marder sind kleine Raubtiere. Sie bewohnen alle Erdteile und kommen im Wald, im Gebirge, in der Wüste und am Wasser vor. Es gibt rund 65 Arten. Alle hören, sehen und riechen sehr gut. Außerdem sind sie außerordentlich schnell und geschickt. So erlegen sie Beutetiere, die oft viel größer sind als sie selbst.

Baummarder

Europa, Asien ▸ bis 55 cm

Der Baum- oder Edelmarder ist ein Einzelgänger. Er lebt im Wald und kann gut klettern. Am Tag versteckt er sich gern in hohlen Bäumen oder leeren Vogelnestern. Nachts geht er auf Raubzug aus. Er jagt alle Tiere, die er überwältigen kann, bis zur Größe von Hasen und Rehkitzen. Im Mai wirft das Weibchen bis zu fünf Junge.

Steinmarder

Europa ▸ bis 50 cm

Steinmarder sind etwas kleiner als Baummarder. Sie haben einen weißen Kehlfleck. Man kann sie manchmal in der Nähe von Häusern sehen. Sie haben kaum Angst vor den Menschen. Nachts dringen sie in Hühner- und Kaninchenställe ein. Meist jagen sie aber Ratten und Mäuse. Oft schlüpfen Steinmarder in den noch warmen Motorraum eines Autos und beißen dort die Kabel und Schläuche durch.

Dachs

Europa ▸ bis 90 cm

Der Dachs ist unser größtes marderartiges Tier. Im Unterschied zu seinen räuberischen Verwandten ernährt er sich überwiegend von Beeren, Pilzen und Früchten. Er frisst auch Eidechsen

Der Baummarder hat ein wertvolles Fell. Deshalb hat man ihn früher gejagt. Man erkennt ihn an seiner gelben Kehle.

und Schlangen, Mäuse und Würmer. Honig liebt der Dachs über alles, und er leert die Nester der Wildbienen. Dachse graben sich einen Bau mit vielen Kammern und Ausgängen. Hier verbringen sie einige Monate in → Winterruhe. Dabei zehren sie von dem Fett, das sie sich im Sommer angefressen haben.

Der Dachs ist ein scheues Tier. Er verlässt den Bau meist nachts. Manche Dachse leben mit Füchsen oder Kaninchen in einem Bau.

Hermelin

Europa, Asien ▶ bis 30 cm

Das Hermelin zählt zu den Wieseln. Diese sind kleiner und schlanker als die echten Marder. Sie sind besonders raublustig und stöbern vor allem Nagetiere in ihren Bauen auf. Das rotbraune Hermelin bekommt im Winter ein schneeweißes Fell, bis auf die schwarze Schwanzspitze. Weiße Hermelinfelle sind sehr kostbar. Früher waren die Mäntel von Königen damit besetzt.

Iltis

Europa ▶ bis 45 cm

Der Iltis versteckt sich tagsüber in Holzstapeln oder unter Steinhaufen und schläft wie ein Ratz. »Ratz« nennt auch der Jäger den Iltis. Erst nachts

Das Hermelin sieht recht harmlos aus. Es ist aber ein gefräßiges Raubtier. Man nennt es auch Großes Wiesel.

Der Iltis ist ein großer Eierdieb. Wenn er Eier davonträgt, klemmt er sie sich zwischen Kinn und Brust.

werden Iltisse rege und gehen auf die Jagd. Zu ihrer Beute zählen Ratten und Mäuse, aber auch Schlangen, Frösche, Maulwürfe und Igel. Der Iltis lebt gern nahe am Wasser und fängt auch Fische. Das Iltisweibchen bringt etwa sechs Junge zur Welt. Sie sind bei der Geburt schneeweiß und färben sich erst nach etwa vier Wochen um. Dann sind sie schon fast ausgewachsen und jagen selbst.

Nerz

Nordamerika ▶ bis 45 cm

Nerze leben in Nordamerika an Flüssen, Seen und in Sümpfen. Sie haben Schwimmhäute zwischen den Zehen und sind gute Schwimmer. Der nordamerikanische Nerz heißt auch Mink. Er jagt Nagetiere sowie Frösche, Fische und Krebse. Oft tötet er viel mehr Tiere, als er fressen kann. Da Nerze wertvolle Pelze liefern, züchtete man sie in Pelztierfarmen. So kam auch der nordamerikanische Nerz zu uns. In Nordeuropa gab es früher aber auch wilde Nerze. Der europäische Nerz heißt auch Sumpfotter. Er kommt heute jedoch nur noch in Russland vor.

Vielfraß

Europa, Asien, Amerika ▶ bis 1 m

Der Vielfraß heißt auch Järv oder Bärenmarder. Er ist der größte Land-

Der Nerz scheint nachtaktiv zu sein.

Raubtiere

marder und kommt in nördlichen Ländern vor. Im Sommer frisst er alles, was er findet. Im Winter richtet er unter den Rentierherden oft viel Schaden an. Auf dem Schnee kann er sich geräuschlos anpirschen. Dann erlegt er auch große Tiere, die im Schnee einsinken. Wie viele Marder tötet auch der Vielfraß manchmal mehr Tiere, als er fressen kann. Die Beute vergräbt er oder schleppt sie auf einen Baum. Obwohl man den Vielfraß gnadenlos verfolgt, wurde er zum Glück bisher nicht ausgerottet.

Der Vielfraß hat seinen Namen von norwegisch »Fjäl-Fräs«, das »Felsenkatze« bedeutet. Er ist auch tatsächlich ein großer Räuber, der viele Tiere frisst.

Fischotter

Europa, Asien ▸ bis 85 cm

Der Fischotter ist ein ausgezeichneter Schwimmer und Taucher. Er lebt an sauberen Gewässern und baut sich am Ufer eine Höhle. Der Eingang liegt unter Wasser. Der Wohnkessel wird ausgepolstert. Zur Landseite hin hat er einen Luftschacht. Der Fischotter jagt vor allem Fische, frisst aber auch Wasserratten und Wasservögel. Wenn er in einen Fischteich einfällt, richtet er oft beträchtlichen Schaden an. Er fängt meist mehr Fische, als er vertilgen kann. Die Beute bringt er aufs Land und kehrt sofort wieder zum Jagen zurück. Wenn er große Beute macht, dann frisst er nur die besten Stücke, vor allem das Gehirn. Die Fischer haben den Fischotter immer unbarmherzig verfolgt. Heute ist er streng geschützt.

Seeotter

Nordamerika ▸ bis 1,30 m

Der kalifornische Seeotter ist völlig dem Wasser angepasst. Er frisst nicht nur Fische und Krebse, die er aus dem Meer taucht. Die Lieblingsspeise des Marders sind Muscheln. Um sie zu knacken und an ihr Fleisch zu gelan-

Der Seeotter bei seiner Lieblingsbeschäftigung.

Wenn Fischotter reiche Beute machen können, hören sie nicht auf zu jagen.

Der Streifenskunk hat wegen seines Gestanks kaum Feinde. Greifvögel scheint der Geruch aber nicht zu stören.

gen, schwimmt er auf dem Rücken. Die Muschel legt er sich auf den Bauch. Dann nimmt er einen Stein in die Pfote und schlägt damit das Schalentier auf. Seeigel öffnet er mit den Zähnen.

Streifenskunk

Nordamerika ▶ bis 45 cm

Der Skunk heißt auch Stinktier. Er besitzt am After zwei Drüsen, in denen er eine fürchterlich stinkende Flüssigkeit erzeugt. Diese verspritzt er bei Bedrohung fünf Meter weit und zielt dabei ziemlich genau. Vor dem Gestank nimmt jedes Tier Reißaus. Wer vom Skunk getroffen wird, der kann länger nicht mehr unter die Leute gehen.

Robben

Die Robben sind Raubtiere des Meeres. Sie gehen aber auch an Land. An das Wasser sind diese Säugetiere gut angepasst. Sie haben Flossen anstelle von Armen und Beinen. Beim Tauchen verschließen sie

Raubtiere

die Ohren und Nasenlöcher. Eine dicke Speckschicht schützt sie vor dem Auskühlen. So können Robben lange im Wasser bleiben und Fische jagen.

Seebär

Pazifik, Atlantik ▸ bis 2 m
Seebären kommen in nördlichen und südlichen Meeren vor. Sie besitzen noch deutlich sichtbare Ohrmuscheln. Man bezeichnet sie deshalb als Ohrenrobben. An Land watscheln sie auf ihren Flossen recht flott dahin. Im Wasser schwimmen und tauchen sie sehr geschickt. Die Bullen sind dreimal so groß wie die Weibchen. In der Paarungszeit kommen sie in die Kolonien am Strand und kämpfen um die besten Plätze. Ein alter Bulle, der einen guten Platz hat, versammelt oft 15 und mehr Weibchen in seinem → Harem. Mit diesen wird er sich später paaren. Die südafrikanischen Seebären sind die größte aller Seebärenarten.

Seebären wurden wegen ihres dichten Pelzes aus feiner Unterwolle viel bejagt. Heute sind die Tiere geschützt.

Ein Walross, rechts im Bild

Walross

Nördliche Erdhalbkugel ▸ bis 4 m
Das Walross ist die größte Ohrenrobbe. Es lebt im Nördlichen Eismeer. Das Männchen wiegt über eine Tonne und wird fast 4 m lang. Walrosse haben zwei riesige Eckzähne, die zeitlebens wachsen. Diese Hauer können bis zu 75 cm lang werden.

Die Sattelrobbe bringt meist nur ein Junges zur Welt. Sein Fell ist bei der Geburt gelblich. Nach ein paar Tagen wird es schneeweiß.

Sattelrobbe

Nordatlantik ▸ bis 2,20 m
Die Sattelrobben gehören zu den Hundsrobben wie der Seehund. Sie verbringen fast ihr ganzes Leben im Wasser. Sattelrobben können bis zu 250 Meter tief tauchen und 30 Minuten unter Wasser bleiben. Die Jungen bringen sie im Treibeis

am Rand des Nördlichen Eismeeres zur Welt. Kurz danach wandern sie im Atlantischen Ozean wieder in Richtung Norden. Sie folgen den Fischzügen, die ihnen Nahrung bieten. Die jungen Sattelrobben werden wegen ihres weißen Pelzes immer noch in großer Zahl getötet.

Seeelefant

Südpolarmeer ▸ bis 6,50 m

Seeelefanten sind die größten Robben. Die Tiere leben auf der südlichen Erdhälfte fast nur noch am Südpol. Die Männchen wiegen über drei Tonnen. Vor der Paarung bilden die Elefantenbullen große Herden. Sie

Ein kräftiger Seeelefantenbulle versammelt oft mehr als ein Dutzend Weibchen in seinem Harem. Sie bekommen alle Junge von ihm.

kämpfen dann erbittert um die besten Plätze am Strand. Kaum ist dort die Platzordnung hergestellt, kommen die Weibchen an, um ihre Jungen zur

Der Gemeine Seehund hält sich in flachen Küstengewässern auf. Die Fischer sehen ihn nicht gern, weil er ihnen angeblich die Fische wegfängt.

Welt zu bringen. Jeder Bulle versucht nun, möglichst viele Weibchen in seinen ➔ Harem zu holen. Bald nach der Geburt der Jungen paaren sich die Weibchen erneut.

Gemeiner Seehund

Atlantik, Pazifik ▸ bis 2 m

Der Gemeine Seehund kommt in Deutschland an der Nord- und Ostsee vor. Er gehört zu den Hundsrobben. Da er seine Hinterbeine nicht unter den Körper bringt, rutscht er an Land auf dem Bauch herum. Das Weibchen hat meist nur ein Junges. Wenn ein Seehundweibchen doch einmal Zwillinge bekommt, kümmert es sich oft nur um ein Kind. Das andere muss verhungern, so sehr es auch nach der Mutter heult. Diese unglücklichen Seehundbabys nennt man deshalb Heuler. An der Nordsee gibt es Seehundstationen. Dort werden

Nagetiere

verlassene Seehundbabys mit der Flasche aufgezogen.

Seelöwe

Nordamerika ▶ bis 2,20 m

Seelöwen sind die elegantesten Robben. Die verspielten Tiere können ausgezeichnet schwimmen und tauchen. An Land laufen sie auf ihren Flossen ziemlich schnell. Die Kalifornischen Seelöwen sind wahre Artisten. Man sieht sie oft im Zirkus, wo sie sich Bälle zuwerfen und mit der Nase auffangen.

Seelöwen sind sehr neugierige Tiere.

Hörnchen

Beinahe die Hälfte aller Säugetiere sind Nagetiere. Zu ihnen zählt auch die Gruppe der Hörnchen. Diese kommen außer in Australien auf allen Erdteilen vor. Am bekanntesten ist das Eichhörnchen, von dem es auf der ganzen Welt viele verschiedene Arten gibt. Alle Hörnchen sind Pflanzenfresser. Einige verspeisen zusätzlich Insekten oder jagen Vögel.

Eichhörnchen

Europa ▶ bis 25 cm

Eichhörnchen sind Baumkletterer. Sie leben außer in Australien überall auf der Erde. Unsere Eichhörnchen sind rotbraun oder schwarz und haben einen weißen Bauch. Sie springen geschickt von Ast zu Ast. Dabei benutzen sie ihren buschigen Schwanz als Steuerruder. Im Hauptnest bringt das Weibchen zweimal im Jahr drei bis sieben Junge zur Welt. Sie bleiben fast drei Monate im Nest sitzen. Bei Gefahr trägt die Mutter sie

Die Eichhörnchen legen mehrere runde Nester in Astgabeln an. Das Nest nennt man Kobel.

im Maul in einen anderen Kobel. Während des Sommers sammelt das Eichhörnchen unentwegt Vorräte. Für den Winter versteckt es Nüsse in einem Baum oder vergräbt sie im Boden. Oft findet das Eichhörnchen sein Versteck aber nicht mehr. Dann wächst dort ein neuer Nussbaum. Da Eichhörnchen kaum noch natürliche Feinde haben, vermehren sie sich stark.

Das Zwerggleithörnchen ist ein Nachttier. Man sieht das an den großen Augen. Es lebt in den Nadelwäldern Nordamerikas und frisst wie unser Eichhörnchen vor allem Nüsse.

Zwerggleithörnchen

Nordamerika ▸ bis 15 cm

Es gibt mehrere Arten von Gleithörnchen. Die größten werden 60 cm lang. Sie können zwar nicht fliegen wie die Vögel. Aber mit Hilfe ihrer seitlichen Flughäute segeln sie von Baum zu Baum. Die Zwerggleithörnchen schweben so bis 50 Meter weit durch die Luft. Beim Landen benutzen sie den Schwanz als Bremsfallschirm.

An den Schlupflöchern halten immer ein paar Präriehunde Wache. Sobald ein Feind naht, bellen sie. Dann rutschen alle Mitbewohner durch die Fallröhren in den Bau.

Präriehund

Nordamerika ▸ bis 35 cm

Die Präriehunde sind keine Hunde, sondern Erdhörnchen und geschickte Wühler. Sie legen riesige unterirdische Städte aus Höhlen und Gängen an. In die Stadt unter der Erde führen bis zu vier Meter tiefe Fallröhren. Alle fünf Meter gibt es ein Einschlupfloch. Es ist durch Erdwälle gesichert, damit die Stadt bei starkem Regen nicht überflutet wird. Jeder Präriehund hat seinen eigenen Bau, den er allein oder mit einem Weibchen und den Jungen bewohnt. Früher gab es Millionen Präriehunde in den Grasländern Nordamerikas. Als man Felder in der Prärie anlegte, vertrieb man die Nager.

Nagetiere

Murmeltier

Europa ▸ bis 80 cm

Das Murmeltier bewohnt die Alpen. Es kommt bis in 2 200 Metern Höhe vor. Wer im Sommer über die Almen wandert, kann plötzlich einen schrillen Pfiff hören. Alle Murmeltiere verschwinden dann wie auf Kommando in ihren Bauen. Im Winter verbringen sie sieben Monate im Bau. Sie schlafen »wie die Murmeltiere«. Dabei zehren sie vom Fett in ihrem Körper, das sie sich im Sommer angefressen haben.

Der Pfiff des Murmeltiers ist nicht nur Warnruf, sondern er dient auch der Verständigung.

Mäuse

Die Mäuse bilden unter den Nagetieren eine eigene Tierfamilie. Die Echten Mäuse erkennt man an ihrem langen, nackten Schwanz. Zu ihnen zählen neben der Hausmaus auch die Ratten. Diese Langschwanzmäuse sind alle Schädlinge. Viele übertragen auch Krankheiten.

Hausmaus

Alle Erdteile ▸ bis 12 cm

Man spricht immer von der grauen Hausmaus. Tatsächlich gibt es verschiedene ➔ Rassen, die sich durch die Farbe des Fells unterscheiden. Unsere Hausmäuse sind entweder schwarzgrau oder gelbbraun. Die schwarzgrauen Mäuse verlassen das Haus fast nie. Die gelbbraunen Mäuse kommen dagegen meist erst im Herbst in die Häuser. Mäuse sind Allesfresser, die

Bis zu achtmal im Jahr kann ein Mäuseweibchen Junge bekommen. Meist hat es sechs bis zehn Junge. Sie sind bei der Geburt nackt und blind.

Diese gelbbraune Hausmaus geht meist nur im Winter an unseren Speck und Käse. Sie sucht im Sommer ihre Nahrung im Freien.

über die Vorräte der Menschen herfallen. Am liebsten mögen sie Getreide, Brot, Mehl und auch Speck und Käse. Hausmäuse, die im Sommer ihre Nahrung im Freien suchen, fressen auch gern Früchte.
Die Hausmäuse vermehren sich rasch und wachsen schnell. Ein Weibchen bekommt mehrmals im Jahr Junge. Bereits nach drei Wochen suchen diese selbständig Nahrung. Nach etwa drei Monaten können die jungen Weibchen schon zum ersten Mal selbst Junge haben. Heute züchtet man weiße Hausmäuse. Sie dienen als Labormäuse für medizinische Versuche. Und manche Kinder halten sich eine weiße Maus als Spielgefährten.

Hausratte

Alle Erdteile ▶ bis 23 cm
Die Hausratte lebt wie die Hausmaus in Großfamilien. Sie ist doppelt so groß wie eine Hausmaus. Man erkennt sie auch am Schwanz, der länger ist als das ganze Tier. Ratten sind außerordentlich intelligent und erkennen sich gegenseitig am Geruch. Da sie die Wärme sehr lieben, kommen sie kaum im Freien vor. Sie bewohnen Häuser und Schiffe. Durch Schiffe wurden sie auch über die ganze Welt verbreitet. Da Ratten gut klettern, konnten sie über die Schiffstaue an Bord gelangen. Hausratten fressen nicht nur unsere Vorräte. Sie übertragen auch viele Krankheiten. Im Mittelalter haben sie durch ihre Flöhe die Pest verbreitet. An dieser Krankheit starben früher Millionen von Menschen.

Hausratten klettern sehr gut. So gelangen sie mühelos an Tauen auf ein Schiff.

Säugetiere

Nagetiere

Wanderratte

Alle Erdteile ▸ bis 27 cm

Die Wanderratte ist größer und kräftiger als die Hausratte. Da sie die Feuchtigkeit liebt, kommt sie vor allem am Wasser vor. In Städten hält sie sich in den unterirdischen Kanälen auf. Man schätzt, dass es in jeder Stadt mindestens so viele Wanderratten wie Einwohner gibt. Die Tiere bekommt man aber kaum zu Gesicht. Ein ➔ Rudel von zehn bis zwanzig Ratten geht meist nachts auf Beutezug. Wanderratten fressen alles, was ihnen vor die Schnauze kommt. Sie nagen selbst große Stalltiere an. Diese müssen danach oft sterben, weil sie durch den Biss der Wanderratte mit gefährlichen Krankheiten angesteckt werden.

Wanderratte in einem Kanalrohr

Die Zwergmaus ist eine Kletterkünstlerin.

Zwergmaus

Europa, Asien ▸ bis 7,5 cm

Die Zwergmaus ist eine »gute« Maus. Sie lebt auf Wiesen und Feldern und richtet dort kaum Schaden an. Die kleine Maus ernährt sich von Körnern und Grassamen. Behände klettert sie an den Halmen auf und ab. Auch ihr kugeliges Nest baut sie auf schwankenden Getreidehalmen und polstert es weich aus. Dann bringt sie darin bis zu sechs Junge zur Welt.

Mäuseartige

Nicht jedes Tier, das wie eine Maus aussieht, ist eine Echte Maus. Die Zoologen zählen zum Beispiel die Feldmaus nur zu den fernen Verwandten der Hausmaus. Und auch der Hamster gehört für sie zu den mäuseartigen Tieren. Mäuseartige unterscheiden sich von Echten Mäusen vor allem durch ihren viel kürzeren Schwanz.

Feldmaus

Europa, Asien ▶ bis 12 cm
Feldmäuse sind große Schädlinge in der Landwirtschaft. Sie können sich nämlich massenhaft vermehren. Ein Feldmauspärchen kann in einem Jahr bis zu 2 500 Nachkommen haben. Denn die Jungen paaren sich mit zwei Wochen schon wieder. Feldmäuse bauen ihre Nester einen halben Meter tief in den Boden. Die Wohnnester sind durch Gänge miteinander verbunden. So entstehen große → Kolonien. Die Mäuse tragen dort auch Vorräte ein.

Feldmäuse leben hauptsächlich von Körnern. Wenn sie sich massenhaft vermehren, vernichten sie auf einem Acker die ganze Ernte.

Schermaus

Europa, Asien ▶ bis 20 cm
Die Schermaus ist unsere größte Wühlmaus. Sie wird auch Wasserratte genannt, da sie gern am Wasser und in feuchten Wiesen lebt. Das Tier ernährt sich von Wasserpflanzen und von Pflanzenwurzeln. Wer Schermäuse im Garten hat, wird nicht froh. Immer wieder gehen die Pflanzen ein. Schermäuse bringen sogar Obstbäume zum Absterben, weil sie deren Wurzeln abknabbern. Ähnlich wie die Maulwürfe werfen sie beim Graben ihrer Gänge die Erde auf.

Die Schermaus ist eine Wühlmaus, die im Garten großen Schaden anrichtet. Sie kann ausgezeichnet schwimmen.

Bisamratte

Nordamerika, Europa ▶ bis 35 cm
Die Bisamratte hat man aus Alaska in Europa eingeführt. Das Tier lebt ähnlich wie der Biber. Es baut sich an Hochufern einen Kessel mit zahlreichen Gängen. Im flachen Wasser errichtet die Bisamratte burgähnliche Hütten aus Binsen und anderen Wasserpflanzen. Die Eingänge liegen stets unter Wasser. Das Unterwühlen von Uferdämmen und Deichen durch die Bisamratten führt häufig zu Überschwemmungen. Deshalb verfolgt

Nagetiere

man die Tiere. Im Herbst und im Frühjahr unternehmen die Bisamratten weite Wanderungen und suchen sich neue Wohnstätten.

Feldhamster

Die Bisamratte wird etwas größer als ein Meerschweinchen. Sie frisst vor allem Pflanzen, aber auch Muscheln und Schnecken.

Feldhamster

Europa ▸ über 30 cm

Der Hamster, den manche Kinder als Spielgefährten halten, stammt vom Syrischen Goldhamster ab. Unser Feldhamster ist größer. Er lebt auf den Feldern. Der Einzelgänger ist ein recht unverträglicher Geselle. Unter der Erde legt der Feldhamster einen großen Bau mit einem Wohnkessel und mehreren Vorratskammern an. Nach und nach trägt er in seinen Backentaschen über 100 kg Getreide ein. Er hamstert die Körner für den langen Winter. Im April beginnt die Paarungszeit.

Berglemming

Europa, Asien ▸ bis 15 cm

Die Lemminge sind Wühlmäuse und in der nördlichen ➔ Tundra verbreitet. Sie legen ihre Nester und Gänge dicht unter der Erde an. Im Winter leben sie unter der Schneedecke. Sie halten

Die Wanderung der Berglemminge gehört zu den großen Rätseln der Tierwelt.

keinen ➔ Winterschlaf, sondern suchen ständig Futter. Wenn nach einer Massenvermehrung das Futter knapp wird, verlassen Millionen von ihnen das Gebiet. Unaufhaltsam streben alle in eine Richtung. Sie überqueren sogar Flüsse und versuchen, auch andere Hindernisse zu überwinden. Dabei kommen viele von ihnen zu Tode. Viele Tiere springen selbst über steile Felsküsten in die Tiefe.

Rennmaus

Nordafrika, Asien ▸ bis 13 cm
Rennmäuse sind Bewohner sehr trockener Gebiete. Die mäuseartigen Tiere kommen monatelang ohne Wasser aus. Die wenige Feuchtigkeit, die sie aus Pflanzen erhalten, genügt ihnen. Die Nordafrikanische Rennmaus baut Wohnhöhlen in den Wüstensand. Oft liegt das Nest einen Meter unter der Erde, wo es tagsüber weder zu heiß noch nachts zu kalt ist. Am Tag verschließen die Rennmäuse die Löcher zu ihren Wohnungen. Es gibt über 100 Arten von Rennmäusen. Sie kommen auch in den Wüsten und Steppen Asiens vor.

Siebenschläfer

Europa ▸ bis 19 cm
Seinen Namen hat der Siebenschläfer daher, dass er sieben Monate ➔ Winterschlaf hält. Dazu gräbt er sich meist eine Erdhöhle, in der er sich

Der Siebenschläfer hält fast sieben Monate Winterschlaf. Wenn er im Mai aufwacht, wiegt er nur noch die Hälfte.

Nagetiere

zusammenrollt. Siebenschläfer sind Baumtiere, die nachts auf Futtersuche gehen. Sie fressen Nüsse, Eicheln, Kastanien und allerlei Früchte. Meistens leben sie in Baumhöhlen. Sie beziehen aber auch die Nistkästen von Vögeln oder nehmen auf einem Dachboden Quartier. Dort bauen sie ihr Nest und ziehen bis zu zehn Junge groß. Siebenschläfer gehören zu den Bilchen oder Schlafmäusen. Es gibt bei uns vier Arten von Bilchen. Alle sind geschützt.

Biber

Die Biber sind die Wasserbaumeister unter den Säugetieren. Sie zählen zu den größten Nagetieren. Früher lebten viele Biber an unseren Flüssen. Ihre Bauten regulierten den Wasserstand und beugten Hochwasser vor. Wegen ihres Felles hat man die Biber fast ausgerottet. Heute sind sie geschützt und breiten sich wieder aus.

Europäischer Biber

Europa ▶ bis 1 m

Der Biber hat oben und unten zwei gewaltige orangerote Schneidezähne. Sie wirken wie Meißel und wachsen ständig nach. Mit diesen Zähnen kann der Biber dicke Bäume durchnagen und fällen. Die Bäume schält er und frisst die Rinde. Aus den Stämmen und Ästen baut er seine Wasserburg. Das ist ein kuppelförmiges Nest im Wasser. Die Eingänge liegen unter Wasser. Der Biber muss dorthin tauchen. Sein Wohnnest dichtet er mit

Biber fressen nicht nur die Zweige und Blätter der Bäume, die sie fällen. Sie verspeisen auch die Rinde.

Erde und Grasstücken ab. Oft baut er noch einen Damm aus Stämmen, um das Wasser zu einem See aufzustauen. Biber leben in Familien. Ein Pärchen bleibt sein Leben lang zusammen. Das Weibchen bringt in der Burg bis zu drei Junge zur Welt. Sie verlassen die Eltern erst mit zwei Jahren.

Ein Kanadischer Biber hat ein rötlichbraunes Fell.

Kanadischer Biber

Nordamerika ▸ bis 1 m

In Nordamerika gibt es noch viel mehr Biber als in Europa. Der Kanadische Biber ist genauso groß wie der europäische. Er baut gewaltige Dämme. An großen Flüssen gibt es bis zu 100 m lange Dammbauten. Daran haben Generationen von Bibern gebaut.

Stachelschweine und Meerschweinchen

Mit Schweinen haben beide Tiergruppen nichts zu tun. Sie sind Nagetiere. Die meisten der 21 Stachelschweinarten kommen in Amerika vor. Auch die Meerschweinchen sind Amerikaner. Sie zählen zu den kleinen Nagetieren. Viele Kinder halten sie als Heimtiere.

Urson

Nordamerika ▸ bis 65 cm

Der Urson ist ein Stachelschwein, das auf Bäumen lebt. Man nennt ihn auch Baumstachler. Er ernährt sich von den frischen Trieben der Bäume, frisst aber auch Rinde. Auf dem Nacken, dem Rücken und dem Schwanz trägt der Urson fingerlange Stacheln. Sie sind kaum sichtbar. Wird der Urson jedoch angegriffen, dann stellt er die Stacheln auf. Die Stacheln haben Widerhaken.

Der Urson versteckt sich tagsüber in Höhlen. Nachts klettert er mit seinem Jungen auf der Suche nach Nahrung umher.

Nagetiere

Wenn sie in die Haut eindringen, lassen sie sich kaum entfernen und wandern immer tiefer in den Körper. Der Urson schlägt mit seinem stacheligen Schwanz auch heftig um sich.

Europäisches Stachelschwein

Europa, Afrika ▶ bis 90 cm

Nach dem Biber ist das Stachelschwein in Europa das größte Nagetier. Es gibt nur eine einzige Art, die in Süditalien vorkommt. Man findet sie auch in Nordafrika. Das Tier hat 40 cm lange Stacheln. Bei Gefahr rollt es sich wie ein Igel zusammen und spreizt sie ab.

Wasserschwein

Südamerika ▶ bis 1,30 m

Das Wasserschwein heißt auch Capybara. Es sieht aus wie ein großes Meerschweinchen und ist das größte Nagetier der Erde. Capybaras leben an Flüssen und Seen in den Sumpf- und ➔ Regenwäldern. Sie besitzen Schwimmhäute an den Zehen und schwimmen und tauchen sehr gut. Darin ähneln sie den Bibern. Meist ziehen sie in ➔ Rudeln von bis zu zwanzig Tieren umher. Sie fressen Gras und Wasserpflanzen.

Die Weibchen des Wasserschweins bekommen einmal im Jahr vier bis acht Junge.

Meerschweinchen

Südamerika ▶ bis 30 cm

Viele Kinder halten sich Meerschweinchen als Spielgefährten. Die lebhaften Tiere stammen ursprünglich von wilden Meerschweinchen ab, die im Hochland von Südamerika vorkommen. Schon die Inka, ein großes Indianervolk in Peru, haben Meerschweinchen als Haustiere gehalten. Sie aßen die Tiere, wie wir heute Hauskaninchen essen. Als wilde Tiere leben die Meerschweinchen in Erdbauen. Manchmal liegen mehrere Baue nebeneinander. Die Tiere kriechen nur nachts und frühmorgens aus ihrem Bau, um Gras und Blätter zu fressen. Die Weibchen bekommen mehrmals im Jahr bis zu fünf Junge. Die Jungen sind bei der Geburt schon voll entwickelt und suchen bereits nach zwei Wochen feste Nahrung. Ihren Namen haben die Meerschweinchen übrigens daher, dass sie wie Ferkel quieken. Sie wurden nach der Entdeckung Amerikas nach Europa gebracht. Bei guter Haltung zu Hause können Meerschweinchen bis zu sechs Jahre alt werden. Sie brauchen nur Stroh und ein Schlafhäuschen. Meerschweinchen fressen Heu, Salat und Körner und trinken täglich frisches Wasser.

Meerschweinchen sind beliebte Heimtiere. Es gibt sie glatt- und rauhaarig und in vielerlei Fellfarben.

Chinchilla

Südamerika ▸ bis 35 cm

Die Chinchillas sind kleine Nagetiere mit buschigem Schwanz und großen Augen und Ohren. Es gibt zwei Arten, eine mit langem und eine mit kürzerem Schwanz. Die Chinchillas lebten einst in großer Zahl in den felsigen Bergländern Südamerikas. Da sie einen dichten, seidenweichen Pelz haben, hat man sie fast ausgerottet.

Das Chinchilla hat ein so dichtes Fell, dass es auch die Kälte in großer Höhe aushält.

Heute züchtet man Chinchillas in Farmen. In Freiheit bilden die Pflanzenfresser ➔ Kolonien von über hundert Tieren. Die Weibchen haben zweimal im Jahr bis zu sechs Junge.

Hasentiere

Früher hat man die Hasen für Nagetiere gehalten. Denn wie diesen wachsen ihnen die Zähne immer wieder nach. Sie werden durch das Kauen abgenutzt. Heute sieht man die Hasentiere als eigene Säugetiergruppe an. Zu ihnen zählen die Feldhasen, die Esels- und Schneehasen sowie die Kaninchen. Das Kaninchen ist kleiner als der Feldhase und hat kürzere Ohren als dieser.

Feldhase

Alle Erdteile außer Afrika

▸ bis 70 cm

Die Hinterbeine des Feldhasen sind länger als seine Vorderbeine. Deshalb hoppelt der Hase auch. Wenn er aber rennt, dann schwingen die Hinterläufe

Hasentiere

Der Feldhase ist ein Fluchttier. Wenn er in einer Ackerfurche liegt, tarnt ihn sein braunes Fell. Feldhasen haben keinen Bau wie die Kaninchen. Sie leben auf Feld und Wiese, wo sie auch ihre Jungen bekommen.

weit nach vorn. Der Feldhase ist dann etwa 80 Stundenkilometer schnell. Wird er von einem Hund verfolgt, schlägt er Haken, und der Hund läuft ins Leere. Der Feldhase hört und sieht auch sehr gut. Feinde erkennt er von weitem und ergreift dann sofort die Flucht. Daher sagt man auch, der Hase sei furchtsam. Er ist aber nur sehr vorsichtig, weil er viele Feinde hat. Mehrmals im Jahr hat das Weibchen des Feldhasen bis zu vier Junge. Nur durch die starke Vermehrung kann »Meister Lampe« überleben.

Alpenschneehase

Europa ▸ bis 50 cm

Der Schneehase lebt in den Alpen bis in über 3 000 Meter Höhe. Im Sommer haust er unterhalb der Felsen zusammen mit den Murmeltieren. Im Winter zieht er in den Wald hinunter. Sein Fell ist dann weiß. Im Frühjahr färbt es sich grau und wird bis in den Sommer hinein rotbraun. So ist der

Der Alpenschneehase ist in seinem Winterfell im Schnee kaum zu entdecken.

Schneehase immer gut getarnt. Die Farbe des Fells verändert sich dabei je nach der Temperatur. Auch in den Gebieten am Nordpol gibt es Schneehasen. Diese sind etwas größer als der Alpenschneehase. Sie haben das ganze Jahr über ein weißes Fell, weil es dort immer kalt ist.

Der Bau des Wildkaninchens besteht aus dem Wohnkessel und vielen Gängen. Er reicht bis zu 3 m tief in die Erde.

Wie halte ich Kaninchen?

Kaninchen zu halten ist nicht schwer. Aber einiges musst du dabei beachten: Kaninchen sind keine Tiere fürs Haus. Sie sollten ihren Stall im Garten oder an einem windstillen Platz hinter dem Haus haben. Damit sich das Tier bewegen kann, braucht es mindestens eine Fläche von einem Meter im Quadrat. Der Stall muss aus festem Holz sein, sonst zernagt ihn das Kaninchen. An der Tür sind Gitterstäbe am besten. Ein fester Maschendraht tut es aber auch. Kaninchen fressen Kräuter und Wurzeln. Man sollte sie mit Löwenzahn, Salat und Karotten füttern. In der Zoohandlung kann man auch besonderes Kraftfutter kaufen. Ein Kaninchen braucht täglich frisches Wasser.

Wildkaninchen

Alle Erdteile ▸ bis 48 cm

Das Kaninchen gab es vor 500 Jahren fast nur in Spanien. Von dort hat es sich über die ganze Welt verbreitet. Seeleute brachten es in fremde Erdteile. Man hat zum Beispiel in Australien Wildkaninchen ausgesetzt. Sie vermehrten sich dort millionenfach. Die Weibchen bekommen fünfmal im Jahr bis zu sechs Junge. Da aber die Kaninchen in Australien kaum Feinde hatten, waren sie bald eine Plage. Sie fraßen dem Vieh das Futter weg. Wildkaninchen graben ihre Baue in sandigem Boden und leben in → Kolonien zusammen. Wo sie in Massen auftreten, unterhöhlen sie das ganze Land.

Fledertiere

Zwergkaninchen

Nordamerika ▶ bis 30 cm
Das nordamerikanische Zwergkaninchen wird nur etwa 30 cm lang und 400 g schwer. Es ist das kleinste Kaninchen der Erde. Tagsüber bleibt es in seinem Bau. Nachts kommt es hervor, um zu fressen. Am liebsten mag es Beifuß, ein bitteres Kraut. Zwergkaninchen werden von Kojoten und Eulen gejagt. Man hält sie heute bei uns als → Heimtiere.

Zwergkaninchenfamilie

Fledertiere

Der Flug der Fledermäuse ist nicht so elegant wie der Flug mancher Vögel. Aber sie und die Flughunde sind die einzigen Säugetiere, die sich mit eigener Kraft durch die Luft bewegen. Sie fliegen in der Dämmerung und finden sich mit Ultraschall zurecht. Es gibt rund 950 Arten dieser Fledertiere. Der größte Flughund hat fast eineinhalb Meter Flügelspannweite. Die kleinste Fledermaus findet auf einem Daumen Platz.

Großer Abendsegler

Europa, Asien ▶ bis 8 cm
Der Große Abendsegler gehört zur Familie der Glattnasen. So nennt man die größte Gruppe von Fledermäusen, die vor allem Insekten fressen. Die Abendsegler leben überwiegend im Wald und fliegen dort oft schon am Nachmittag über die Baumwipfel. Zu ihrer Beute zählen Käfer und Nachtschmetterlinge. Den → Winterschlaf verbringen die Abendsegler in Gruppen. Sie suchen dazu Felsenhöhlen, verlassene Gebäude oder eine Scheune auf.

Der Große Abendsegler verschläft wie alle Fledermäuse den Winter. Oft hängen Hunderte von Tieren starr von einer Scheunendecke.

Fledertiere

Den Hufeisennasen dient ihr merkwürdiger Nasenaufsatz als Richtstrahler. Sie senden einen Dauerton aus und orten das Echo mit den schwenkbaren Ohren.

Mausohr

Europa, Asien ▸ bis 8 cm

Das Mausohr ist die größte europäische Fledermaus. Man findet sie in Kirchen und Türmen. Sie hat 40 Zentimeter Flügelspannweite, ist aber kein eleganter Flieger. Die Mausohren jagen Käfer und andere Insekten in einer Höhe bis zu zehn Metern über dem Boden. Wie viele Fledermäuse sieht man sie oft über Wasserflächen fliegen. Dort gibt es abends viele Insekten.

Das Mausohr jagt auch im Tiefflug und kann sogar Käfer vom Boden aufnehmen.

Große Hufeisennase

Europa, Asien ▸ bis 6 cm

Die Hufeisennasen haben recht seltsame Gesichter. Auf ihrer Nase sitzt ein wulstiger Hautaufsatz. Im Unterschied zu anderen Fledermäusen senden sie ihre Ultraschallschreie nicht durch den offenen Mund aus. Sie stoßen vielmehr einen Dauerton durch ihre großen Nasenlöcher aus. Wir hören ihn allerdings nicht. Die Hufeisennasen haben wie die meisten Fledermäuse immer nur ein Junges. Es kommt nackt zur Welt und beißt sich sofort an der Zitze der Mutter fest. Die Mutter nimmt es deshalb auch beim Flug immer mit. Sogar auf der Jagd nach Insekten ist das Junge dabei. Die Hufeisennasen siedeln in Höhlen und auf Dachböden.

Zwergfledermaus

Europa, Asien ▸ bis 4 cm

Diese kleine Fledermaus wiegt höchstens sieben Gramm. Sie hält sich in der Nähe der Menschen auf. Auf Insektenjagd fliegt sie auch in Kuhställe. An warmen Wintertagen ist sie manchmal unterwegs. Sie schläft sonst im Winter in einem Gebäude, getrennt nach Männchen und Weibchen.

Fledertiere

Bulldog-Fledermaus

Mittel- und Südamerika, Europa
▶ bis 5 cm
Es gibt rund 80 Arten von Bulldog-Fledermäusen. Sie kommen in warmen Ländern vor. Den Namen haben sie von ihrem faltigen Gesicht, das an eine Bulldogge erinnert. Diese Fledermäuse sind sehr gewandte und schnelle Flieger. Sie können aber auch gut auf dem Boden laufen.

Die Fischfledermäuse sind nachtaktive Tiere.

Die Bulldog-Fledermaus lebt das ganze Jahr über in Felsspalten und ist für diesen Lebensraum speziell angepasst.

Fischfledermaus

Mittel- und Südamerika, Westindische Inseln ▶ bis 8 cm
Diese Fledermaus heißt auch Hasenmaul. Die Fischfledermaus hat hakenförmige Krallen. Damit streift sie über das Wasser und »angelt« Fische. Man weiß nicht, wie sie die Fische erkennt. Sie benutzt dazu wohl ihre ➔ Echopeilung. Die Beute hält sie mit ihren spitzen Zähnen fest.

Große Spießblattnase

Südamerika ▶ bis 13 cm
Die Spießblattnase ist die größte Fledermaus Südamerikas. Sie verdankt ihren Namen einem dolchartigen Nasenaufsatz. Dieser sieht sehr gefährlich aus. Das Tier hat auch noch einen anderen Namen: Falscher Vampir. Lange Zeit glaubte man nämlich, diese Fledermaus

Die Große Spießblattnase ist vor allem ein eifriger Mäusevertilger. Ihre Jungen füttert sie mit Mäusefleisch.

sei ein Blutsauger, der Menschen im Schlaf überfällt. Tatsächlich ist die Spießblattnase ein recht räuberisches Tier. Sie überwältigt Mäuse und kleinere Vögel, auch Eidechsen und Frösche. An Tiere am Boden schleicht sie sich unbemerkt auf allen vieren an. Kleinere Fledermäuse jagt sie im Flug.

Der Indische Flughund braucht keine Echopeilung, weil er keine Insekten ortet. Er frisst nur Früchte.

Indischer Flughund

Südostasien ▶ bis 30 cm

Der Indische Flughund ist eines der größten Fledertiere. Er hat eine Flügelspannweite von 1,20 Metern. Wie alle Flughunde lebt er von Früchten. Er zerquetscht sie mit den Zähnen, um den Saft zu trinken. Das Fruchtfleisch spuckt er aus. Wenn die Flughunde in eine Plantage einfallen, richten sie meist großen Schaden an.

Gemeiner Vampir

Südamerika ▶ bis 8 cm

Wirkliche Blutsauger gibt es nur in Südamerika. Der Echte oder Gemeine Vampir wird auch Großer Blutsauger genannt. Er überfällt seine Opfer meist im Schlaf. Der Vampir fliegt lautlos heran und kriecht dann auf allen vieren an sein Opfer. Dieses merkt oft nicht einmal, wenn der Vampir mit seinen rasiermesserscharfen Schneidezähnen ein Loch in die Haut schneidet. Dann rollt er seine Zunge zu einer Röhre und spritzt Speichel in die Wunde, damit das Blut nicht ge-

Der Gemeine Vampir überfällt ein Rind.

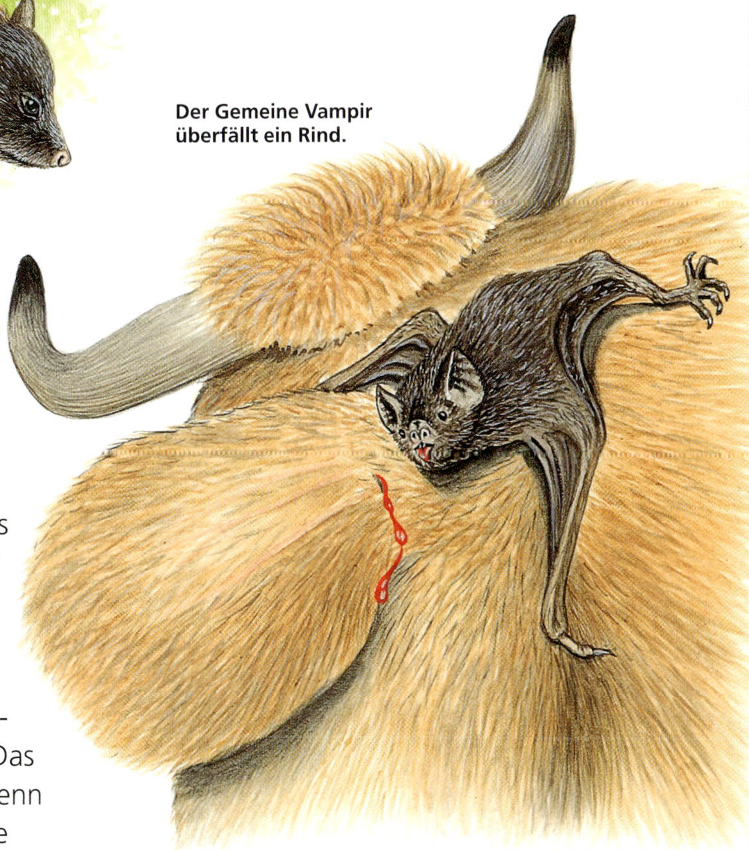

Fledertiere

rinnt. Das Blut läuft heraus, und der Vampir leckt es gierig auf. Er flattert dann in seine Höhle zurück und hat erst nach Tagen wieder Hunger. Vampire überfallen Tiere auf der Weide, auch Hunde und Geflügel. Gefährlich ist nicht das Blutsaugen. Aber Vampire übertragen dabei Krankheiten, vor allem die ➔ Tollwut.

Hammerkopfflughund

Afrika ▶ bis 30 cm

Der Hammerkopfflughund ist der größte Flughund Afrikas. Er hat eine Flügelspannweite von fast einem Meter. Durch den gewaltigen Nasenfortsatz erscheint sein Kopf wie der eines Esels. Er ist ein Früchtefresser. Sein Maul ist so groß, dass er die meisten Früchte ganz in den Mund nehmen und zerquetschen kann. Wie fast alle Flughunde hat er es nur auf den Saft der Früchte abgesehen. Wenn ein Schwarm von Hammerköpfen in eine Obstplantage einfällt, ist die gesamte Ernte vernichtet. Manchmal schreien die Männchen stundenlang und sehr laut, um die Weibchen anzulocken. Diese bringen nur ein einziges Junges zur Welt.

Hammerkopfflughunde schlafen am Tag und fliegen erst in der Dämmerung.

Wie orientieren sich Fledermäuse?

Fledermäuse können winzige Insekten auch im Dunkeln erhaschen. Dazu stoßen sie spitze Schreie aus, die so hoch sind, dass wir sie nicht hören. Trifft der Schall des Schreies auf ein Hindernis, zum Beispiel auf ein Insekt, dann wird er zurückgeworfen. Die Fledermaus fängt das Echo mit ihren großen Ohren auf. Sie kann daran die Richtung erkennen und auch die Entfernung zu dem Hindernis. Flughunde haben keine ➔ Echopeilung.

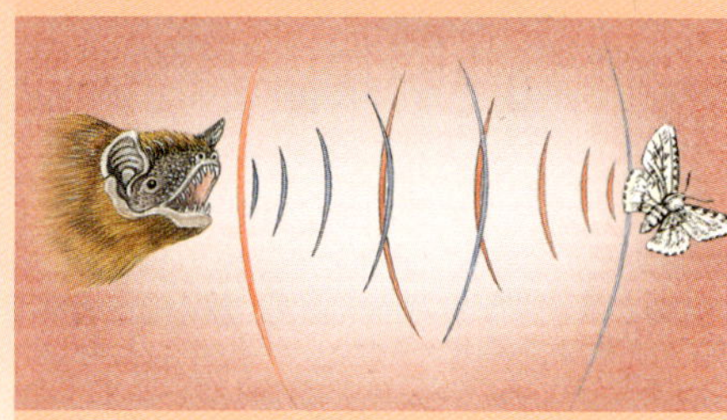

Insektenfresser

Ohne die Insektenfresser wäre die Welt schon kahlgefressen von Schädlingen und deren Larven. Sie vertilgen nicht nur unermessliche Mengen an Insekten, sondern auch Schnecken, Würmer, Spinnen, Mäuse und zum Teil Wassertiere. Ihr Appetit ist unbegrenzt. Die kleinen Räuber sind mit sehr spitzen Zähnen ausgestattet. Selbst härteste Käferpanzer können sie damit knacken.

Igel

Europa ▸ bis 30 cm

Wer einen Garten besitzt, hat sicher schon Igel als Gäste gehabt. Ihre eigentliche Heimat sind aber Wald und Wiese. Igel sind Einzelgänger, die nachts munter werden und Nahrung suchen. Sie fressen Insekten, Schnecken und Mäuse, Vogeleier und Früchte. Sogar Schlangen, darunter die giftige Kreuzotter, greifen sie an. Ein- bis zweimal im Jahr bringt das Weibchen etwa sieben Junge zur Welt. Wenn die Außentemperatur unter 15 Grad sinkt, fallen die Igel in den ➔ Winterschlaf. Dazu rollen sie sich fest zusammen. Nur wenn sie sich im Sommer vollgefressen haben und mindestens 800 Gramm wiegen, überstehen die Igel den Winter.

Droht dem Igel Gefahr, dann rollt er sich zu einer Kugel zusammen. Kein Feind wagt es, in die Stachelkugel zu beißen.

Die jungen Igel kommen mit ganz weichen Stacheln auf die Welt, um die Mutter bei der Geburt nicht zu verletzen.

Borstenigel

Madagaskar ▸ bis 40 cm

Der Borstenigel heißt auch Tanrek. Er hat mit unserem Igel wenig gemeinsam. So kann er sich zum Beispiel nicht zusammenrollen. Stacheln trägt er nur auf dem Kopf und an den Schultern. Beim Kampf stellt er sie

Insektenfresser

Borstenigel bekommen viele Junge. Es gab schon Weibchen, die über 30 Kinder hatten.

auf. Borstenigel graben sich ähnlich wie Maulwürfe einen Bau mit einem tiefen Kessel. Dort ruhen sie tagsüber. Die Weibchen sind sehr fruchtbar. Sie bringen manchmal mehr als 20 Junge zur Welt.

Maulwurf

Europa, Asien ▸ bis 16 cm

Der Maulwurf lebt unter der Erde. Er sieht mit seinen kleinen Knopfaugen fast nichts. Er hört auch nicht gut. Aber er riecht zum Beispiel einen Regenwurm noch durch eine fünf Zentimeter dicke Erdschicht. Und er findet sich mit Tasthaaren in seinem Bau gut zurecht. Der Bau des Maulwurfs hat in der Mitte eine Wohnkammer. Von ihr gehen zahlreiche Gänge ab. Ständig gräbt der Maulwurf neue Gänge. Sie sind sein Jagdrevier.

Waldspitzmaus

Europa, Asien ▸ bis 8 cm

Es gibt über 280 Arten von Spitzmäusen. Die Waldspitzmaus hat eine lange, rüsselartige Schnauze. Diese hält sie ständig in die Luft. Spitzmäuse riechen gut und wittern ihre Beute. Unentwegt sind sie auf Jagd nach Insekten und kleinen Tieren. Sie fressen täglich mehr als das Doppelte ihres Körpergewichts. Selbst Artgenossen sind nicht vor ihnen sicher. Wollte ein Mensch so viel essen wie eine Spitzmaus, müsste er täglich 100 Kilogramm Nahrung zu sich nehmen! Mit Mäusen ist die Spitzmaus übrigens nicht verwandt. Sie frisst sie auf.

Mit seinen schaufelförmigen Händen gräbt der Maulwurf seinen Bau. Sein Pelz ist glatt wie Samt, sodass er in den Gängen nicht hängen bleibt.

Spitzmäuse halten keinen Winterschlaf. Sie können kein Fett speichern und müssen deshalb auch im Winter fressen.

Beuteltiere

Von den Beuteltieren ist das Känguru am besten bekannt. Es gibt aber noch viele andere Arten dieser urtümlichen Säugetiere: zum Beispiel Beutelmarder, Beutelmäuse, Beutelratten. Alle bringen sie winzig kleine Junge zur Welt, die in der Bauchtasche der Mutter gesäugt werden und nachreifen.

Riesenkänguru

Australien ▸ bis 1,60 m

Über zwölf Meter weit und fast drei Meter hoch springt das Rote Riesenkänguru. Es ist das größte Beuteltier der Erde und bewohnt die Graslandschaften Australiens. Ein kräftiges Kängurumännchen führt einen kleinen Familienverband an. Es verjagt alle → Rivalen und boxt sie mit den Vorderbeinen oder versetzt ihnen einen Tritt. In der Paarungszeit färben sich die Männchen die Haare. Ihre Haut sondert dann einen roten Puder ab, mit dem sie Hals und Rücken einstäuben. Die Weibchen sind etwas kleiner als die Männchen und meist grau gefärbt. Es gibt auch Graue Riesenkängurus, die aber kleiner sind.

Riesenkängurus können sehr schnell springen: Auf Kurzstrecken erreichen sie über 80 km/h. Allerdings sind sie nicht sehr ausdauernd.

Beuteltiere

Baumkänguru

Neuguinea ▶ bis 80 cm
Baumkängurus kommen bis auf eine Art nur auf der Insel Neuguinea vor. Sie haben einen langen, dünnen Schwanz, der ihnen beim Klettern hilft. Es ist aber kein Greifschwanz wie bei manchen Affen. Baumkängurus können nicht besonders gut klettern. Dennoch verlassen die meisten ihren Baum nur selten, um auf dem Boden zu grasen. Sie fressen Blätter und Früchte.

Die Wombats sind sehr gutmütige und friedfertige Tiere.

Das Matschie-Baumkänguru bewegt anders als alle Kängurus die Hinterbeine einzeln.

Wombat

Australien ▶ bis 1,20 m
Die Wombats sind Pflanzenfresser und ähneln Nagetieren. Sie haben eine recht plumpe Gestalt. Deshalb nennt man sie auch Plumpbeutler. Die Tiere haben lange Krallen wie Bären. Damit graben sie sich Baue mit Gängen, die oft mehr als zwei Meter unter der Erdoberfläche liegen. Bei den Farmern sind die Tiere wegen dieser Wühlarbeit verhasst. Immer wieder stürzen Weidetiere in die Höhlen der Wombats und brechen sich die Beine. Das Weibchen hat nur ein Junges. Dieses bleibt fast sechs Monate im Beutel der Mutter. Der Beutel ist nach hinten offen. So füllt er sich beim Graben nicht mit Erde. Das Junge schaut zwischen den Beinen der Mutter heraus.

Tüpfelbeutelmarder

Australien, Tasmanien ▶ bis 45 cm
Tüpfelbeutelmarder sind Räuber etwa von der Größe einer Hauskatze. Sie jagen nur nachts. Das Weibchen bekommt oft zwei Dutzend Junge. Da es aber nur sechs Zitzen hat, kann

es nicht alle ernähren. Die überzähligen Jungen frisst die Mutter auf. Die Beutelmarder sind heute fast ausgestorben.

Der Tüpfelbeutelmarder schleicht sich an seine Beute an. Er jagt kleinere Tiere wie Mäuse und Kaninchen, aber auch Vögel.

Beutelteufel

Australien ▸ bis 70 cm

Auf der Insel Tasmanien lebt der Beutelteufel. Seit der Beutelwolf ausgerottet ist, ist er der größte Räuber unter den Beuteltieren. Er wird etwa so groß wie ein Dachs. Früher lebten die marderartigen Tiere von den Resten der Beute, die Beutelwölfe übrig ließen. Heute jagen die Beutelteufel selbst, um nicht zu verhungern.

Der Beutelteufel wird stark verfolgt, weil er sich in bewohnten Gebieten an Haustieren vergreift.

Tüpfelkuskus

Australien und Inselwelt

▸ bis 60 cm

Kuskuse sind Beuteltiere, die in Australien und auf mehreren Inseln im Pazifischen Ozean leben. Sie sind Nachttiere mit großen roten Augen. Die plumpen Tiere haben einen Greifschwanz. Dadurch erinnern sie an Halbaffen. Den Schwanz nehmen sie zu Hilfe, um bedächtig auf Bäumen zu klettern und nach Früchten zu suchen. Jeder Tüpfelkuskus sieht etwas anders aus, da die Fellfarbe von Tier zu Tier unterschiedlich ist. Die Männchen sind bunt gefleckt. Es gibt auch weiße Kuskuse.

Koala

Australien ▸ bis 80 cm

Der Koala ist das Wappentier Australiens. Er sieht aus wie ein Teddybär, und tatsächlich war er das Vorbild für dieses Plüschtier. Koalas verbringen ihr ganzes Leben auf den hohen Eukalyptusbäumen, deren Blätter sie fressen. In der Wahl ihrer Nahrung sind sie außerordentlich genau: Sie wechseln immer wieder auf andere Bäume, weil manche Eukalyptusblätter im Frühjahr giftig sind. Das Weibchen bringt alle zwei Jahre ein Junges zur Welt. Dieses bleibt sechs Monate im Beutel der

Eier legende Säugetiere

Bei den Koalas stehen die Daumen den Fingern und Zehen gegenüber. So halten sie sich an den Ästen und Zweigen wie mit einer Zange fest.

Mutter, bis es groß ist. Dann nimmt die Mutter es huckepack und trägt es noch ein Jahr lang herum.

Opossum

Amerika ▸ bis 45 cm
Australien ist nicht der einzige Erdteil, in dem Beuteltiere leben. Auch in Amerika gibt es Beutelratten. Die größten werden so groß wie eine Katze. Das Opossum ist eine solche Beutelratte. Es klettert gut und jagt Kleintiere und Vögel.

Das Bild zeigt eine Opossummutter mit ihrem Jungen in einer Baumhöhle

Eier legende Säugetiere

Alle Tiere entwickeln sich aus Eiern. Bei den Säugetieren entwickeln sich die befruchteten Eizellen im Bauch der Mutter. Die Jungen wachsen dort bis zur Geburt. Einige urtümliche Säuger legen aber Eier und brüten sie aus. Sie säugen die geschlüpften Jungen.

Schnabeltier !

Australien ▸ bis 45 cm
Das Schnabeltier hat einen Schnabel wie eine Ente, einen Pelz wie ein Otter, einen Schwanz und Schwimmfüße wie ein Biber und Krallen wie ein Bär. Es legt Eier wie ein Vogel und ist doch ein Säugetier! Als Wissenschaftler im Jahr 1798 zum ersten Mal die Reste eines Schnabeltieres fanden, stritten sie lange darüber, ob es eine Art Ente oder eine Art Biber sei. Mit dem Schnabel stöbert das Säugetier am Grund von Gewässern Insektenlarven, Schnecken und Krebse auf. Schnabeltiere gehören zu den wenigen giftigen Säugetieren. Die Männchen besitzen Sporen, mit denen sie zustechen und Gift einspritzen.

Eier legende Säugetiere

Das Weibchen des Schnabeltieres brütet bis zu drei Eier in einer Bruthöhle aus und sorgt sich dann vier Monate lang um den Nachwuchs. Die Jungen saugen die Milch nicht aus Zitzen, sondern lecken sie aus dem Milchfeld im Fell der Mutter.

Langschnabeligel

Neuguinea ▶ bis 80 cm

Es gibt zwei Arten von Ameisenigeln: einen mit langer und einen mit kurzer Schnauze. Der Langschnabeligel stochert in Ameisen- und Termitenbauten herum. Mit der langen Zunge fährt er in das Insektennest hinein. Viele Ameisen oder Termiten bleiben daran

Der Langschnabeligel kratzt mit seinen kräftigen Krallen die steinharten Bauten der Termiten auf.

Nebengelenktiere

kleben. Da der Ameisenigel keine Zähne besitzt, zerdrückt er die Insekten am Gaumen. Die Weibchen legen etwa acht Eier. Diese stecken sie in einen Brutbeutel am Bauch, bis die Jungen schlüpfen. Wenn ihre Stacheln wachsen und die Mutter piksen, legt sie die noch blinden Jungen in ein Nest.

Nebengelenktiere

Unter dem Begriff Nebengelenktiere fassen Wissenschaftler die Faultiere, Gürteltiere und Ameisenbären zusammen. Früher nannte man sie auch Zahnarme Tiere. Doch besitzen die Faultiere und die Gürteltiere durchaus Zähne. Faultiere sind Pflanzenfresser. Gürteltiere und Ameisenbären fressen nur Insekten.

Zweifingerfaultier

Südamerika ▸ bis 70 cm
Das Zweifingerfaultier heißt auch Unau. Es ist das größte Faultier. Mit seinen hakenförmigen Krallen hängt es wie eine Schaukel im Geäst der Bäume. In dieser Stellung verbringt es fast sein ganzes Leben. Faultiere leben wie im Schlaraffenland: Die Blätter und Früchte der Bäume wachsen ihnen fast ins Maul. Deshalb müssen sie sich kaum bewegen. Sie trinken nicht, denn der Saft der Blätter genügt ihnen. Es vergeht oft eine Woche, ehe sie einmal vom Baum steigen, um Kot abzusetzen. Am Boden bewegen sie sich sehr ungeschickt. Sie können aber gut schwimmen.

Das Zweifingerfaultier bewegt beim Klettern immer nur eine Pfote.

Dreifingerfaultier

Mittel- und Südamerika ▸ bis 60 cm
Das Dreifingerfaultier wird oft auch Ai genannt. Es kann seinen Kopf wie

Das Dreifingerfaultier besitzt zwölf Krallen. Die Indianer machen daraus Schmuck.

eine Eule ganz nach hinten drehen. Aber das geschieht nur äußerst langsam. Wie alle Faultiere hat es seinen Scheitel auf dem Bauch. Da es immer verkehrt herum in den Baumkronen hängt, wächst das Fell nach den Seiten hin. So läuft bei Regen das Wasser an beiden Körperseiten nach unten. Zwischen den Haaren wachsen Algen, sodass das Fell grünlich schimmert. Dadurch ist das Dreifingerfaultier im Laub der Bäume hervorragend getarnt. Wenn es schläft, hängt es wie eine Pelzkugel im Baum. Das Weibchen hat stets nur ein Junges. Das Junge klammert sich im Fell der Mutter fest und ist überall dabei. Sogar bei der Geburt hängt die Mutter mit dem Kopf nach unten.

Weißborstengürteltier

Südamerika ▶ bis 50 cm

Das Weißborstengürteltier lebt im südamerikanischen ➔ Regenwald und frisst vor allem Würmer, Schnecken, Ameisen und Termiten. Das Tier hat 38 Zähne und einen harten Panzer. Es reißt mit seinen Klauen Löcher in die Termitenbauten. Bei Gefahr gräbt es sich blitzschnell in die Erde ein.

Die Weißborstengürteltiere haben Stiftzähne, die ständig nachwachsen.

Großer Ameisenbär

Mittel- und Südamerika

▶ bis 2,30 m

Die Ameisenbären werden mit Schwanz über zwei Meter lang. Sie haben ein sehr gutes Gehör und einen außerordentlich scharfen Geruchssinn. Wie Hunde laufen sie mit ihrer empfindlichen Nase am Boden

Ameisenbär an einem Termitenbau

umher, bis sie ein Ameisennest aufgespürt haben. Dann holen sie die Insekten mit ihrer 60 Zentimeter langen Zunge heraus. An den Pfoten haben sie scharfe Krallen. Damit können Ameisenbären auch den steinharten Bau von Termiten einreißen.

Schuppentiere

Die Schuppentiere sehen aus wie riesige wandelnde Tannenzapfen. Sie leben vorwiegend im Regenwald Afrikas und Asiens. Man kennt sieben Arten. Auf den ersten Blick ähneln sie Reptilien, doch sie sind Säugetiere. Gewöhnlich bringen sie nur ein Junges zur Welt. Schuppentiere schnüffeln ständig nach Ameisen und Termiten.

Ein Schuppentier kann einen Angreifer beim Einrollen einklemmen und schwer verletzen. Die dachziegelartigen Schuppen haben sehr scharfe Ränder.

Riesenschuppentier

Afrika ▶ bis 100 cm

Das Riesenschuppentier erscheint uns bei flüchtigem Hinsehen wie eine Echse. Es ist völlig harmlos und hat keine Zähne. Das ganze Tier ist von Hornschuppen bedeckt. Bei Gefahr rollt es sich so fest zusammen, dass man es nur mit größter Anstrengung »öffnen« kann. Mit seinen kräftigen Krallenhänden bricht es Termitenbauten auf. Dann fährt es mit seiner langen Zunge hinein und zieht die zappelnde Beute heraus. Schuppentiere klappen ihre langen Vorderkrallen beim Laufen ein. Sie klettern mit Hilfe der Krallen sogar auf Bäume.

Zahnwale

Nach dem Menschen und den Menschenaffen haben die Zahnwale das am höchsten entwickelte Gehirn. Seltsamerweise besitzen die Meeressäuger keinen Geruchssinn. Dafür hören sie aber ausgezeichnet. Zahnwale machen Jagd auf Fische und Tintenfische. Es gibt rund 80 Arten. Die kleineren Formen nennt man Delfine.

Pottwal

Meere der warmen und gemäßigten Erdteile ▶ bis 20 m

Der Pottwal ist der größte Zahnwal. Sein Kopf macht ein Drittel seiner Körperlänge aus. Er ernährt sich überwiegend von großen Tintenfischen. Bei der Jagd auf sie taucht er

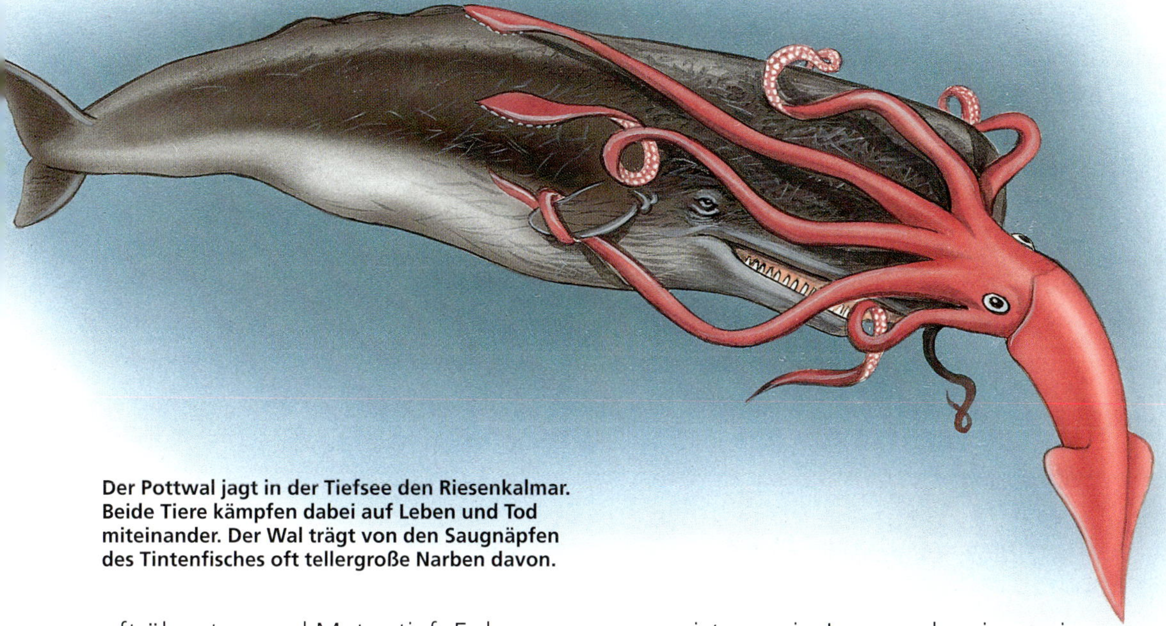

Der Pottwal jagt in der Tiefsee den Riesenkalmar. Beide Tiere kämpfen dabei auf Leben und Tod miteinander. Der Wal trägt von den Saugnäpfen des Tintenfisches oft tellergroße Narben davon.

oft über tausend Meter tief. Er kann eineinhalb Stunden unter Wasser bleiben. Die männlichen Bullen sammeln mehrere Weibchen um sich. Mit diesen und deren Kälbern ziehen die Pottwale in Gruppen durch die Weltmeere. Die Weibchen bekommen meist nur ein Junges, das sie zwei Jahre lang säugen.

Der Beluga oder Weißwal ist der nächste Verwandte des Narwals. Er frisst vor allem Grundfische wie Scholle und Heilbutt.

Beluga

Nördliche Meere ▶ bis 5,50 m
Der Beluga heißt auch Weißwal. Bei der Geburt ist er graubraun. Erst mit etwa fünf Jahren hat er seine weiße Farbe. Belugas leben in Gruppen von zehn bis zwanzig Tieren. Wie alle Wale verständigen sie sich durch Klicklaute, die auch für Menschen deutlich zu hören sind. Wegen der Vielfalt ihrer Töne hat man die Belugas auch die »Kanarienvögel des Meeres« genannt. Die Wale verwenden diese Laute auch zur ➔ Echopeilung. Belugas leben im Nördlichen Eismeer, wo sie Tintenfische, Fische und Krabben jagen. Um Luft zu holen, stoßen sie immer wieder durch das Packeis nach oben.

Zahnwale

Narwal

Nördliches Eismeer ▸ bis 5 m

Der männliche Narwal hat nur zwei Zähne. Einer davon wird über zwei Meter lang, und das Tier trägt ihn wie eine Lanze am Kopf. Der andere ist verkümmert und fällt meist bald aus. Wenn die Menschen früher einen Narwalzahn fanden, hielten sie ihn für die Stirnwaffe des sagenhaften Einhorns. Er ist gedreht und aus Elfenbein und nicht aus Horn. Man weiß nicht genau, was der Narwal mit seinem Zahn macht. Vermutlich dient er den Männchen bei ihren Kämpfen als Waffe, wie dem Hirsch das Geweih. Die Eskimo (Inuit) jagten früher den Narwal. Seine Haut enthält viel Vitamin C, das die Eskimo ja nicht durch Obst und Gemüse bekamen.

Entenwal

Nordatlantik ▸ bis 9 m

Entenwale sind Zahnwale. Wegen ihrer spitzen Schnauze zählt man sie zu den Schnabelwalen. Der Nördliche Entenwal kommt im Atlantik auf der Höhe von Island vor. Manchmal verirrt er sich auch in die Nord- und Ostsee. Entenwale bilden zuweilen ➔ Schulen mit bis zu tausend Tieren. Wie der Pottwal machen sie Jagd auf Tintenfische. Dabei tauchen sie über 500 Meter tief und können zwei Stunden unter Wasser bleiben. Leider hat man diese Walart in den letzten hundert Jahren sehr gejagt. Der Entenwal speichert in seinem kugeligen Kopf ein wasserhelles Öl, das man für technische Zwecke nutzt.

Großer Tümmler

Warme Meere ▸ bis 4 m

Die Delfine bilden eine große Familie der Zahnwale mit vielen Arten. Unter ihnen ist der Große Tümmler vielleicht das intelligenteste Tier. Man hält ihn häufig in einem ➔ Delfinarium, in dem er zur Belustigung der Zuschauer Kunststücke zeigt. In Freiheit schwimmen 10 bis 15 Tümmler in einer Gruppe. Bei der ➔ Echopeilung

Der Entenwal heißt auch Dögling. Er bildet im Nordatlantik Herden von bis zu 1000 Tieren.

Der Narwal sucht wie der Weißwal seine Nahrung auf dem Meeresboden.

Der Große Tümmler springt von allen Delfinen am höchsten aus dem Wasser.

erzeugen sie Klicklaute. Diese entstehen in den Nasengängen unter dem Blasloch. Im Vorderkopf, der »Melone«, liegt eine Ölblase. Das Öl leitet den Schall in das Innenohr. Auf diese Weise hören Delfine im Wasser kilometerweit. Über 400 Meter Entfernung können sie an den zurückkommenden Ortungstönen noch Gegenstände von der Größe eines Tennisballs unterscheiden. Die Tümmler und anderen Delfine geben auch Signale ab, an denen sie sich untereinander erkennen.

Gemeiner Delfin

Atlantik ▶ bis 2,50 m

Die ➔ Schulen der Gemeinen Delfine begleiten oft Schiffe auf den Meeren, denn die Tiere sind sehr neugierig. Sie reiten auf den Bugwellen und zeigen tolle Sprünge. Man schätzt, dass der Gemeine Delfin über 50 Kilometer pro Stunde schnell ist. Oft schwimmen die Delfine mit Thunfischen zusammen. Das wird ihnen leicht zum Verhängnis: Sie verheddern sich in den Netzen, mit

Delfine gehören zu den intelligentesten Säugetieren.

Zahnwale

denen Thunfische gefangen werden, und kommen darin um. Inzwischen haben die intelligenten Tiere zum Teil gelernt, in über 250 Meter Tiefe unter den Netzen wegzutauchen.

Gangesdelfin

Indien, Pakistan ▶ bis 2,40 m

Der Gangesdelfin gehört zu den Flussdelfinen. Fast ein Viertel seiner Länge macht der Schnabel aus. Darin sitzen 120 Zähne. Der Gangesdelfin ist also ein Zahnwal, der im Süßwasser lebt. Er kann bis zu drei Minuten unter Wasser bleiben. Man hat festgestellt, dass auch dieser Delfin sehr intelligent ist. Da seine Augen keine Linsen haben, kann er nichts sehen. Er findet seine Beute aus Fischen und Krebsen nur mit Hilfe der ➔ Echopeilung. Heute gibt es nur noch etwa 300 dieser Flussdelfine. Sie sind streng geschützt.

Der Gangesdelfin wird etwa 100 Kilogramm schwer. Er ist eines der wenigen Säugetiere, die ihr ganzes Leben im Süßwasser verbringen.

Welches sind die größten Wale?

Der größte Zahnwal ist der Pottwal. Er wird 20 m lang und wiegt 40 Tonnen. Er hat 60 Zähne und einen 160 m langen Darm. Das Kalb wiegt bei der Geburt 1300 kg.

Der größte Bartenwal ist der Blauwal. Er wird 30 m lang und wiegt 130 Tonnen. Er hat bis zu 400 Barten von 4,50 m Länge. Sein Herz wiegt 600 kg, die Lunge 1200 kg. Das Junge wiegt bei der Geburt 3000 kg und nimmt als Säugling täglich 100 kg zu.

Schwertwal

Kalte Meere ▶ bis 9 m

Der Schwertwal ist der größte Delfin. Mit seiner schwarzweißen Zeichnung ist er auch einer der schönsten. Er wiegt über vier Tonnen. Dieser Delfin hat noch andere Namen: Orka, Killerwal, Mörderwal. Er ist ein gewaltiger Räuber mit einem riesigen Maul und 50 spitzen Zähnen. Selbst Haie meiden ihn. Seine Beute besteht aus Fischen, Tintenfischen und anderen Walen sowie aus Robben und See-

Der Orka jagt Robben, kleinere Wale und Delfine und verschlingt sie ganz. Wenn er mit hoher Geschwindigkeit auf die Küste zurast, können die Robben kaum noch fliehen. Über große Wale fallen oft Dutzende von Orkas her.

vögeln, vor allem Pinguinen. Die Robben verfolgt er oft so rasend schnell, dass er bis auf den Strand schießt. Orkas jagen häufig gemeinsam. Man erkennt sie von weitem an ihrer meterhohen Rückenflosse. Sie brausen mit Geschwindigkeiten von 40 Kilometern in der Stunde heran. In den ➔ Delfinarien werden auch Schwertwale dressiert und vollführen tollkühne Luftsprünge.

Bartenwale

Fast alle Wale haben Zähne, nur nicht die Bartenwale. Ihnen hängen Hornplatten wie Vorhänge vom Gaumen ins Maul. Mit diesen Barten sieben sie kleine, etwa fünf Zentimeter lange Krebschen aus dem Wasser. Das ist der Krill. Die größten Tiere der Erde ernähren sich also von vergleichsweise winzigen Lebewesen. Es gibt zehn Arten.

Bartenwale

Grauwal

Nordpazifik ▸ bis 15 m

Die Grauwale ziehen im Sommer bis zu 10 000 Kilometer weit ins Eismeer. Im Winter wandern sie nach Süden bis vor die Küste Kaliforniens. Von weitem erkennt man sie an ihrer Atemwolke, dem Blas. Touristen warten alljährlich auf diese Meeressäuger, um sie zu beobachten. Trotz ihres Gewichts von fast 40 Tonnen machen Grauwale oft hohe Sprünge. Sie stranden dabei manchmal in flachem Wasser und müssen die Flut abwarten, um wieder wegzuschwimmen. Man hielt die Grauwale schon für ausgestorben. Sie stehen heute weltweit unter Schutz.

Blauwal

Kalte Meere ▸ bis 30 m

Der Blauwal ist das größte Lebewesen, das es je auf der Erde gab. Ein erwachsener Blauwal wiegt rund 130 Tonnen. Das ist etwa so viel, wie 1500 Menschen oder 25 Elefanten wiegen. Allein seine Zunge ist fast so schwer wie ein ausgewachsener Elefant. Ein so riesiges Tier kann nur im Wasser leben. Dort wird es nach oben gedrückt und vom Wasser getragen. Auf dem Land würde es von seinem eigenen Gewicht zerquetscht. Ein Blauwaljunges ist bei der Geburt schon über zwei Tonnen schwer und sieben Meter lang. Das Kalb saugt die fettreiche Muttermilch und wächst täglich um fünf Zentimeter. Mit sieben

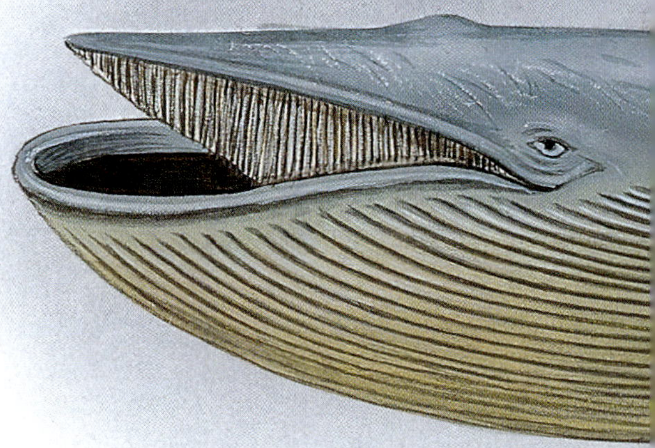

Grauwale heben bei ihren Wanderungen immer wieder den Kopf aus dem Wasser. Obwohl sie nicht gut sehen, orientieren sie sich wohl an der Küstenlinie.

Bartenwale

Man kann die Wale an ihrem Blas unterscheiden. So nennt man ihren Atem, den sie aus dem Blasloch stoßen. Dabei entsteht in der kalten Meeresluft ein Wasserstrahl. Er ist beim Blauwal 9 m hoch.

Wie riesig ein Blauwal ist, zeigt dieser Vergleich mit einem Elefanten.

Monaten wiegt es schon 45 Tonnen. Blauwale haben eine dicke Speckschicht, den Blubber. Wegen dieses Fetts hat man die Wale jahrhundertelang gejagt. Es gibt vielleicht nur noch 3 000 Tiere. Die Jagd auf den Blauwal ist heute verboten.

Buckelwal

Weltmeere ▸ bis 15 m

Der dicke, plumpe Buckelwal gehört zu den Furchenwalen. So nennt man Wale, die an der Kehle tiefe Falten haben. Sie können das Maul dadurch weiter dehnen. Furchenwale halten sich nahe der Küsten auf. Die Tiere wiegen bis zu 30 Tonnen und können dennoch gut springen. Die Weibchen suchen einmal im Jahr warme Meere auf, wo sie ihr Kalb zur Welt bringen. Etwa ein Jahr lang bleibt das Junge bei der Mutter, die es säugt. Da dies unter Wasser geschieht, wird die Milch dem Jungen ins Maul gespritzt.

Zwergwal

Alle Weltmeere ▸ bis 9 m

Von den großen Furchenwalen ist der Zwergwal der kleinste. Er wird nur zehn Tonnen schwer. Seine Barten sind so fein, dass darin kleinste Krebschen hängenbleiben. Er frisst auch Fische und Tintenfische.

Buckelwale gelten wegen ihrer Sprünge als die Akrobaten unter den Bartenwalen.

Vögel

Die Vögel erschienen vor etwa 150 Millionen Jahren auf unserem Planeten. Sie entwickelten sich aus den Sauriern. Die ersten vogelähnlichen Wesen sahen auch wie fliegende Echsen aus. Sie besaßen noch Zähne im Maul, hatten aber schon Federn. Als Urvogel gilt der Archaeopteryx. Das huhngroße Wirbeltier flatterte noch ungeschickt in der Luft. Heute leben über 9 000 Arten von Vögeln in fast allen Lebensräumen der Erde.

Nirgendwo finden sich so viele Vögel verschiedener Arten zusammen wie zu Brutzeiten an den Meeresklippen.

Flieger und Nichtflieger

Das auffälligste Merkmal der Vögel ist, dass sie fliegen können. Doch beherrschen keineswegs alle diese Kunst. Die Pinguine zum Beispiel bewegen sich im Wasser geschickt wie die Fische. Auf dem Land watscheln sie unbeholfen, und fliegen können sie gar nicht. Die Mauersegler dagegen verbringen fast ihr ganzes Leben in der Luft. Vögel, die fliegen, sind anders gebaut als Laufvögel. Sie haben ein leichtes Skelett aus hohlen Knochen. Ihre Arme sind zu Schwingen umgewandelt und besitzen kräftige Muskeln.

Ein Kleid aus Federn

Alle Vögel haben ein Federkleid, auch wenn sie nicht fliegen können. Die Federn bestehen aus Keratin. Aus diesem hornähnlichen Stoff sind auch unsere Haare und Fingernägel. Dicht auf der Haut des Vogels sitzen die Daunen. Sie halten den Körper warm. Die Deckfedern sind kräftiger. Sie liegen wie Dachziegel übereinander und geben dem Vogel seine Gestalt. Die Schwungfedern haben einen

Der afrikanische Dorfweber webt ein kunstvolles Nest aus Palmblattstreifen. Das Weibchen polstert es aus.

biegsamen Schaft. Mit diesen Federn fliegt der Vogel. Die Schwanzfedern sind am längsten. Damit steuert und bremst der Vogel seinen Flug. Einmal im Jahr erneuert ein Vogel alle Federn. Man nennt das die ➔ Mauser.

Wie Vögel fliegen

Nicht alle Vögel fliegen gleich gut. Einige schlagen dauernd mit den Flügeln. Andere können stundenlang ohne einen Flügelschlag in der Luft segeln. Die Flugweise hängt wie die Fluggeschwindigkeit von der Flügelform ab. Die schnellsten Flieger sind die Falken und die Mauersegler. Sie haben lange, sichelförmige Flügel. Hühnervögel haben kurze und runde Flügel. Sie können zwar schnell auffliegen, halten aber nicht lange durch.

Nester und Eier

Die meisten Vögel bauen Nester. Die Weibchen legen Eier hinein und brüten sie aus. Oft brüten Männchen und Weibchen auch gemeinsam. Die Jungen, die gefüttert werden, nennt man ➔ Nesthocker. Dagegen verlassen ➔ Nestflüchter bald das Nest und suchen selbst Futter. Das sind vor allem die Jungen von Bodenbrütern.

Mit Schnäbeln und Krallen

Wie bei anderen Tieren gibt es auch unter den Vögeln Nahrungsspezialisten. Greifvögel zum Beispiel fressen nur Fleisch. Sie machen Jagd auf Tiere. Für diese Ernährungsweise sind sie besonders ausgerüstet: Sie besitzen kräftige, scharfe Schnäbel und spitze Krallen. Kernbeißer haben dicke, kegelförmige Schnäbel, die wie Nussknacker wirken. Viele Vögel sind Insektenfresser mit spitzen, pinzettenartigen Schnäbeln. Kolibris ernähren sich vor allem vom ➔ Nektar der Blüten. Ihre Schnäbel sind besonders lang und dünn.

Die Form der Schnäbel richtet sich danach, was die Vögel fressen.

Pinguine

Pinguine

Die Pinguine sind besonders merkwürdige Vögel. Sie können nicht einmal kurze Strecken fliegen. Die meiste Zeit verbringen sie im Wasser der kalten Meere auf der Südhalbkugel der Erde. Es gibt 17 Pinguinarten. Alle sind hervorragende Schwimmer und Taucher. Ihre Flügelstummel sind zu Flossen umgewandelt.

Die starren, öligen Federn bedecken den Körper wie ein glattes Schuppenkleid.

Kaiserpinguin

Antarktis ▸ bis 1,20 m

Der Kaiserpinguin bewohnt die Küsten am Südpol. Er ist der größte Pinguin. Zur Brutzeit im antarktischen Winter wandern Tausende dieser Vögel über die Eisberge ins Landesinnere. Dort legt das Weibchen ein einziges Ei, das etwa 450 Gramm wiegt. Kaiserpinguine bauen keine

Die Jungen des Kaiserpinguins sind mit etwa sechs Monaten erwachsen. Solange die Küken noch klein sind, betteln sie jeden Altvogel um Futter an und bekommen von ihm auch zu fressen.

Nester. Das Ei ruht zunächst auf den breiten Füßen des Weibchens und ist von einer wärmenden Hautfalte bedeckt. Nach ein paar Stunden tritt das Männchen dicht an das Weibchen heran. Dieses lässt nun das Ei auf das Eis rollen, und das Männchen bringt es in seiner Brutfalte unter. Danach watschelt das Weibchen ans Meer, um ausgiebig Fische zu jagen. Zwei Monate steht das Männchen mit dem Ei auf den Füßen nun auf dem Eis und wartet auf das Weibchen. In dieser Zeit frisst es nichts und verliert die Hälfte seines Gewichts.

Eselspinguine können sich bis zu 2 m hoch aus dem Wasser auf Felsen oder Eisschollen schnellen. Die Jungen werden von erwachsenen Tieren in einem Kindergarten betreut.

Eselspinguin

Inseln im Südpolarmeer

▸ bis 80 cm

Eselspinguin-Weibchen legen zwei Eier. Merkwürdig an diesen Eiern ist, dass sie beim Kochen nicht hart werden wie etwa Hühnereier. Der Eselspinguin baut im Unterschied zum Kaiserpinguin oder dem kleineren Königspinguin ein Nest. Dazu tragen die Paare kleine Steine zusammen. Männchen und Weibchen wechseln sich beim Brüten täglich ab. Sobald die Jungen ausgeschlüpft sind, sammeln sie sich in einem »Kindergarten«. Dort werden sie von den Altvögeln betreut.

Das Felsenpinguin-Weibchen füttert das Junge mit Fisch. Die Jungen betteln die Altvögel über eine lange Zeit um Futter an.

Felsenpinguin

Feuerland, Australien, Neuseeland

▸ bis 65 cm

Der Felsenpinguin fällt durch seine langen gelben Federn am Kopf auf. Er hat dunkelrote Augen. Felsenpinguine bewohnen viele kleine Inseln des kalten Südmeeres, aber auch Südaustralien und Neuseeland. Sie nisten an Klippen und Felsabhängen. An diesen klettern sie mit Hilfe ihrer starken Krallen hoch. Wenn sie auf beiden Beinen die Abhänge wieder hinunterhüpfen, heben sie die Flügel an. Das sieht lustig aus. Das Weibchen legt manchmal

Pinguine

bis zu drei Eier. Felsenpinguine bauen Nester aus kleinen Steinchen in Felsspalten.

Galapagospinguin

Galapagosinseln ▶ bis 50 cm

Der Galapagospinguin gehört zu den kleinsten Pinguinen. Er lebt am weitesten vom Südpol entfernt auf einigen der Galapagosinseln nahe am Äquator. Hier kann er nur deshalb überleben, weil ein kalter Meeresstrom vorbeifließt. Auf dem Land bewegt sich dieser Pinguin recht geschickt. Er klettert mit Hilfe der Flügel auf den Felsklippen herum. Galapagospinguine sind selten. Der Bestand ist größeren Schwankungen unterworfen, da zeitweise eine warme Meeresströmung den Fischbestand reduziert und dadurch zum Hungertod führt.

Der Galapagospinguin benutzt auf dem Land seine Flügel, um seinen Gang auszubalancieren. Durch das Wasser schießt er mit Hilfe der Flügel wie ein Pfeil dahin und jagt Fische.

Der Zwergpinguin ist die einzige Art, die zum Schutz vor Feinden nur in der Dunkelheit oder Dämmerung an Land oder auf See geht.

Zwergpinguin

Australien, Neuseeland

▶ bis 40 cm

Der Zwergpinguin ist der kleinste Pinguin der Welt. Zwergpinguine leben an den Küsten von Südaustralien und Neuseeland und sind außerdem die einzige Pinguinart, die auf dem australischen Kontinent brütet.

Sturmvögel

Sturmvögel sind die geborenen Flieger. Mühelos segeln sie tagelang über den Meeren. Dabei bewegen sie ihre Schwingen kaum, sondern lassen sich geschickt von den Winden tragen. Mit traumwandlerischer Sicherheit finden sie ihre Brutplätze auf verschiedenen Inseln in den weiten Ozeanen. Man weiß bis heute noch nicht genau, wie sie sich auf ihren langen Flügen orientieren.

Wanderalbatros

Südliche Ozeane ▶ bis 1,15 m
Der Wanderalbatros ist der größte Meeresvogel. Er hat eine Flügelspannweite von rund 3,50 Metern. Um sich in die Lüfte zu schwingen, braucht er beim Start einen langen Anlauf. Die Albatrosse verbringen fast ihr ganzes Leben in der Luft. Nur zum Brüten suchen sie Inseln nahe am Südpol auf. Dort brüten sie alle zwei Jahre nur ein einziges Ei aus. Das Junge wird von den Eltern monatelang gefüttert. Albatrosse fressen vor allem Tintenfische. Sie fliegen in der Stunde etwa 80 Kilometer. Bei einem Beuteflug legen ausgewachsene Vögel oft über tausend Kilometer zurück.

Wanderalbatrosse sieht man nur selten an Land. Sie schlafen auch in der Luft.

Sturmschwalbe

Westeuropa, Atlantik ▶ bis 15 cm
Die Sturmschwalbe ist der kleinste Seevogel. Sie brütet an den Atlantikküsten und am Mittelmeer. Wie alle Sturmvögel kommt sie nur zum Brüten an Land. Wenn sie angegriffen wird, spuckt sie dem Feind hochgewürgten Tran ins Gesicht.

Sturmschwalben nisten auf einsamen Inseln und Klippen. Sie legen nur ein einziges Ei.

Was ist Guano?

Lange Zeit lieferten die Seevögel an den Küsten und auf den Inseln des Pazifiks einen wertvollen Stoff, den Guano. Es ist der Kot dieser Vögel, der sehr viele Mineralsalze mit Phosphor und Stickstoff enthält. Bevor man künstlichen Dünger chemisch herstellen konnte, war der Guano in aller Welt begehrt. In den großen Vogelkolonien hatte sich im Laufe der Zeit so viel Kot angesammelt, dass sich bis zu 70 Meter dicke Schichten bildeten. Der Guano wurde abgebaut und brachte den Ländern viel Geld.

Ruderfüßer

Ruderfüßer

Die Ruderfüßer sind sehr gute Schwimmer. Anders als bei den Enten und Gänsen sind alle vier Zehen nach vorn gerichtet und durch Schwimmhäute verbunden. Dadurch entsteht ein breiter Ruderfuß. Die meisten dieser Vögel leben am Meer.

Basstölpel brüten in großen Kolonien von Tausenden von Vögeln. Die einzelnen Nester liegen sehr dicht beieinander.

Kormoran

Alle Erdteile ▶ bis 1 m

Der Kormoran ist ein geschickter Fischjäger. Er lebt nicht nur an der Meeresküste, sondern auch an Seen. Die Fischer verfolgen ihn, weil er in Fischteichen oft Schaden anrichtet. Bei uns ist der Vogel geschützt.

Basstölpel

Nordeuropa ▶ 90 cm

Basstölpel sind ausgezeichnete Flieger und Taucher. Sie stürzen sich aus 40 Metern Höhe wie eine Rakete ins Meer. Kurz darauf tauchen sie wieder auf und haben einen Fisch im Schnabel. Es gibt sieben Arten von Tölpeln auf den Weltmeeren.

In manchen Ländern setzt man Kormorane zum Fischfang ein. Man legt ihnen einen Ring um den Hals, damit sie die Fische nicht verschlucken.

Rosapelikan

Europa, Asien, Afrika ▸ 160 cm
Die Pelikane gehören zu den größten Ruderfüßern. Es gibt sieben Arten. Die meisten leben in wärmeren Meeren. Der Rosapelikan kommt in Europa auch an der Mündung der Donau vor. Pelikane fressen Fische. Sie bringen diese in ihrem Kehlsack auch den Jungen, die sie aus dem Schnabel der Alten holen.

Rosapelikane haben eine Flügelspannweite von 280 cm.

Gänsevögel

Zu den Gänsevögeln gehören rund 150 Arten von Gänsen, Enten und Schwänen. Sie sind alle Wasservögel mit kurzen Beinen. Nur die drei Vorderzehen sind durch Schwimmhäute verbunden. Damit bewegen sich die Vögel im Wasser paddelnd fort. Die Luft zwischen den eingefetteten Federn lässt sie im Wasser nicht untergehen. Gänsevögel sind ausdauernde Flieger.

Der Forscher Konrad Lorenz hat Graugänse studiert. Gänseküken sehen jeden Menschen oder Gegenstand als Mutter an, der sich nach dem Schlüpfen bewegt und Laute von sich gibt. Sie folgen der »Mutter« überallhin.

Graugans

Europa, Asien ▸ bis 92 cm
Die Graugans ist eine von fünf Arten der echten Gänse. Sie ist ein intelligentes Tier. Es ist also falsch, jemanden »dumme Gans« zu nennen. Die wachsamen Gänse ersetzen leicht einen Hofhund. Im Winter kommen die Gänse aus dem Norden zu uns. Im Frühjahr fliegen sie in Schwärmen wieder nordwärts. Die Graugans brütet vier bis acht Eier aus. Die Jungen werden auch vom Vater, dem Ganter, bewacht.

Brautente

Nordamerika ▸ bis 50 cm
Enten verlieren im Unterschied zu den Gänsen zweimal im Jahr ihre Federn. Sie sind auch viel bunter als Gänse. Eine der auffälligsten Färbungen hat der Erpel der Brautente. Die Weibchen sind dagegen unscheinbar und

Gänsevögel

dadurch gut getarnt. Die Brautente fliegt wie die Stockente auch auf Bäume. Sie nistet sogar in Baumhöhlen.

Stockente

Europa, Afrika, Asien ▶ bis 65 cm
Die Stockente ist die bekannteste Wildente. Man trifft sie das ganze Jahr über an allen Gewässern. Sie seiht mit dem Schnabel das Wasser nach Futter ab. Beim Gründeln macht sie einen Kopfstand im Wasser und streckt das Hinterteil hoch. Von Oktober bis Mai zeigt der Erpel sein Prachtkleid.

Höckerschwan und Trauerschwan

Europa, Australien ▶ bis 1,50 m
Schwäne sind die größten Gänsevögel. Ein ausgewachsener Höckerschwan wiegt über 10 kg. Trotz seines Gewichts ist er ein guter Flieger.
An unseren Seen leben halbzahme Höckerschwäne das ganze Jahr über. Das Weibchen brütet etwa acht Eier aus. Das Gefieder der Jungen ist bräunlich und wird erst später weiß. Brütende Schwäne können sehr aggressiv werden.
Der Trauerschwan hat seinen Namen

Ein Stockentenpaar hat jedes Jahr bis zu 15 Junge, die sofort das Nest verlassen. Wie fast alle Enten und Gänse bleiben die Paare ein Leben lang zusammen.

nach dem schwarzen Gefieder. Er kommt in Australien in Schwärmen vor. Bei uns sieht man ihn manchmal als Ziervogel auf Parkteichen.

Hausgans und Hausente – woher?

Weiße Hausgänse gab es schon vor über 4000 Jahren in Ägypten. Sie stammten von der wilden Graugans ab. Da immer wieder Graugänse im Winter von Norden nach Süden flogen, paarten sie sich auch mit den halbzahmen Hausgänsen. So kam es, dass es auch hellgraue Hausgänse gab. Später hat man verschiedene Rassen gezüchtet. Unsere Hausgans ist heute schneeweiß wie die Federn, die sie für die Betten liefert. Auch die gewöhnliche Hausente ist weiß. Es gibt aber farbige Zuchtrassen.

Lappentaucher

Die Lappentaucher bilden eine Vogelgruppe mit 20 Arten, die über die ganze Erde verbreitet sind. Sie besitzen keine Schwimmhäute wie andere Wasservögel, sondern unregelmäßig geformte Hautlappen an den Zehen. Daher hat man sie Lappentaucher genannt. Sie heißen auch Steißfüße, weil ihre Beine weit hinten am Rumpf fast unter dem Steiß sitzen.

Haubentaucher

Asien, Australien, Europa

▶ bis 48 cm

Der Haubentaucher war auf unseren Seen früher fast verschwunden. Heute ist er wieder häufiger, denn er darf nicht mehr gejagt werden. Haubentaucher fallen vor allem bei der ➔ Balz auf: Bevor sich die Vögel paaren, vollführen sie ein ausgedehntes Liebesspiel auf dem Wasser. Ihr Nest bauen sie meist im Schilfgürtel und nahe am

Haubentaucher verlassen das Wasser fast nie. Auch ihr Nest schwimmt auf dem Wasser.

Ufer. Dort brütet das Weibchen etwa vier Eier aus. Wenn die Jungen geschlüpft sind, kriechen sie in das Gefieder der Eltern. Manchmal kann man eine stolze Mutter mit ihren Jungen auf dem Rücken vorbeischwimmen sehen.

Laufvögel

Vögel zeichnen sich dadurch aus, dass sie fliegen können. Als einzige Wirbeltiere neben den Fledermäusen haben sie den Luftraum erobert. Nicht alle beherrschen die Kunst des Fliegens. Laufvögel sind zu schwer und können sich nicht vom Boden erheben. Zu ihnen zählen der Strauß und seine Verwandten.

Strauß

Afrika ▲ bis 2,75 m

Der afrikanische Strauß ist der größte lebende Vogel. Er wird so schwer wie zwei erwachsene Männer, und sein Kopf würde sogar den Balkon eines Einfamilienhauses erreichen. Trotz seiner Größe rennt er bis zu 50 Kilometer in der Stunde und nimmt es leicht mit einem Radfahrer auf. Die Strauße leben in der afrikanischen ➔ Savanne. Die Hennen legen bis zu acht Eier. Jedes hat das Gewicht von etwa dreißig Hühnereiern. Die Schale ist so dick wie ein Porzellanteller. Männchen und Weibchen brüten die Eier gemeinsam aus. Straußenähnliche Vögel gibt es auch in anderen Erdteilen: in Südamerika den Nandu und in Australien den Emu.

Ein Straußengelege besteht manchmal aus 40 Eiern von mehreren Hennen. Die Eier werden vom Hahn und den Hennen abwechselnd bebrütet.

Der Helmkasuar ist der größte der drei Kasuararten.

Helmkasuar

Australien, Neuguinea

▲ bis 1,70 m

Kasuarvögel kommen in Nordaustralien und auf der Insel Neuguinea vor. Sie stehen dem Emu sehr nahe, sind aber kleiner. Ihre Federn sind schwarz. Der Kasuar lebt im → Regenwald und ist sehr scheu. Auf dem Kopf trägt er einen helmartigen Höcker. Er kann bis zu 1,50 m hoch springen und an der inneren Zehe befindet sich eine 10 cm lange messerscharfe Kralle. Das ist eine gefährliche Waffe, mit der dieser Vogel sogar Menschen tödlich verletzen kann.

Kiwi

Neuseeland ▶ bis 65 cm

Die Kiwis sind die Wappenvögel Neuseelands. Sie heißen auch Schnepfenstrauße. Kiwis werden etwa so groß wie ein Huhn und haben einen 20 Zentimeter langen Schnabel. Damit stochern sie im Waldboden nach Würmern und Insekten. Ihre Flügel sind nur fünf Zentimeter lang. Die Männchen sind kleiner als die Weibchen.

Das Kiwimännchen übernimmt die ganze Brutpflege. Es baut das Nest und brütet auch die zwei Eier aus, die das Weibchen legt. Jedes Ei wiegt bis zu 450 Gramm.

Stelzvögel, Kranichvögel und Flamingos

Stelzvögel, Kranichvögel und Flamingos

Alle diese Vögel haben sehr lange Beine. Sie schreiten einher wie auf Stelzen. Störche, Reiher und Ibisse sind Stelzvögel. Flamingos und Kranichvögel bilden eigene Gruppen. Im Unterschied zu den Laufvögeln rennen Stelzvögel bei Gefahr nicht weg, sondern fliegen auf.

Weißstorch und Schwarzstorch

Afrika, Europa ▶ bis 1,10 m

Der Weißstorch kommt zu uns, um hier zu brüten. Wenn es kalt wird, fliegt er 10 000 Kilometer weit bis nach Südafrika. Sobald im Frühjahr die ersten Störche zurück sind, beginnt ihre ➔ Balz. Die Männchen legen den Kopf zurück und klappern laut mit dem Schnabel. Sie locken damit ein Weibchen an. Hat sich ein Storchenpaar gefunden, dann baut es einen ➔ Horst. Gemeinsam brütet das Paar nun bis zu fünf Eier aus. Nach etwa vier Wochen schlüpfen die Jungen. Heute sind Störche selten,

Weißstörche suchen die Nähe des Menschen. Sie nisten gern auf einem Wagenrad auf dem Dach. Schwarzstörche sieht man kaum. Sie leben im Wald und kommen nur selten zu uns.

weil es kaum noch Feuchtwiesen gibt. Viele verfangen sich auch in Überlandleitungen und gehen elend zugrunde.

Der Schuhschnabel zieht im Flug wie ein Reiher den Kopf an. Der große Kopf ist dann gut erkennbar.

Schuhschnabel

Afrika ▶ bis 1,20 m

Seinen Namen hat dieser Vogel Afrikas nach seinem riesigen Schnabel. Er ähnelt in der Form einem arabischen Schuh. Der Vogel lebt an Sümpfen und wurde erst vor rund 100 Jahren entdeckt. Schuhschnäbel fressen Fische, Schildkröten und sogar frisch geschlüpfte Krokodile. Ihr flaches Nest bauen sie auf einer meterhohen Plattform aus Schilf.

Ibis

Warme Erdteile ▶ bis 1 m

Ibisse sind storchenähnliche Vögel. Man nennt sie auch Sichler. Ihre langen Schnäbel sind wie eine Sichel gekrümmt. Es gibt 20 Arten. Die alten Ägypter verehrten einen schwarzköpfigen Ibis als Gott.

Der Weiße Sichler lebt in Amerika. Er bildet oft große Kolonien. Wie alle Ibisvögel pickt er Würmer und Schnecken aus dem Schlamm.

Flamingo

Afrika, Südeuropa, Indien

▶ bis 1,30 m

Flamingos haben ein weißrosa Gefieder. An afrikanischen Seen

Flamingos filtern die Nahrung aus seichtem Wasser. Dazu halten sie den Schnabel verkehrt herum wie eine Schöpfkelle und pressen das Wasser heraus.

Stelzvögel, Kranichvögel und Flamingos

und in Südfrankreich bilden sie oft riesige ➔ Kolonien. Aus der Ferne erscheinen die vielen Vögel wie eine rosa Wolke. Flamingos sind gute Flieger. In der Zeit der ➔ Mauser verlieren sie aber alle Federn. Dann entkommen sie Feinden nur noch schwimmend. Die Weibchen bauen ein Nest aus Schlamm, den sie mit dem Schnabel zusammenschieben.

Rohrdommel

Afrika, Asien, Europa ▶ bis 76 cm

Manche Leute nennen die Rohrdommel wegen ihres Geschreis auch »Moorochse«. Der große Vogel lebt fast unsichtbar im Schilfdickicht an Sümpfen und Seen. Nur mit den dumpfen Lauten, die er ausstößt, macht er sich bemerkbar. Sobald er sich entdeckt glaubt, wird er stumm. Dann nimmt er eine starre Haltung wie ein Pfahl ein. Im Schilfdickicht ist er nun selbst aus nächster Nähe nicht zu erkennen. Die Rohrdommel gehört zu den Reihern. Sie lebt als Einzelgänger und ernährt sich hauptsächlich von Fischen, Fröschen und Wasserinsekten.

Durch die Pfahlstellung ist die Rohrdommel im Schilf kaum zu entdecken. Die Farbe der Federn trägt zusätzlich zur Tarnung bei.

Kondor

Südamerika ▶ bis 1,30 m

Der Kondor ist der größte Vogel Südamerikas. Er hat eine Flügelspannweite von fast drei Metern. Man bezeichnet den Kondor als Neuweltgeier und zählt ihn zu den Stelzvögeln. Kondore ernähren sich meist von ➔ Aas, also von toten Tieren. Allerdings ist nicht sicher, ob sie nicht doch auch lebende Tiere angreifen. Im Hochgebirge der Anden kreisen die Kondore fast ohne Flügelschlag um die Gipfel. Sie erspähen ihre Nahrung aus großer Höhe.

Graureiher

Afrika, Asien, Europa ▶ bis 90 cm

Der Grau- oder Fischreiher ist bei Fischern nicht beliebt. Er ernährt sich überwiegend von Fischen und richtet dadurch in Seen und Teichen beträchtlichen Schaden an. Lange hat man ihn deshalb verfolgt und fast ausgerottet. Heute steht er unter ➔ Naturschutz.

Stelzvögel, Kranichvögel und Flamingos

Graureiher brüten in großen ➔ Kolonien und errichten ihre Nester in den Baumkronen. Dort ziehen die Eltern drei bis fünf Junge auf.

Die nackten Hälse der Kondore erinnern an die Geier. Wie unsere Geier leben auch die Kondore von Aas.

Großtrappe

Europa, Asien ▸ bis 1 m

Die Großtrappe ist der größte Brutvogel in Mitteleuropa. Sie bewohnt Steppen und Moore und fliegt nur selten auf. Wenn sie gestört wird, rennt sie davon. Sehr eindrucksvoll ist die ➔ Balz des Männchens. Um ein Weibchen anzulocken, verwandelt sich das Männchen in einen bunten Federball, den man nicht mehr als Vogel erkennen kann. In Ostdeutschland gab es früher noch viele Großtrappen. Heute sind diese Bodenvögel bei uns fast ausgerottet. Sie stehen unter ➔ Naturschutz.

Großtrappen sind die schwersten flugfähigen Vögel. Der Hahn der Großtrappe wird 1 m groß und über 20 kg schwer. Die Weibchen sind kleiner und wiegen nur etwa 5 kg. Die scheuen Vögel leben in Trupps zusammen und zählen zu den Kranichvögeln.

Greifvögel

Kronenkranich

Afrika ▸ bis 95 cm
Der afrikanische Kronenkranich gehört zu den farbenprächtigsten Kranichvögeln. Wie alle Kraniche führt er oft ausgedehnte Tänze vor. Früher hielt man die Tänze für Balzspiele der Männchen, die Weibchen anlocken sollen. Doch auch die Weibchen und die Jungvögel tanzen das Jahr über. Der Kronenkranich ist der einzige Kranich, der auch auf Bäumen ein Nest baut. Meist legt er es aber auf dem Boden an.

Die Krone des Kronenkranichs besteht aus strohgelben steifen Federn. Sie wippen, wenn er bei seinen Tänzen den Kopf bewegt. Die Tänze dieses Vogels waren Vorbild für viele Eingeborenentänze in Afrika.

Greifvögel

Die Greifvögel jagen und töten Tiere. Dafür sind sie besonders ausgestattet. Sie haben krumme Schnäbel und kräftige Beine mit spitzen Krallen. Greifvögel kreisen lange in der Luft und erspähen mit scharfen Augen ihre Beute unten auf dem Boden. Dann stürzen sie sich in die Tiefe und schlagen zu.

Weißkopfseeadler

Nordamerika ▸ bis 1 m
Seeadler ernähren sich nicht nur von Fischen. Sie schlagen auch Junggänse, Enten und andere Wasservögel. Der Weißkopfseeadler hat es besonders auf Lachse abgesehen. Diese jagt er an der Küste des Pazifischen Ozeans. Er brütet aber an den großen Seen im Landesinneren. Das Weibchen legt zwei bis drei Eier. Immer seltener schlüpfen daraus auch Junge. Denn viele Fische enthalten Umweltgifte. Das Gift in der → Nahrungskette sammelt sich im Vogel, und die Eier sind unfruchtbar. So droht dieser Adler auszusterben.

Der Weißkopfseeadler ist der Wappenvogel der USA. Man findet ihn heute vor allem an den großen Flüssen Kanadas, wo er Lachse fängt.

Steinadler

Asien, Europa ▸ bis 96 cm
Der Steinadler gilt als König der Lüfte. Seine gewaltigen Schwingen haben eine Spannweite von über zwei Metern. Der Vogel ist so stark, dass er in seinen Fängen leicht ein Lamm da-

Greifvögel

Der Steinadler ist der stärkste Greifvogel. In weiten Teilen Europas ist er ausgerottet. In den Alpen haben wenige Paare überlebt.

vontragen kann. Oft kreist er stundenlang am Himmel, bis er eine Beute erspäht hat. Dann stürzt er sich mit vorgestreckten Fängen in die Tiefe und schlägt zu. Nur noch wenige Paare dieses Vogels leben in den Alpen. Sie bauen ihren → Horst auf einen Fels. Das Weibchen brütet dort zwei Eier aus. Die Geschwister streiten sich oft um das Futter, und der Schwächere wird aus dem Nest geworfen.

Habicht

Nordafrika, Europa, Asien, Nordamerika ▶ bis 61 cm
Der Habicht hat eine Flügelspannweite von bis zu 1,20 Metern. Damit ist er nach dem See- und Steinadler unser drittgrößter Greifvogel. Das Männchen ist viel kleiner als das Weibchen. Der Habicht schlägt vor allem Vögel. Diese rupft und zerschneidet er mit dem Schnabel, bevor er sie frisst. Da Habichte oft Hühner schlagen, hat man sie gejagt und fast ausgerottet. Wie alle Greifvögel ist der Habicht heute geschützt.

Der Habicht beobachtet von seinem Ansitz aus die Umgebung. Ihm entgeht keine Beute.

Mäusebussard

Afrika, Asien, Europa ▶ bis 56 cm
Der Mäusebussard ist bei uns der häufigste Greifvogel. Er brütet meist im Wald. Man sieht ihn aber fast nur auf Feldern, wo er auf Telefonmasten

Greifvögel

oder Bäumen ansitzt. Seinen scharfen Augen entgeht kaum eine Maus, die über den Boden huscht. Erspäht der Bussard nicht genug Mäuse, dann sucht er am Boden auch nach Insekten, Würmern, Fröschen und Schlangen.

Allein während der Brutzeit jagt ein Bussardpaar etwa 1 000 Feldmäuse.

Falken bauen meist keine eigenen Nester. Sie belegen oft die Horste anderer Greifvögel oder brüten auf Felsvorsprüngen und in Baumhöhlen.

Wanderfalke

Alle Erdteile ▸ bis 52 cm

Der Wanderfalke ist das schnellste Tier der Welt. Der kleine Greifvogel erreicht im Sturzflug eine Geschwindigkeit von etwa 300 Stundenkilometern. Seine Beutetiere sind Vögel, die er im Flug schlägt. Dazu zählen vor allem Tauben und Rebhühner, aber auch Singvögel. Er bohrt ihnen die Krallen in den Rücken. Dann bricht er ihnen mit einem Schnabelhieb das Genick. Lange wurden die Wanderfalken gejagt und abgeschossen. Heute sind sie wie alle Greifvögel bei uns geschützt. Der Wanderfalke wird auch als Edelfalke bezeichnet. Der Mensch hat den Edelfalken seit Jahrtausenden als Jagdgehilfen eingesetzt. Schon die alten Ägypter jagten mit abgerichteten Falken. Man nennt diese Art der Jagd Beizjagd.

Schmutzgeier

Afrika, Asien, Europa ▸ bis 70 cm

Der Schmutzgeier ist der kleinste Geier. Der etwa rabengroße Vogel frisst außer → Aas alle Arten von Abfällen. Er lebt in der Nähe menschlicher Siedlungen und ist als Gesundheitspolizist gern gesehen. Ohne die Arbeit dieses Vogels würden in südlichen Ländern viele Krankheiten ausbrechen. Schmutzgeier brüten in einer Felswand oder auf Häusern. Für ihre zwei Jungen bauen sie einen großen ➔ Horst.

Sekretär

Afrika ▶ bis 1,30 m

Der Sekretär ist ein ungewöhnlicher Greifvogel. Er wird etwa so hoch wie ein Storch und hat eine Flügelspannweite von fast zwei Metern. Seinen Namen hat er von den Federn am Kopf. Sie erinnern an einen Federhalter, den ein Schreiber sich hinter das Ohr steckt. Der Sekretär schreitet meist gemessen dahin und fliegt nur selten auf. Seine Hauptnahrung sind Schlangen.

Gänsegeier

Asien, Afrika, Europa ▶ bis 1 m

Der Gänsegeier hat eine Flügelspannweite von 2,40 Metern. Er lebt vorwiegend im Gebirge und kommt auch in den Alpen vor. Diese großen Geier finden sich immer in Gruppen an toten Tieren ein. Sie fressen nur deren Fleisch und die Eingeweide. Die Knochen lassen sie liegen. Darüber machen sich danach die Schmutzgeier her. Die meisten Geier haben nackte Hälse, damit sie sich bei ihrem blutigen Geschäft nicht zu sehr verschmutzen. Der Gänsegeier trägt nur eine weiße, pelzartige Halskrause. Gänsegeier brüten gemeinsam auf Felsen. Jedes Paar hat gewöhnlich nur ein Ei im Nest. Die Jungen sind ➔ Nesthocker. Sie bleiben bis zu vier Monate im Nest und werden von den Altvögeln gefüttert.

Der Gänsegeier hat wie alle Geier schwache Fänge und Krallen. Geier töten und greifen keine Tiere wie die Adler oder Habichte.

Der Schmutzgeier ist einer der wenigen Vögel, die Werkzeuge benutzen. Um Straußeneier zu öffnen, lässt er Steine darauffallen.

Tauben

Tauben

Die Tauben sind über die ganze Erde verbreitet. Es gibt über 300 Arten, von denen aber nur fünf in Mitteleuropa brüten. Tauben waren einst scheue Waldvögel. Heute bevölkern sie Parks, Gärten und Städte und werden dort oft zur Plage.

Fächertaube

Neuguinea ▸ bis 73 cm

Die Fächertaube ist die größte Taube. Sie wird größer als ein Huhn. Die Fächertauben halten sich tagsüber vorwiegend am Boden auf. Dort suchen sie Beeren und andere Früchte. Möglicherweise fressen sie auch Insekten. Die Fächertauben hat man wegen ihres Fleisches viel gejagt und fast ausgerottet. Auch auf ihre Federkronen als Schmuck hatte man es abgesehen.

Fächertauben brüten häufig nur ein Junges aus. Der Vater sitzt tagsüber auf dem Ei, die Mutter nachts.

Ist die Taube ein Briefträger?

Das Züchten von Tauben ist heute ein Hobby. Schon im Altertum wurden Tauben gezüchtet. Sie dienten als Opfertiere für die Götter. Sehr hoch angesehen waren reinweiße Tauben. Die weiße Taube gilt als Symbol des Friedens. Reisetauben wurden schon in der Römerzeit zur Beförderung von Briefen eingesetzt. Dazu nahm man die Brieftauben in Körben mit auf die Reise. Wollte man einen Brief verschicken, dann band man der Taube ein Röllchen mit der Nachricht ans Bein und ließ sie fliegen. Brieftauben legen bis zu 1000 Kilometer am Tag zurück. Selbst aus so großer Entfernung finden sie in ihren Taubenschlag zurück.

Felsentaube

Europa ▸ bis 33 cm

Die Felsentaube bewohnt Klippen an Meeresküsten oder felsige Gebirge. Dort brütet sie mehrmals im Jahr zwei weiße Eier aus. Sie ist die Stammform aller Haustauben, von denen es über hundert ➔ Rassen gibt. Man trifft sie heute häufig in Städten an. Sie ernähren sich von Getreidesamen, Eicheln und in den Straßen von Brotkrümeln.

Felsentauben bei der Wasseraufnahme.

Prachttaube

Neuguinea, indonesische Inseln, Australien ▶ bis 24 cm
Die Prachttauben zählen zu den schönsten Vögeln. Es gibt mehrere Arten. Obwohl sie auffällig gefärbt sind, fallen sie im Wald kaum auf. Sie leben in kleinen Gruppen auf dem Waldboden und ernähren sich ausschließlich von Früchten, vor allem von Beeren.

Die Prachttaube, auch Grünflügeltaube wird ca. 15 Jahre alt.

Hühnervögel

Der bekannteste Hühnervogel ist unser Haushuhn. Es stammt von dem wilden Bankivahuhn ab. Wildhühner sind über die ganze Erde verbreitet. Es gibt rund 270 Arten. Sie sind überwiegend Bodenvögel, die meist besser laufen als fliegen können. Hühnervögel bauen ihre Nester am Boden. Die Jungen verlassen das Nest sofort nach dem Schlüpfen.

Der bei uns lebende Edelfasan ist nur eine Art von Fasanenvögeln. Es gibt über 20 Arten.

Edelfasan

Asien, Europa ▶ bis 89 cm
»Edel« nennen die Menschen meist Tiere, die für sie als Jagdbeute interes-

Hühnervögel

Der Birkhahn war ein begehrtes Jagdwild. Heute ist die Jagd auf Birkhühner verboten.

sant sind. Der Fasan gehört dazu. Er heißt auch Jagdfasan. Dieser Hühnervogel stammt ursprünglich aus Asien. Die Römer brachten ihn als Ziervogel nach Europa. Man ließ die Fasanen später frei. Sie verwilderten und wurden bei uns heimisch. Seitdem sind sie ein wichtiges Jagdwild. Im Herbst, wenn die Felder abgeerntet sind, beginnt die Jagd auf die Fasanen. Die Vögel leben auf offenen Feldern, wo sie auch ihre Nahrung aus Körnern finden. Die Henne brütet im Nest am Boden bis zu zwölf Eier aus.

Birkhuhn

Asien, Europa ▶ bis 53 cm
Das Birkhuhn ist heute bei uns selten. Es lebt auf der Heide und im Moor, aber auch im Gebirge. Weil Birkhühner Federn bis an die Zehen haben, zählt man sie zu den Raufußhühnern. Die ➔ Balz der Birkhähne findet in der Morgendämmerung statt. Dann hört man ihr »Kollern« von weitem. Sobald die Sonne aufgeht, verstummen sie.

Auerhuhn

Europa, Nordasien ▶ bis 1,10 m
Der Auerhahn ist unser größtes Wildhuhn. Der Hahn wird etwa zwanzig Zentimeter länger als die Henne und

Der Auerhahn spreizt bei der Balz die Schwanzfedern und lässt ein leises Lied ertönen. Die Balz beginnt auf einem Baum.

Was ist Vogelgrippe?

Die Vogelgrippe ist eine Tierkrankheit, die vor allem für Vögel wie zum Beispiel Hühner, Puten, Enten und Schwäne gefährlich ist. Sie wird durch einen winzigen Krankheitserreger – ein Virus – übertragen. Erkrankte Tiere machen einen geschwächten Eindruck, fliegen nicht mehr richtig und bewegen sich komisch. In seltenen Fällen können sich auch andere Säugetiere wie beispielsweise Katzen und Schweine oder sogar Menschen anstecken, und zwar dann, wenn sie mit dem Blut, dem Speichel oder dem Kot kranker Vögel in Berührung kommen. Man sollte deshalb vorsichtshalber nicht mit wilden Vögeln spielen, kranke oder tote Tiere nicht anfassen und auch keine Federn aufheben.

ist viel bunter. Tagsüber sucht er am Boden nach Futter. Neben Kräutern und Samen frisst er auch Tannennadeln und Insekten. Die Heidelbeere ist besonders bedeutsam für die Ernährung. Nachts fliegen die Auerhühner auf einen Baum, wo sie schlafen. Man nennt das »Aufbäumen«. Die Hähne leben allein. Sie treffen die Weibchen nur, um sich mit ihnen zu paaren.

Bankivahuhn

Asien ▶ bis 80 cm

Das Bankivahuhn ist mit den Fasanen verwandt und kann recht gut fliegen. Es gilt als Vorfahr der Haushühner. Die Hühner leben in Südostasien im Regenwald, aber auch in lichten Wäldern und Steppen. Meist scharen sich bis zu fünfzig Vögel in einer Gruppe zusammen. Zu den bunten Hähnen gehören je drei bis fünf braun gestreifte Hennen. Jede von ihnen legt etwa sechs Eier, aus denen die Küken

Der Bankivahahn fällt durch seine langen, gebogenen Schwanzfedern auf. Sie erinnern an unsere Haushähne. Der Bankivahahn trägt die Federn aber nur während der Balz als Hochzeitskleid.

schlüpfen. Sie können schon nach einer Woche fliegen. Bankivahähne führen heftige Kämpfe um die Weibchen aus. In Asien veranstaltet man mit verschiedenen Bankivarassen Hahnenkämpfe. Die Vögel fügen sich dabei oft blutige Wunden zu.

Hühnervögel

Wachtel

Afrika, Asien, Europa ▸ bis 20 cm

Die Wachtel ist der kleinste Hühnervogel. Sie wird etwa so groß wie eine Amsel und ähnelt dem Rebhuhn. Wie der Fasan lebt sie auf Feldern, wo sie ihre Nahrung findet. Und wie dieser wird sie gejagt und gegessen. Im Gegensatz zu den meisten Hühnervögeln ist die Wachtel ein → Zugvogel, der im Winter nach Afrika fliegt. Sie kommt außer in Europa auch in Asien vor.

Das Gefieder der Wachteln hat schwarze und gelbbraune Streifen.

Das Alpenschneehuhn hat zum Schutz gegen Kälte Federn an den Füßen und Zehen.

Alpenschneehuhn

Europa, Nördliche Meere
▸ bis 35 cm

Das Alpenschneehuhn kommt in Ländern nahe dem Nordpol und im Hochgebirge vor. Im Winter hat es ein schneeweißes Federkleid. Dadurch ist es in Eis und Schnee gut getarnt. Im Sommer sind die Federn graubraun. Sie brüten an steinigen und hochgelegenen Hängen.

Truthuhn

Nordamerika ▸ bis 1,25 m

Wilde Truthühner gibt es nur in Amerika. Sie wurden dort von den Indianern gejagt. In Mittelamerika haben die Indianer sie schon früh gezähmt. Vor 400 Jahren brachte man die Truthühner auch nach Europa und züch-

Truthühner heißen auch Puten. Die Zuchtformen sind weiß oder schwarzgrau, wie hier. Nur die männlichen Puter schlagen ein Rad.

tete sie hier. Seither gehören sie zu unserem Hausgeflügel. Sie werden so schwer wie Schwäne und wiegen bis zu 10 Kilogramm. In der ➔ Balz spreizt das Männchen sein Gefieder und den Schwanz und wirkt so noch größer. Man nennt das ➔ Imponiergehabe. Die Hähne bekämpfen sich dann erbittert.

Die Schwanzschleppe des Pfauenmännchens besteht aus rund 150 langen Deckfedern.

Pfau

Indien ▸ bis 2,20 m

Der Pfau ist einer der größten Hühnervögel. Besonders beeindruckend ist der bis zu 1,40 Meter lange Schwanz, den das Männchen wie die Schleppe eines Kleides hinter sich herzieht. In der ➔ Balz schlägt der Pfau ein Rad, indem er seine Schwanzfedern aufstellt. Dabei stößt er Laute aus, die wie das Miauen einer Katze klingen. Auf diese Weise versucht er, möglichst viele Hennen zu beeindrucken und sie zur Paarung zu bewegen. In Indien leben wilde Pfauen im Dschungel. Dort warnen sie mit ihrem Geschrei andere Tiere vor gefährlichen Räubern wie dem Tiger.

Perlhuhn

Afrika, Arabien, Europa ▸ bis 70 cm

Das Perlhuhn lebt wild in Afrika und Arabien. Es gibt mehrere Arten. Sie ziehen in Scharen umher und suchen nach Futter. Nachts fliegen sie zum Schlafen auf Bäume. Schon die Römer brachten Perlhühner nach Europa und machten sie zu Haustieren. Heute findet man die Hühner auf vielen Bauernhöfen in Italien.

Perlhühner haben einen kurzen, nach unten gerichteten Schwanz.

Thermometerhuhn

Australien ▸ bis 62 cm

Im australischen Busch leben die Thermometerhühner. Ihren Namen haben sie von einer eigenartigen Methode, mit der sie ihre Eier ausbrüten:

Hühnervögel

Der Hahn gräbt mit seinen kräftigen Füßen eine zwei Meter breite Grube in den Boden. Dann scharrt er welkes Laub und Gras hinein und bedeckt alles mit Sand. Die Pflanzen im Komposthaufen fangen an zu faulen, und es wird warm. Jetzt misst das Männchen die Temperatur mit dem Schnabel und öffnet den Brutofen. Bei genau 33 Grad beginnt das Weibchen ein Ei in den Hügel zu legen. Nach jeweils einigen Tagen legt es ein weiteres Ei. Der Hahn verschließt den Brutofen wieder. Es dauert bis zu 70 Tage, ehe die ersten Küken schlüpfen. Die Eltern arbeiten fast zehn Monate lang bei ihrem Brutgeschäft.

Die jungen Hoatzins erinnern mit ihren Flügelkrallen an den Urvogel Archaeopteryx.

Hoatzin

Südamerika ▸ bis 60 cm

Die Hoatzins oder Schopfhühner leben in den Regenwäldern am Amazonas. Ihre Jungen haben zwei bewegliche Krallen an den Flügeln, mit denen sie sich an Ästen festhalten. Obwohl die Jungen noch nicht fliegen können, lassen sie sich bei Gefahr ins Wasser fallen. Dann klettern sie wieder auf ihren Baum. Die Vögel ernähren sich von harten Blättern, die sie in ihrem Kropf verdauen. Der Brei riecht unangenehm. Daher heißen Hoatzins auch Stinkvögel.

Der Thermometerhahn prüft ständig die Temperatur im Bruthügel. Wenn es zu warm ist, deckt er die Eier ab. Ist es zu kalt, verschließt er den Hügel.

Möwen und Alken

Möwen sind Meeresvögel. Viele haben sich weit in das Land verbreitet. Heute trifft man Möwen sogar in Städten an. Sie fressen am liebsten Muscheln und Fisch, nehmen aber auch andere Nahrung und Abfälle auf. Die Alken leben ebenfalls am Meer, fliegen aber nie ins Land. An den Küsten bilden sie Kolonien von Tausenden von Vögeln.

Lachmöwe

Asien, Europa ▶ bis 41 cm

Die Lachmöwe ist bei uns sehr häufig. Sie brütet in ➔ Kolonien an der Küste und an Seen im Landesinneren. Warum man sie Lachmöwe nennt, ist nicht genau bekannt. Mit ihrem Geschrei hat es nichts zu tun. Man erkennt sie gut an ihrem dunkelbraunen Kopf. Im Winterkleid ist diese Färbung nicht vorhanden. Ein Lachmöwenpärchen zieht bis zu vier Junge auf. Diese sind im ersten Lebensjahr braun. Wie alle Möwen sind auch die Lachmöwen Räuber. Mitunter stehlen sie anderen das Futter.

Silbermöwe

Asien, Europa ▶ bis 60 cm

Die Silbermöwe kommt häufig zusammen mit Lachmöwen vor. Die große Möwe frisst alles. Sie plündert in den Seevogelkolonien auch Nester, jagt Jungvögel und kleine Säugetiere. Sie brütet gern in Dünen. Ihre Jungen füttert sie mit hochgewürgtem Futter aus dem Kropf. Dazu pickt das Junge auf den roten Fleck am Unterschnabel des Altvogels.

Möwen und Alken

Feenseeschwalbe

Tropen ▶ bis 37 cm
Seeschwalben sind kleine bis mittelgroße Möwenvögel. Es gibt 40 Arten. Als Einzige ist die Feenseeschwalbe völlig weiß. Sie wirkt geisterhaft, wenn sie am Himmel fliegt. Das hat ihr auch den Namen eingetragen. Feenseeschwalben leben in den tropischen und subtropischen Zonen, vor allem auf kleinen Inseln. Sie legen nur ein einziges Ei, entweder auf einen Ast oder auf eine Felsspitze. Es dort auszubrüten, ist ein kleines Kunststück.

Feenseeschwalben ernähren sich von kleinen Fischen.

Papageitaucher

Nördliche Meere ▶ bis 37 cm
Der Papageitaucher ist ein weit verbreiteter Alkenvogel. Mit seinem dreieckigen Schnabel fängt er Fische. Papageitaucher brüten in → Kolonien mit Möwen und anderen Seevögeln. Das Weibchen legt sein einziges Ei in eine Kaninchenröhre oder eine Felsspalte. Oft gräbt es selbst eine Röhre. Beide Eltern brüten etwa vierzig Tage lang das Ei aus.

In der Brutzeit ist der Schnabel des Papageitauchers stark verbreitert. Er klemmt hier die gefangenen Fische ein, die er dem Jungen bringt.

Watvögel

Zu den Watvögeln zählen zwölf Familien ganz unterschiedlich großer Vögel. Sie haben alle im Verhältnis zum Körper recht lange Beine. Die meisten von ihnen leben nahe am Wasser, an der Meeresküste, an Flüssen und Seen oder auch im Sumpf.

Blaustirn-Blatthühnchen

Afrika ▶ bis 25 cm
Es gibt acht Arten von Blatthühnchen. Sie leben in den warmen Gebieten der Erde, etwa in Südamerika, in Australien und in Indien. Zwei Arten kom-

men in Afrika vor, darunter das Blaustirn-Blatthühnchen. Es hat wie alle Blatthühnchen ungewöhnliche Füße: Die Zehen und Krallen sind nämlich so lang, dass sie den leichten Vogel gut unterstützen. So sinkt er beim Laufen über Seerosenblätter kaum ein. Mit dem langen, pinzettenartigen Schnabel pickt das Blatthühnchen Wasserinsekten auf. Dabei wendet es mit den Füßen die Blätter um.

Das etwa amselgroße Blatthühnchen kann an Land nur schlecht laufen. Dafür schwimmt und taucht es aber gut.

Kiebitz

Asien, Europa ▶ bis 32 cm

Der Kiebitz kommt zeitig im Frühjahr vom Mittelmeer oder aus England zu uns, um hier zu brüten. Dann sieht man seine tollkühnen Flugkünste, mit denen er das Weibchen beeindrucken will. Das Männchen scharrt in den Boden mehrere Nistmulden, bis sich das Weibchen für eine entscheidet und das Nest darin auspolstert. So-

Früher hat man dem Kiebitz die Eier aus dem Nest geholt und sie als Delikatessen verkauft. Heute ist das verboten, und der Vogel ist geschützt.

bald das Weibchen seine drei bis vier Eier gelegt hat, greift das Männchen jeden an, der dem Nest zu nahe kommt. Im Juni sind die Jungen flügge. Dann tritt der Kiebitz meist die Reise in andere Gebiete an.

Bekassine

Asien, Europa, Amerika

▶ bis 28 cm

Die Bekassine heißt auch Sumpfschnepfe. Sie hat noch einen Namen: Himmelsziege. Diesen bekam sie wegen der meckernden Laute, die sie beim Fliegen erzeugt. Sie fliegt bei der → Balz hoch in den

Die Beine der Bekassine sind für einen Watvogel relativ kurz.

Himmel und stürzt dann plötzlich wie ein Stein nach unten. Dabei machen die Schwanzfedern das eigenartige meckernde Geräusch. Bekassinen leben im Norden Europas, Amerikas und Asiens.

Kuckucke

Die rund 130 Kuckucksvögel haben ihren Namen vom Ruf unseres Kuckucks. Etwa die Hälfte von ihnen sind Brutschmarotzer. So nennt man Vögel, die ihre Eier in fremde Nester legen und sie von den Wirtseltern ausbrüten lassen. Die Kuckucke wählen nicht immer nur eine Vogelart aus. Vor allem Singvögel sind unfreiwillig Zieheltern.

Europäischer Kuckuck

Europa ▸ bis 35 cm

Der Kuckuck ist ein Waldvogel. Man kann ihn aber auch in Parks sehen. Im Mai, wenn die Brutzeit beginnt, hört man ihn häufig rufen. Das Weibchen legt dann jeweils ein Ei in ein fremdes Nest. Da der Kuckuck eines der Eier des Wirtsvogels hinauswirft, merkt dieser nichts. Sobald das Kuckucksjunge geschlüpft ist, beginnt es, alle im Nest befindlichen Eier und Vogeljunge hinauszuwerfen. Schließlich sitzt es allein im Nest. Es sperrt seinen großen, roten Rachen auf und bekommt nun das ganze Futter. Nach drei Wochen ist der Kuckuck schon fünfzig Mal so schwer wie nach dem Schlüpfen.

Der junge Kuckuck ist oft viel größer als die Pflegeeltern. Hier füttert ihn eine Grasmücke.

Der Fratzenkuckuck ernährt sich hauptsächlich von Insekten, frisst aber auch Früchte.

Fratzenkuckuck

Australien ▸ bis 60 cm

Der Fratzenkuckuck ist der größte aller Kuckucksvögel. Mit seinem kräftigen Schnabel erinnert er an einen Nashornvogel. Er legt seine zwei Eier mit Vorliebe in das Nest von Krähen. Auch Elstern müssen als Pflegeeltern herhalten. Die heranwachsenden Jungen versuchen bald, sich gegenseitig aus dem Nest zu drängen.

Trogons

Die Trogons gehören neben den Papageien zu den farbenprächtigsten Vögeln der Erde. Die meisten haben einen grünen Rücken, der metallisch glänzt. Sie bewohnen die Regen- und Bergwälder in den heißen, tropischen Gebieten. Als echte Baumvögel legen sie wie die Spechte Bruthöhlen in Bäumen an.

Quetzal

Mexiko, Mittelamerika ▶ bis 40 cm
Der Quetzal fällt durch seine überlangen Deckfedern am Schwanz auf. Sie werden über einen Meter lang und wirken wie eine Schleppe an einem Brautkleid. Nach jeder Brutzeit werden die Federn erneuert. Nur das Männchen besitzt die prachtvollen Schwanzfedern. Das Weibchen legt meist zwei hellblaue Eier in eine Baumhöhle. Diese Nisthöhle wird nicht ausgepolstert. Die beiden Alten wechseln sich beim Brüten ab. Sie füttern die Jungen mit Insekten, Fröschen und Eidechsen. Die erwachsenen Vögel fressen dagegen überwiegend Früchte.

Der Quetzal ist heute außerordentlich selten. Obwohl er streng geschützt ist, wird er wegen seiner Schwanzfedern verfolgt.

Wenn Trogons auf einem Ast sitzen, zeigen ihre langen Schwänze fast senkrecht nach unten.

Grüntrogon

Mittelamerika ▶ bis 28 cm
Der Grüntrogon unterscheidet sich von vielen seiner Artgenossen durch seinen auffällig gelben Bauch. Der Vogel ist etwa so groß wie unsere Drossel. Er legt seine Nisthöhle in vermoderten Bäumen oder auch in einem leeren Wespennest an. Dort brütet das Weibchen bis zu drei Eier aus.

Papageien

Papageien

Die Papageien zählen zu den auffälligsten Vögeln. Wir sind beeindruckt von ihrer Fähigkeit, Laute und sogar die menschliche Stimme nachzumachen. Wegen dieser Eigenschaft und wegen ihrer bunten Federn hat man Papageien seit jeher in Käfigen gehalten. Heute sind die meisten Käfigpapageien Zuchtvögel. In Freiheit leben Papageien vor allem in den tropischen Regenwäldern.

Wie alle Papageien hat auch der Blauwangenlori Kletterfüße mit zwei nach hinten gerichteten Zehen, um sich an Ästen festzuhalten.

Wellensittich

Australien ▸ bis 20 cm

Grüngelbe Wellensittiche sind in Australien recht häufig. Sie bewohnen die Grasländer und brüten dort das ganze Jahr über. Die Vögel sind sehr gesellig und bilden oft große Schwärme. Vor über 150 Jahren wurden sie nach Europa gebracht und hier gezüchtet. Seither gibt es Wellensittiche in vielerlei Farbtönen, auch blaue und weiße. Diese Kleinpapageien sind besonders zutraulich und sprechbegabt. Manche können ganze Sätze nachplappern.

Wellensittiche haben ihren Namen von den dunklen Wellenlinien auf ihrem Gefieder. Auf der Halsseite haben sie vier blaue Flecken.

Blauwangenlori

Australien ▸ bis 28 cm
»Lora« ist ein beliebter Name für einen Papagei. Er erinnert an die Gruppe der Loris. Diese bunten Vögel heißen auch Pinselzungenpapageien. Sie haben an der Zungenspitze Hornborsten, mit denen sie Baumsäfte und → Nektar aufnehmen. Außerdem fressen sie süße Früchte. Blauwangenloris fallen oft in Scharen in Obstplantagen ein.

Der Gelbhaubenkakadu zählt zu den größten Papageien Australiens.

Gelbhaubenkakadu

Neuguinea, Australien ▸ bis 50 cm
Der Gelbhaubenkakadu war früher ein beliebter Käfigvogel. Heute ist er in Europa sehr selten, da er nicht mehr gefangen werden darf. In Australien kommen diese Kakadus noch in größerer Anzahl vor. Sie kreischen wie Eichelhäher. Gelbhaubenkakadus können über 80 Jahre alt werden.

Der Kakapo droht auszusterben, da verwilderte Hunde und Ratten seine Eier fressen.

Kakapo

Neuseeland ▸ bis 64 cm
Der Kakapo ist ein Eulenpapagei. Sein Gesicht hat Ähnlichkeit mit dem einer Schleiereule. Wie diese ist auch er ein Nachtvogel. Eulenpapageien können nicht fliegen. Sie laufen im Dunkeln umher und suchen nach Nahrung. Dabei erklimmen sie mit ihren Kletterfüßen Bäume, um Früchte zu fressen. Die einheimischen Maori auf Neuseeland jagten früher Kakapos wegen deren Federn. Sie machten daraus Mäntel für die Häuptlinge.

Die bunten Schwanzfedern der Aras sind bei den Urwaldindianern heute noch ein begehrter Kopfschmuck.

Arakanga

Südamerika
▶ bis 90 cm

Der feuerrote Arakanga gehört zu den größten Papageien, den Aras. Er lebt in den Wäldern Südamerikas und ist ein echter Baumbewohner. Sein kräftiger Schnabel dient ihm beim Klettern als dritter Fuß. Er kann sich damit minutenlang an einem Ast festhalten oder sich auch hochziehen. Mit dem Schnabel knacken die Aras harte Nüsse. Ihre Hauptnahrung besteht aber aus Früchten und Beeren. Auf der Suche nach Futter fliegen sie täglich in großen Schwärmen umher. Nachts kehren sie zu ihren Schlafbäumen zurück. Wegen ihrer Schönheit sind Arakangas und andere Aras sehr begehrt. Liebhaber bezahlen für sie hohe Preise. Obwohl es verboten ist, werden immer wieder Jungvögel gefangen.

Eulenvögel

Die Eulen sind Nachtvögel. Wir bekommen sie kaum zu Gesicht. Meist hören wir sie nicht einmal, denn sie fliegen fast geräuschlos. Nur ihren Ruf vernehmen wir ab und zu. Manche abergläubischen Menschen sagen, der Totenvogel ruft, wenn sie einen Steinkauz hören. Denn sie glauben, sein Schrei bringe Unglück und Tod.

Schleiereulen haben scharfe Augen und Ohren. Der Schleier in ihrem Gesicht wirkt wie ein Schalltrichter, in dem sich Geräusche fangen.

Schleiereule

Alle Erdteile ▶ bis 34 cm

Die Schleiereulen bilden eine Familie mit neun Arten. Unsere Schleiereule nistet in alten Häusern, Burgruinen oder auch Kirchtürmen. Im April oder Mai legt das Weibchen etwa sechs Eier auf eine Mauer oder in das Gebälk und beginnt zu brüten. In dieser Zeit wird es vom Männchen mit Mäusen gefüttert. Nach 30 Tagen schlüpfen die Jungen aus. Jetzt gehen beide Eltern auf Jagd, um die Brut zu füttern. Sie fliegen nachts umher und fangen Mäuse und Spitzmäuse.

Waldkauz

Asien, Europa, Nordafrika
▶ bis 42 cm
Der Waldkauz ist unsere häufigste Eule. Seinen tiefen Ruf hört man weithin. Oft antworten viele Weibchen. Dann kommt es zu einem schauerlichen Geheule. Der Waldkauz nistet in Baumhöhlen, verlassenen Vogelnestern und sogar in Fuchsbauten. Er geht nur nachts auf Jagd nach Mäusen und vielen anderen Tieren. Da er sich gelegentlich an schlafenden Vögeln vergreift, ist er bei allen Waldvögeln verhasst. Sobald er sich am Tag zeigt, verfolgen sie ihn.

Der Speisezettel des Waldkauzes ist vielfältig. Welche Beutetiere er frisst, sieht man am Gewölle. So nennt man die unverdauten Reste, die Eulen und auch Greifvögel nach einer Mahlzeit auswürgen. Dazu gehört das Fell des Beutetieres.

Uhu

Afrika, Asien, Europa ▶ bis 73 cm
Der Uhu ist unsere größte Eule. Er hat eine Flügelspannweite von 1,70 Metern. Der große Nachtvogel ist heute stark bedroht, da er kaum noch geeignete Lebensräume findet. Er braucht ruhige Waldgebiete mit Felsen und Schluchten. Um ihn vor dem Aussterben zu bewahren, steht er unter ➔ Naturschutz. Der Uhu ist sehr kräftig. Er kann auch ein junges Reh schlagen.

Der Uhu hat seinen Namen nach seinem Ruf. Das dumpfe »Bu-u« hört man sehr weit. In Deutschland gibt es nur noch etwa 100 Uhupaare. Uhus werden bis zu 60 Jahre alt.

Eulenvögel

Zu seinen Beutetieren gehören neben Mäusen, Ratten, Igeln und Kaninchen auch Vögel und sogar Fische. Die größte Eule, der Riesenfischuhu in China und Japan, frisst nur Fische. Unseren Uhu erkennt man an seinen Federohren. Die Federbüschel haben aber nichts mit dem Gehör zu tun. Die Ohröffnungen liegen seitlich am Kopf.

Elfenkauz

Nordamerika ▶ bis 15 cm
Der Elfenkauz ist die kleinste Eule der Welt. Elfenkäuze leben vor allem im Südwesten der USA. Dort gibt es

Der Elfenkauz nistet gern in Säulenkakteen.

viele Säulenkakteen, in die sie ihre Nisthöhlen hacken. Oft übernehmen sie auch die Höhle eines Spechts und ziehen darin bis zu fünf Junge auf. Nachts jagen sie Insekten.

Kanincheneule

Amerika ▶ bis 28 cm
Die Kanincheneule hält sich viel am Boden auf. Sie kann mit ihren langen Beinen sehr schnell laufen. Das Weibchen brütet in Erdhöhlen bis zu neun Eier aus. In der Prärie übernimmt sie oft die Baue von Präriehunden oder Füchsen. Bei Gefahr machen Kanin-

Die Kanincheneule sieht man auch am Tag. Sie jagt Insekten, Kleintiere und Frösche und greift selbst junge Klapperschlangen an.

cheneulen ein Geräusch wie eine Klapperschlange. Sie scheinen zu wissen, dass diese Giftschlangen gefährlich sind.

Kolibris und Seglervögel

Die Kolibris kommen nur in Amerika vor. Sie sind die kleinsten Vögel der Welt. Manche werden kaum größer als eine Hummel. Kolibris fliegen vorwärts, rückwärts und seitwärts. Und sie können in der Luft stehen bleiben wie ein Hubschrauber. Dazu schlagen sie beim Schwirrflug sehr schnell mit den Flügeln. Auch die mit ihnen verwandten Seglervögel sind hervorragende Flieger.

Wie alle Kolibris frisst der Schwertschnabelkolibri beim Blütenbesuch auch kleine Insekten.

Die Wundersylphe holt wie viele Kolibris Nektar aus den Blüten. Dabei wird die Blüte bestäubt.

Wundersylphe

Südamerika ▶ bis 12 cm
Das Wundersylphenmännchen hat einen Schwanz, der fast doppelt so lang ist wie es selbst. Zwei Schwanzfedern haben sehr lange Kiele mit einer Federfahne. Diese schlagen die Männchen beim Balzflug über dem Rücken zusammen. Der seltene Kolibri galt schon als ausgestorben. Da wurde er in den Anden wieder entdeckt.

Schwertschnabelkolibri

Mittel- und Südamerika ▶ bis 8 cm
Der Schwertschnabelkolibri hat im Verhältnis zu seiner Körpergröße von allen Vögeln den längsten Schnabel. Dieser misst über 12 Zentimeter. Damit taucht der Schwertschnabelkolibri tief in Röhrenblüten ein und saugt ➔ Nektar.

Salangane

Südostasien ▶ bis 16 cm
Die Salanganen ähneln den Schwalben mehr als den Kolibris. Sie sind Seglervögel. Tausende bauen in dunklen

Rackenvögel

Um an die Salanganennester zu kommen, klettern die Sammler steile Felswände hinab.

Höhlen ihre Nester aus Speichel an die Decke. Bei Feinschmeckern sind diese sehr begehrt. Sie machen daraus Schwalbennestersuppe.

Rackenvögel

Zu dieser Gruppe von Vögeln gehören viele ganz verschiedene Arten. Alle haben sie große Schnäbel und sind sehr bunt. Sie brüten in Höhlen. Die kleinsten werden kaum größer als ein Zaunkönig, die größten erreichen mit Schwanz mehr als 1,50 Meter Länge. Die meisten Rackenvögel gibt es in Afrika und Asien.

Eisvogel

Europa, Asien ▶ bis 17 cm
Den bei uns brütenden Eisvogel erkennt man an seinem dolchförmigen Schnabel. Der Vogel ist sehr scheu. Lange sitzt er auf einem Ast am Ufer und späht ins Wasser. Plötzlich stürzt er sich nach unten und spießt einen kleinen Fisch auf. Eisvögel graben ihre Bruthöhlen in Steilufer. Das Weibchen legt bis zu zehn Eier.

Toko

Afrika ▶ bis 60 cm
Der afrikanische Gelbschnabeltoko gehört zu den Nashornvögeln. Er ernährt sich von Heuschrecken und

Südlicher Gelbschnabeltoko mit einem mächtigen Schnabel.

Wenn der Eisvogel einen Fisch selbst frisst, packt er ihn am Kopf. Ist der Fisch aber für seine Jungen, nimmt er ihn am Schwanz.

Der Wiedehopf stochert mit seinem langen Schnabel auf feuchten Wiesen nach Insekten. Hier bringt er dem Jungen eine Raupe.

Termiten. Die Beute schleudert er hoch und fängt sie wieder auf. So gelangt sie in seinen Schlund. Wie alle Nashornvögel mauert der Toko das Weibchen zum Brüten in einer Höhle ein. Während der Brutzeit füttert er das Weibchen.

Wiedehopf

Afrika, Asien, Europa ▸ bis 28 cm
Der Wiedehopf ist bei uns heute sehr selten. Er ist ein ➔ Zugvogel, der im April zu uns kommt und im Herbst nach Afrika fliegt. Man erkennt ihn leicht an der Federhaube, die er bei Ärger aufstellt. Manche nennen den Wiedehopf auch Stinkhahn, weil er gern in Kuhfladen nach Maden stochert. Die Jungen haben die Angewohnheit, aus dem Nest ihren Kot auf Feinde zu spritzen.

Spechte

Spechte sind Waldvögel. Männchen und Weibchen leben allein und kommen nur einmal im Jahr zur Brutzeit zusammen. Die rund 385 Arten ernähren sich vor allem von Insekten. Dazu klopfen Spechte mit dem Schnabel die Baumrinde wie mit einem Meißel auf. Mit der langen, klebrigen Zunge holen sie Insektenlarven aus ihren Gängen im Holz.

Buntspecht

Asien, Europa ▸ bis 25 cm
Bei uns gibt es kleine und größere, graue, schwarze, grüne und ganz bunte Spechte. Der mittelgroße Buntspecht lebt in lichten Wäldern. Er

Der Buntspecht stützt sich wie die meisten Spechte beim Meißeln mit dem kräftigen Schwanz ab.

Der Grünspecht legt bis zu fünf Eier in die Bruthöhle. Sie sind wie bei allen Höhlenbrütern weiß.

kommt aber manchmal in unsere Gärten. Wie alle Spechte zimmert er sich eine Bruthöhle in einem alten Baum. Die anfallenden Hobelspäne verwenden die Spechte, um das Nest für die vier bis acht Eier auszupolstern. Schon nach gut einer Woche schlüpfen die blinden, hilflosen Jungen aus. Wenn die Jungen nach etwa einem Monat flügge sind, benutzt der Specht die Bruthöhle meist als Schlafplatz.

Grünspecht

Europa, Asien ▶ bis 35 cm

Der Grünspecht klettert weniger auf Bäumen als der Buntspecht. Er hält sich vorwiegend am Boden auf, wo er Jagd auf Ameisen macht. Da er auch die geschützte Rote Waldameise frisst, ist er bei Forstleuten nicht gern gesehen. Sie umgeben die Ameisennester mit einem Drahtnetz, um sie vor der zehn Zentimeter langen Spechtzunge zu schützen. Auch der Grünspecht klopft weithin hörbar auf Holz. Die Weibchen in seinem ➔ Revier erwidern die Klopfzeichen. Außerdem macht sich der Specht durch sein Lachen bemerkbar.

Riesentukan

Südamerika ▶ bis 60 cm

Die Tukane sind spechtartige Vögel. Sie sind leicht zu erkennen, denn der gelborange Schnabel trennt sich sehr stark vom großteils schwarzen Gefieder. Sie ernähren sich aber nicht von Insekten, sondern fressen vor allem Früchte. Am größten wird der südamerikanische Riesentukan mit über 60 cm Länge. Sein Schnabel misst allein schon 20 cm. Der Vogel ist sehr zutraulich und kommt auch in die Nähe der Häuser.

Riesentukane halten sich überwiegend in den Baumwipfeln auf.

Sperlingsvögel

Die Sperlingsvögel bilden die größte Vogelgruppe. Das sind über die Hälfte aller Vögel. Etwa 4000 Arten von Sperlingsvögeln heißen Singvögel, obwohl manche gar nicht singen, sondern krächzen. Sperlingsvögel bauen oft kunstvolle Nester. Die Jungen sind Nesthocker und werden gefüttert, bis sie flügge sind.

Sperlingsvögel

Seidenlaubenvogel

Neuguinea, Australien ▶ bis 32 cm
Die Männchen der Laubenvögel in Neuguinea und Australien bauen aus Zweigen eine Hütte. Da sie nicht singen, schmücken sie die Laube mit glänzenden Gegenständen, um Weibchen anzulocken. Beliebt sind blaue Dinge. Der Seidenlaubenvogel bemalt seine Laube sogar. Als Pinsel nimmt er Rindenstückchen in den Schnabel. Früchte liefern die Farben.

Ein Seidenlaubenmännchen beim Ausschmücken seiner Hütte.

Die drei bis fünf Jungen des Töpfervogels wachsen als einzige Vögel in einer »Zwei-Zimmer-Wohnung« auf.

Töpfervogel

Südamerika ▶ bis 28 cm
Der braunrote Töpfervogel trägt seinen Namen zu Recht. Wie ein Töpfer ein Gefäß stellt dieser Sperlingsvogel sein Nest aus Lehm, Schlamm und Gras her. Es sieht aus wie ein gemauerter Backofen und hat einen Vorraum und einen Nistraum. Der Vogel baut sein Haus auf einer Astgabel, einem Pfahl oder einem Dach. Es ist bis zu 30 Zentimeter breit und fast ebenso hoch. Da der Töpfervogel nicht gut singen kann, wird er als Schreivogel bezeichnet.

Der Prachtleierschwanz legt bei der Balz seine silbern schimmernden Schwanzfedern nach vorn.

Prachtleierschwanz

Australien ▶ bis 1 m
Der Prachtleierschwanz ist der größte Sperlingsvogel. Er gleicht einem Fasan. Das Männchen hat einen sehr langen Schwanz. Es klappt ihn bei der → Balz so nach vorn, dass der Vogel darunter verschwindet. Um das Weibchen zu beeindrucken, stellt sich der Leierschwanz auf einen Hügel oder

Sperlingsvögel

Baumstumpf und lässt seine Stimme hören. Er ist kein Singvogel, ahmt aber den Gesang anderer Vögel oder das Hupen von Autos nach.

Amsel

Asien, Europa, Nordafrika
▸ bis 26,5 cm
Früher war die Amsel ein scheuer Waldvogel. Heute kommt sie selbst mitten in Großstädten vor. Sie ist nach dem Sperling unser häufigster Singvogel. Die Amsel hat viele Namen. So nennt man sie auch Schwarzdrossel,

Wenn die Amsel mit Futter erscheint, reißen die Jungen die Schnäbel auf: Sie »sperren«. Daher kommt der Name Sperlingsvogel.

Merle oder Gelbschnabel. Das Männchen ist tiefschwarz, das Weibchen unscheinbar braun. Sie bewohnen kleine ➔ Reviere, denen sie treu bleiben. Nur die Waldamseln ziehen im Herbst als ➔ Zugvögel in den warmen Süden. Die Amseln in der Stadt bleiben ständig da. Das Amselweibchen brütet oft viermal im Jahr. Aus den blaugrün gesprenkelten Eiern schlüpfen vier bis sechs Junge. Sie sind fast nackt und wiegen nur etwa fünf Gramm. Nach sechs Wochen sind die Jungen flügge. Amseln können bis zu 20 Jahre alt werden.

Im Winter finden sich viele unserer Singvögel am Futterplatz ein. Alle Standvögel, die im Herbst nicht nach Süden ziehen, sind hier zu beobachten. Dazu zählen vor allem die Meisen.

Gartenrotschwanz

Asien, Europa ▸ bis 14 cm
Der Gartenrotschwanz gehört wie die Amsel zu den Drosselvögeln. Er lebt in lichten Wäldern, kommt aber auch häufig in unsere Gärten. Gartenrotschwänze sind gute Singvögel. Sie fliegen im März aus dem Süden zu

Sperlingsvögel

Auch Dompfaff und Buchfink bleiben häufig im Winter bei uns. Der Gartenrotschwanz ist ein Zugvogel. Er kommt meist im März zurück, um hier zu brüten.

uns und brüten hier. Da sie Höhlenbrüter sind, suchen sie hohle Bäume, um darin ihr Nest anzulegen. Sie beziehen aber auch gerne Nistkästen.

Dompfaff

Asien, Europa ▶ bis 16 cm
Der Dompfaff wird auch Gimpel genannt. Er zählt zu den Finken, die man leicht an ihren kräftigen, kegelförmigen Schnäbeln erkennt. Die meisten Finken sind Kernbeißer. Sie ernähren sich vorwiegend von Samen und Körnern. Damit kann man sie auch im Winter leicht füttern. Häufig hält man gezüchtete Dompfaffen in Käfigen. Sie lernen oft, ganze Lieder zu pfeifen. Frei lebende Dompfaffen bevorzugen Nadelwälder. Sie brüten aber auch in Parks. Das Weibchen legt vier bis sechs Eier.

Buchfink

Asien, Europa, Nordafrika
▶ bis 15 cm
Überall, wo es Bäume gibt, stellt sich auch der Buchfink ein. Dieser weit verbreitete Singvogel hat der Familie der Finken den Namen gegeben. In seinem Gezwitscher kommt nämlich häufig ein Laut vor, der sich wie »pink« anhört. Buchfinken ziehen im Herbst nach Süden, vor allem nach Spanien und Italien. Wenn es bei uns nicht zu früh zu kalt wird, bleiben die Vögel auch teilweise im Winter hier. Dann sind sie oft darauf angewiesen, dass wir ihnen Futter streuen.

Nachtigall

Afrika, Asien, Europa ▶ bis 17 cm
Die Nachtigall ist ein kleiner Drosselvogel. Sie ist unser bester Sänger und

Die Nachtigall ist ein Zugvogel. Sie kommt Mitte April aus Afrika zu uns, um zu brüten.

singt von früh bis spät. Besonders nachts kann man ihr wunderschönes Lied gut hören. Sie ist dann ohne ➔ Konkurrenz, denn die anderen Vögel singen meist nur tagsüber. Der Name Nachtigall bedeutet ja auch Nachtsängerin. Ihr Lied lernen die Jungen von Artgenossen. Wenn sie ohne diese aufwachsen, übernehmen sie die Lieder anderer Vögel. Nachtigallen halten sich überwiegend am Boden auf. Sie suchen Unterschlupf in Hecken und Büschen. Wo diese fehlen, gibt es keine Nachtigallen.

Kohlmeise

Afrika, Asien, Europa ▸ bis 14 cm
Die häufigste Meise ist bei uns die Kohlmeise. Sie wird etwa so groß wie ein Hausspatz und kommt überall in Wäldern, Parks und Gärten vor. Im Winter ist sie ein häufiger Gast an den Futterplätzen. Tagsüber turnt die Kohlmeise in den Bäumen umher und sucht nach Futter. Sie frisst Samen, Beeren und vor allem Insekten und deren Larven. Kohlmeisen schlafen und brüten in Höhlen. Das Weibchen hat bis zu zwölf Eier im Gelege. Es brütet im Jahr mindestens zweimal. Fast die Hälfte der schlüpfenden Jungen wird jedoch Opfer des Sperbers oder der Katzen.

Wenn die Kohlmeise nach einer kalten Winternacht nicht bald etwas zu fressen findet, erfriert sie.

Die Blaumeise ist zwar kleiner als die Kohlmeise, doch im Winter am Futterplatz gibt es kaum Streit.

Blaumeise

Europa, Nordafrika ▸ bis 11,5 cm
Die Blaumeise trifft man fast nie in Nadelwäldern an. Sie ist in Laubwäldern, Parks und Gärten zu Hause. Dort hält sie sich in den Baumkronen auf. Auch ihre Nisthöhlen liegen hoch. Das Einschlupfloch in ihre Bruthöhle hat kaum drei Zentimeter Durchmesser. Im ausgepolsterten Nest zieht sie bis zu 14 Junge auf.

Beutelmeise

Afrika, Asien, Europa ▸ bis 11,5 cm
Die Beutelmeise ist bei uns recht selten. Sie lebt an Flüssen und in Sumpfgebieten. Schon im April beginnt das Männchen, sein kunstvolles Nest zu bauen. Der Beutel hängt meist an einem Ast über dem Wasser. Er besteht aus feinsten Pflanzenfasern, die dicht miteinander verflochten sind. In die Ritzen stopft das Männchen die Samenhaare von Weiden und Pappeln. Noch bevor das Nest fertig ist,

Das Männchen der Beutelmeise baut das Grundgerüst des Beutelnestes. Später hilft das Weibchen mit, das Nest auszupolstern.

geht das Männchen auf Brautschau. Während das Weibchen bis zu acht Eier ausbrütet, baut das Männchen oft noch ein zweites Nest für eine zweite Frau. Früher sammelten Kinder die Nester der Beutelmeise und trugen sie als Hausschuhe.

Wintergoldhähnchen

Asien, Europa ▸ bis 9 cm
Das Wintergoldhähnchen ist mit acht bis neun Zentimetern Länge der kleinste Vogel Europas. Das Sommergoldhähnchen wird ein bisschen größer. Man kann die Goldhähnchen gut unterscheiden: Das Sommergoldhähnchen hat eine Zeichnung um das Auge. Beide Goldhähnchen sind → Zugvögel. Wenn uns die Sommergoldhähnchen verlassen, ziehen die Wintergoldhähnchen aus dem Norden zu. Beide bewohnen Nadelwälder. Sie bauen Kugelnester, die zwischen Fichtenzweigen nur schwer zu entdecken sind. Die Weibchen brüten zweimal im Jahr bis zu zwölf Eier aus.

Das Wintergoldhähnchen wiegt nur etwa 5 g, so viel wie ein 5-Cent-Stück. Die Jungen wiegen nur ein Gramm.

Zaunkönig

Asien, Europa, Nordafrika, Nordamerika ▸ bis 10 cm
Der Zaunkönig kommt bei uns nur in einer Art vor. Er lebt vorwiegend nahe am Boden. Dort findet der winzige Vogel auch seine Nahrung aus Würmern, Insekten und Larven. Das Männchen baut mehrere kugelige Nester, die ähnlich wie die der Goldhähnchen aussehen. Die Nester dienen ihm als

Sperlingsvögel

Der Zaunkönig gilt als unermüdlicher Sänger. Selbst noch im Winter ertönt sein Lied.

Schlafstätten. Sobald ein Weibchen ein Nest zum Brüten auswählt, wird dieses ausgepolstert. Da der Zaunkönig viele Nester anzubieten hat, kann er auch mehrere Weibchen gewinnen.

Haubenlerche

Europa, Asien, Afrika ▶ bis 18 cm
Die Lerchen zählen neben den Nachtigallen zu den besten Sängern. Viele steigen beim Singen hoch in die Luft. Dort trillern sie dann weithin vernehmbar minutenlang ihr Lied. Die Haubenlerche sitzt beim Singen oft auf einem hohen Mast. Sie liebt flaches, sandiges Gelände und brütet sogar auf Schutthalden, an Bahndämmen oder auf Flugplätzen. Der unscheinbare Vogel fällt kaum auf, wenn er sich am Boden duckt.

Die Haubenlerche hat ein dunkelgrau gestreiftes Federkleid.

Da die Rauchschwalbe nur Insekten frisst, ist sie ein Zugvogel. Im Winter kann sie bei uns keine Insekten fangen.

Rauchschwalbe

Nördliche Erdteile ▶ bis 18 cm
Schwalben sind zutrauliche Vögel. Sie suchen die Nähe des Menschen und gelten als Glücksbringer. Rauchschwalben bauen ihre schüsselförmigen Nester gern in Ställen und offenen Bauwerken. Dazu durchmischen sie Lehmklümpchen mit Speichel zu einem haltbaren Mörtel. Das gemauerte Nest polstern sie aus und ziehen darin bis zu fünf Junge auf. Die

Männchen jagen unentwegt Insekten, um die hungrigen Jungen satt zu bekommen. Sie erhaschen die Beute in raschem Flug.

Die Mehlschwalbe fliegt im Winter bis nach Südafrika. Anfang Mai kommt sie zurück.

Mehlschwalbe

Afrika, Asien, Europa ▸ bis 14 cm
Die Mehlschwalbe unterscheidet sich von der Rauchschwalbe durch den reinweißen Bauch und den weißen → Bürzel. Ihr Schwanz ist auch weniger stark gegabelt. Mehlschwalben nisten nie in Gebäuden. Sie bauen ihre halbkugeligen Mörtelnester außen an Hauswände und Mauern. Die Nester sind oben geschlossen und haben an der Seite ein Einschlupfloch. Die Mehlschwalbe jagt wie alle Schwalben auch Insekten. Man kann nach dem Flug der Schwalben das Wetter vorhersagen: Je tiefer diese Vögel fliegen, umso schlechter wird das Wetter. Dann sinkt der Luftdruck. Die Fliegen, die sie jagen, halten sich dann in den unteren Luftschichten auf.

Wie finden Zugvögel ihren Weg?

Die meisten Vögel ziehen in der kalten Jahreszeit, in der sie wenig Nahrung finden, in wärmere Gebiete. Am Ende des Sommers haben sie genug Fett gespeichert, um die große Reise durchzustehen. Ihr Instinkt sagt ihnen, wann es Zeit ist loszufliegen. Auf ihrem Flug nach Süden halten sie ganz bestimmte Routen ein. Selbst Jungvögel, die zum ersten Mal dabei sind, kennen ihren Weg genau. Die Vögel richten sich vielleicht nach dem Stand der Sonne und der Sterne sowie nach dem Magnetfeld der Erde. Vielleicht folgen sie auch den Küstenlinien. Wir wissen es nicht genau. Wir kennen nur ihre Routen. Den längsten Weg hat die Küstenseeschwalbe: Sie fliegt vom Nordpol zum Südpol und legt dabei fast 36 000 Kilometer zurück.

Mauersegler

Afrika, Asien, Europa ▸ bis 16,5 cm
Viele Menschen verwechseln die Mauersegler mit Schwalben. Sie werden etwa genauso groß. Manche nennen die Mauersegler auch Geier- oder Turmschwalben. Sie sind aber mit den Salanganen verwandt. Ihre Unterseite ist dunkelgrau. Man sieht sie nie auf

Sperlingsvögel

Mauersegler zeigen ein ähnliches Flugbild wie Schwalben. Deshalb werden sie immer wieder mit Schwalben verwechselt.

Leitungsdrähten sitzen wie die Schwalben. Die Mauersegler klammern sich mit ihren spitzen Krallen an senkrechten Wänden fest, wenn sie einmal ausruhen. Das tun sie aber nur selten, denn sie sind fast ständig in der Luft und jagen Insekten. Die Vögel leben vor allem in Städten und schießen in rasendem Flug über Hausdächer und um Kirchtürme.

Star

Alle Erdteile ▶ bis 22 cm
Es gibt über hundert Starenarten, davon lebt nur eine bei uns. Unsere Stare sind ➔ Zugvögel. Sie ziehen im Herbst in die warmen Länder am Mittelmeer bis nach Nordafrika. Im Frühjahr legt das Weibchen vier bis sechs hellblaue Eier in eine Baumhöhle oder einen Starenkasten. In der Brutzeit tragen die Alten ein schwarzes Gefieder, das metallisch grün glänzt. Der Schnabel ist gelb. Nach der ➔ Mauser bekommen sie ein weiß getüpfeltes Federkleid und einen dunklen Schnabel. Stare fliegen meist in Schwärmen von bis zu tausend Vögeln umher. In Obstplantagen richten sie größeren Schaden an. Vor allem über Kirschen und Trauben fallen sie her.

Stare sind Höhlenbrüter. Die Eier werden von beiden Eltern ausgebrütet. Die Jungen füttern sie mit Insekten. Da Stare viele Insekten vertilgen, sind sie auch nützlich.

Die Bachstelze hat ein auffälliges schwarzweißes Gefieder. Der Rücken ist grau und die Haube sowie die Kehle sind schwarz.

Bachstelze

Afrika, Asien, Europa ▶ bis 19 cm
Die Bachstelze kommt in Afrika, Asien und Europa vor. Der ➔ Zugvogel trippelt vorwiegend am Boden herum und sucht dort nach Würmern und Larven. Er fängt auch Insekten aus der Luft. Ihr Nest legt die Bachstelze oft auf Häusern an, stellt es aber auch auf den Boden.

Pirolweibchen und -männchen bauen ihr kunstvolles Nest gemeinsam.

Pirol

Asien, Europa ▶ bis 25 cm
Der Pirol heißt wegen seiner gelben und schwarzen Federn auch Goldamsel. Ein anderer Name ist Pfingstvogel, denn er kommt erst Mitte Mai aus Afrika zu uns, um hier zu brüten. Das Pirolweibchen ist unscheinbar grün und braun. Das Männchen bekommt man kaum zu sehen, obwohl es eine so auffällige Farbe hat. Der Pirol hält sich nämlich vorwiegend hoch in den Kronen der Bäume auf. Nur seinen schönen Gesang hört man deutlich. Sein Nest liegt meistens in einer Astgabel. Gewöhnlich brüten Pirole sechs Junge aus, die von beiden Eltern gefüttert werden.

Seidenschwanz

Nördliche Erdteile ▶ bis 18 cm
Der Seidenschwanz ist ein Singvogel, der in den Nadelwäldern Sibiriens lebt. Er kommt manchmal als Wintergast zu uns. Der Vogel ernährt sich von Insekten und vor allem von Beeren, die im Nadelwald massenhaft gedeihen. Wenn aber einmal ein schlechtes Jahr kommt, herrscht dort Nahrungsmangel. Dann ziehen Scharen von Seidenschwänzen vor Einbruch des Winters nach Mitteleuropa. Die Menschen haben den Einfall

Der Seidenschwanz frisst während der Brutzeit nur Insekten. Danach stellt er sich auf Beerenkost um.

Sperlingsvögel

dieser Vögel früher als böses Zeichen angesehen. Sie glaubten nämlich, wenn sich der Seidenschwanz zeige, bräche die Pest aus. Sie nannten den schönen Vogel deshalb »Pestvogel«.

Haussperling

Alle Erdteile ▸ bis 15 cm

Es gibt 14 Arten von Sperlingen. Davon ist unser Haussperling, der Spatz, zweifellos der häufigste Vogel der Erde. Ursprünglich war

Das Männchen des Haussperlings erkennt man an der weißen Binde an den Flügeln.

er nur in Europa und Asien verbreitet. Im Laufe der Jahrhunderte hat man ihn aber in alle Erdteile eingeführt. Heute gibt es nur noch wenige Gebiete, wo man den Spatz nicht antrifft. Der Spatz ist ein → Kulturfolger, der die Nähe des Menschen sucht. Auf dem Land ernährt sich der Haussperling vorwiegend von Samen und Körnern. Ein großer Spatzenschwarm kann auf einem Getreidefeld einigen Schaden anrichten. In der Stadt haben die Spatzen gelernt, von Abfällen zu leben. Sie holen sich sogar Brotkrümel vom Tisch. Ein Spatzenpaar führt eine lebenslange Ehe. Es baut gemeinsam ein Nest, brütet und füttert auch die Jungen gemeinsam. In futterreichen Jahren zieht das Paar bis zu vier Bruten groß.

Siedelweber

Südafrika ▸ bis 14 cm

Der Siedelweber oder Siedelsperling ist mit unserem Hausspatz verwandt und wie dieser ein Webervogel. Doch unser Spatz baut längst kein so kunstvolles Nest wie die Siedelweber.

Etwa hundert Paare von Siedelwebern nisten unter einem pilzförmigen Dach. Jedes Paar hat sein eigenes Nest mit einem Eingang. Selbst kräftige Bäume brechen manchmal unter der Last der Nester zusammen.

Diese bilden eine Art von Baugenossenschaft. Jedes Pärchen baut zwar sein eigenes Nest, aber dicht daneben legt der nächste Vogel seinen Nestbau an. So entstehen auf großen Bäumen riesige ➔ Kolonien. Alle Nester befinden sich unter einem gemeinsamen Dach aus Gras und Halmen. Die Kolonie kann sieben Meter lang und fünf Meter breit sein. Die Vögel wohnen ständig in den Nestern.

Nebelkrähen sind Allesfresser. Sie brüten auch in Städten, da sie hier genug zu fressen finden.

Kolkraben wurden früher viel gejagt. Heute stehen sie unter Naturschutz. Sie zählen zu den intelligentesten Vögeln.

Kolkrabe

Asien, Afrika, Nordamerika, Europa ▶ bis 64 cm

Der Kolkrabe ist der größte Singvogel der Erde. Er hat eine Flügelspannweite von rund 1,30 Metern und wiegt bis zu 1,25 Kilogramm. Singen wie eine Nachtigall kann er natürlich nicht. Sein Lied besteht nur aus wenigen Lauten. Oft hört man ein tiefes »Krok«, das er mehrmals wiederholt. Kolkraben sind Allesfresser. Sie nehmen ➔ Aas, jagen aber auch kleine Wirbeltiere und rauben die Eier anderer Vögel. Ein Rabenpaar baut seinen Horst gemeinsam. Das Weibchen polstert das Nest mit Moos und Tierhaaren aus. Dann brütet es vier bis sechs Eier aus. Die Eltern pflegen die Jungen liebevoll. Das Weibchen macht sein Gefieder nass, um die Brut zu baden. Der Vater trägt die besten Leckerbissen herbei. Wenn die Jungen flügge sind, fliegen sie noch lange mit den Eltern umher.

Nebelkrähe

Asien, Europa ▶ bis 47 cm

Die graue Nebelkrähe und die schwarze Rabenkrähe sind nahe miteinander verwandt. Beide können sich miteinander paaren und Junge haben. Das geschieht dort, wo ihre Wohngebiete aneinandergrenzen. In Deutschland ist die Elbe die Grenze. Westlich davon leben die Rabenkrähen, östlich davon die Nebelkrähen. Die schwarzen Krähen, die im Winter in Scharen bei uns einfallen, sind leicht mit den Rabenkrähen zu verwechseln. Es sind aber Saatkrähen, die überwiegend in Nord- und Osteuropa brüten.

Die schwarzweiße Elster hat auch blaue und grüne Federn, die metallisch schimmern.

Elster

Nördliche Erdhälfte ▶ bis 47 cm

Die Elster ist ein Rabenvogel. Sie ist im Norden der Erde weit verbreitet. In manchen Gegenden werden Elstern zur Plage. Sie fressen → Aas, kleine Säugetiere und Körner. Da sie die Nester der anderen Singvögel plündern und deren Eier und Junge fressen, werden sie verfolgt. Die Elstern bauen ihre Horste aus Reisig auf hohe Bäume. Das Nest hat ein Dach und zwei Ausgänge. Im Elsternnest findet man oft glitzernde Gegenstände. Die Elster sammelt sie und verwendet sie als Nestschmuck. Man spricht deshalb auch von der »diebischen Elster«.

Eichelhäher

Asien, Europa ▶ bis 35 cm

Der Eichelhäher ist ein häufiger Rabenvogel im Wald. Sein Kreischen ist dort unüberhörbar. Damit warnt er alle Waldtiere. Der Häher macht auch andere Vogelstimmen täuschend echt nach. Seinen Namen hat er daher, dass er neben Insekten und kleinen Wirbeltieren auch Eicheln frisst. Man nennt ihn deshalb auch Nussknacker. Der Eichelhäher trägt viel zur Verbreitung von Eichen und Buchen bei. Denn er steckt als Vorrat Eicheln und Bucheckern in den Boden, aus denen neue Bäume wachsen. Dennoch verfolgten ihn die Jäger, weil er wie alle Rabenvögel auch Singvögel und

Die Flügel des Eichelhähers tragen Federn mit blauen und schwarzen Streifen. Diese sind als Hutschmuck sehr beliebt.

deren Eier frisst. Und durch sein Geschrei verscheucht er zu ihrem Ärger auch so manches Wild.

Bei den Feldsperlingen bleiben manche Paare lebenslang zusammen. Hier paaren sich Feldsperlinge.

Feldsperling

Alle Erdteile ▶ bis 14 cm

Der Feldsperling unterscheidet sich vom Haussperling etwas in der Färbung. Männchen und Weibchen sind gleich gefärbt. Außerdem ist der Feldsperling etwas kleiner. Feldsperlinge kommen auch in Städte und bauen ihre Nester unter die Hausdächer.

Alpendohle

Asien, Europa ▶ bis 41 cm

Die Alpendohle ist ein Hochgebirgsvogel. Sie nistet in Spalten und Höhlen der Felsen und bildet dort oft → Kolonien. Die Vögel ziehen in Schwärmen umher. Unter ihnen herrscht eine strenge → Rangordnung. Im Juni schlüpfen aus den Eiern eines Paares vier bis fünf Junge. Alpendohlen sind klug und anpassungsfähig. Bergbahnen bringen heute viele Bergwanderer auf die Bergstationen. Die Dohlen haben sich daran gewöhnt. Sie nähern sich den Menschen ohne Scheu und betteln um Futter.

Alpendohlen sind Hochgebirgstiere. Manchmal fliegen sie auch in die Täler und machen sich in den Gärten über Obst und Beeren her.

Reptilien

Echsen, Schlangen, Schildkröten und Krokodile nennt man Reptilien oder Kriechtiere. Sie gehören zu den ältesten Wirbeltieren und entwickelten sich vor etwa 300 Millionen Jahren. Vor 200 Millionen Jahren lebten riesige Dinosaurier auf der Erde. Ihre kleineren Verwandten finden wir heute fast überall.

Fühlt sich die Kragenechse bedroht, stellt sie sich auf die Hinterbeine und spreizt ihren Kragen.

Vielerlei Gestalten

Die Reptilien entwickelten sich aus den Amphibien. Sie gingen aus dem Wasser auf das Festland. Als Landtiere mussten sie ihren Körper vom Boden abheben und laufen. Nicht alle sind dabei so flink wie die Eidechsen. Schildkröten schleppen sich mit ihrem Panzer gemächlich dahin. Auch Krokodile schieben ihren Körper meist nur knapp über den Boden. Manchmal fallen sie aber in Galopp und rennen dann recht schnell auf ihren kurzen Beinen. Schlangen haben gar keine Beine mehr. Sie schlängeln sich vorwärts oder winden sich seitwärts voran. Fast alle Kriechtiere können aber gut schwimmen und einige auch gut klettern.

Kaltes Blut

Reptilien sind ➔ wechselwarme Tiere. Ihr Blut ist immer nur so warm wie ihre Umgebung. Wenn es kalt wird, sinkt ihre Körpertemperatur, und ihre Bewegungen werden langsamer. Unsere flinke Eidechse wird im Winter steif wie ein Stock und fällt dann in ➔ Kältestarre. In kalten Ländern gibt es deshalb nur wenige Reptilien. Die meisten Kriechtiere kommen in den warmen Ländern der Tropen vor.

Die Lederschildkröte ist die größte Schildkröte. Sie wird über 2 m lang und wiegt oft mehr als eine halbe Tonne. Diese Meeresschildkröte hat keinen Panzer, sondern Knochenplättchen in ihrer ledrigen Haut. Sie kann bis zu 1 200 m tief tauchen.

Bevor das Krokodiljunge schlüpft, quäkt es laut nach der Mutter. Das Quäken ist durch die Eischale meterweit zu hören.

Der Komodowaran wird bis zu 3 m lang. Er hat dolchartige Zähne und sehr scharfe Krallen. Die Echse ist ein gefürchteter Jäger auf dem Land.

Trockene Haut aus Horn

Reptilien wachsen ihr ganzes Leben lang. Bei den Schuppenkriechtieren – den Echsen und Schlangen – wächst die Haut aber nicht mit. Sie ➔ häuten sich daher in Abständen. Schlangen streifen dabei die Haut im Ganzen ab. Manchmal findet man ein solches Schlangenhemd. Schildkröten haben einen Panzer aus Knochen- und Hornplatten, der mit dem Alter immer schwerer wird. Auch die Panzerhaut der Krokodile verdickt sich ständig. Die Hülle aus Horn schützt die Tiere vor dem Austrocknen.

Wenn sich der Netzpython um einen Ast wickelt, muss es schon ein kräftiger Baum sein: Die Riesenschlange wiegt bis zu 200 kg und wird 9 m lang.

Harte und weiche Eier

Reptilien legen bis zu 100 Eier. Die Eier haben eine harte oder eine weiche, ledrige Schale und enthalten besonders große Dotter. Anders als die Vögel brüten Reptilien ihre Eier nicht selbst aus. Sie vergraben sie im Sand oder in einem Laubhaufen und lassen sie von der Sonne ausbrüten. Die Krokodile betreiben jedoch ➔ Brutpflege. Sie bewachen ihre Eier und betreuen die Jungen eine Zeit lang. Manche Schlangen und Echsen bringen lebende Junge zur Welt. Sie brüten die Eier in ihrem Bauch aus.

Gift und scharfe Zähne

Die meisten Reptilien sind Räuber. Sie jagen und fressen Tiere. Dafür sind sie bestens ausgestattet. Die Krokodile haben das kräftigste Gebiss aller Reptilien. Ihre Zähne wachsen bis zu 50-mal nach, wenn sie ihnen beim Kampf ausfallen. Aber weit mehr als das gewaltige Gebiss der Krokodile fürchten die Menschen die Giftzähne der Schlangen. Doch nur etwa 900 Schlangenarten sind wirklich giftig.

Krokodile

Krokodile

Fast alle Krokodile sind gefährliche Raubtiere. Wegen ihrer dicken Hornplatten nennt man sie auch Panzerechsen. Sie sind die größten Kriechtiere. Zu den Krokodilen zählt man die Echten Krokodile, die Alligatoren und den Gavial. Insgesamt gibt es 23 Arten.

Nilkrokodil

Afrika ▸ bis 7 m

Das Nilkrokodil ist ein Echtes Krokodil. Es wird so genannt, weil es früher vor allem am Nil vorkam. Heute sieht man in Afrika die tonnenschweren Tiere nur noch selten, da sie wegen ihrer Haut viel gejagt wurden. Faul sonnt sich das Nilkrokodil tagsüber am Ufer. Nachts zieht es sich ins Wasser zurück, wo es sich fast regungslos treiben lässt. Nur Augen und Nasenlöcher ragen über die Wasseroberfläche. Kommt Beute in Sicht, bewegt sich das Krokodil mit kräftigen Schwanzschlägen voran. Mit den Zähnen reißt es große Stücke aus seinem Opfer. Unter Wasser verschließt es die Nasenlöcher und kann über eine Stunde lang tauchen. Die hinteren Füße haben Schwimmhäute und dienen ihm als Paddel. Vorwärts rudert es mit dem Schwanz.

Nilkrokodile lauern ihrer Beute manchmal gemeinsam auf. Die Mahlzeit wird aber nicht freiwillig geteilt.

Krokodile

Das Weibchen des Mohrenkaimans bewacht fürsorglich den Nesthügel. Für jeden Nesträuber ist es gefährlich, sich den Jungen zu nähern.

Mississippi-Alligator

Amerika ▶ bis 6 m

Der Mississippi-Alligator ist der größte und bekannteste Alligator. Heute leben diese Tiere vor allem in den Sümpfen Floridas. Man züchtet Mississippi-Alligatoren auch in Farmen. Aus ihren Häuten stellt man Taschen und andere Lederwaren her. Von der Seite betrachtet scheinen alle Alligatoren zu lächeln. Harmlos sind sie aber nicht. Sie jagen Fische und Säugetiere. Von den sieben Alligatorarten leben sechs in Amerika. Der kleinere China-Alligator kommt am Jangtse-Fluss in China vor.

Leistenkrokodil

Asien, Australien ▶ bis 7 m

Das Leistenkrokodil ist das größte Krokodil. Es schwimmt weit ins Meer hinaus. So hat es sich von der Südspitze Indiens bis nach Nordaustralien verbreitet. Von den Augen zur Nasenspitze verlaufen zwei Knochenleisten; daher hat das Tier den Namen.

Mohrenkaiman

Südamerika ▶ bis 4,70 m

Zur Familie der Alligatoren gehören auch die Kaimane. Der fast schwarze Mohrenkaiman ist der längste von

Echsen

Wie erkennt man Krokodile?

Echte Krokodile haben eine spitze Schnauze, Alligatoren eine stumpfe. Bei Echten Krokodilen sieht man den vierten unteren Zahn, bei Alligatoren nicht. Der Gavial hat die längste Schnauze von allen.

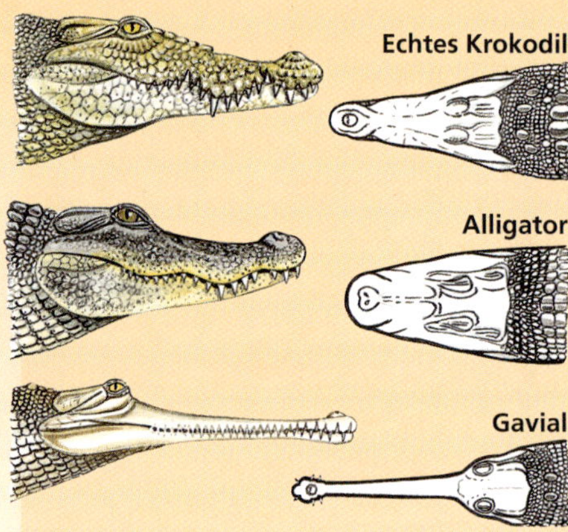

ihnen. Er lebt am Amazonasfluss und kann auch größere Säugetiere erbeuten. Wie alle Alligatoren bauen die Kaimane Nesthügel. Die Weibchen legen 30 oder mehr Eier hinein. Wenn die Blätter faulen, entsteht in dem Brutofen eine Temperatur von über 30 °C, genug, um die Eier auszubrüten. Vor dem Aufbrechen der Eischalen beginnen die Jungen zu quäken. Die Mutter eilt herbei, nimmt die Jungen behutsam ins Maul und trägt sie ins Wasser. Diese Fürsorglichkeit für die Jungen kennt man von vielen Tieren.

Gangesgavial

Asien ▸ bis 7 m

Gaviale haben eine lange, pinzettenförmige Schnauze mit über hundert Zähnen. Man nennt sie auch Schnabelkrokodile. Es gibt nur noch eine einzige Art. Der Gavial lebt in Indien an den Flüssen Ganges und Brahmaputra. Er jagt Fische und Frösche. Den Indern gilt er als heilig.

Der Gangesgavial ist eine harmlose Panzerechse. Er kann keine großen Tiere fressen.

Echsen

Die Echsen sind Schuppenkriechtiere. Sie leben an Land. Einige können auch gut schwimmen. Die kleinsten werden nur vier Zentimeter lang, die größten erreichen über drei Meter Länge. Fast alle sind Räuber, die Jagd auf andere Tiere machen.

Smaragdeidechse

Europa ▸ bis 45 cm

Die Smaragdeidechse liebt die Wärme sehr. Deshalb kommt sie bei uns

Die Eidechsenmännchen kämpfen in der Paarungszeit um die Weibchen. Dabei beißen sie mit ihren spitzen Zähnen auch kräftig zu.

auch nur in warmen Gegenden vor, zum Beispiel im Rheintal. Sie läuft geschwind und springt bis zu eineinhalb Meter weit. Wenn sie verfolgt wird, rettet sie sich auf einen Baum. Von dort schießt sie mit gestrecktem Schwanz wie ein Pfeil durch die Luft, um einem Feind zu entkommen. Während der Paarungszeit haben die Männchen eine himmelblaue Kehle, um die Weibchen auf sich aufmerksam zu machen. Smaragdeidechsen sind gefräßige Räuber. Sie fressen Larven, Käfer und Schnecken, manchmal auch Eier und Vogeljunge. Hin und wieder packen sie sogar eine junge Zauneidechse und verschlingen sie vom Kopf bis zum Schwanz.

Zauneidechse

Europa bis Zentralasien ▶ bis 25 cm
Die Zauneidechse ist unsere häufigste Eidechse. Sobald die Sonne scheint, tankt sie Wärme auf. Dann huscht sie an Wegrändern oder im Garten umher. Mit ihren kurzen Beinen bewegt sie sich schlängelnd. Packt ein Verfolger sie am Schwanz, wirft sie diesen ab. Der Schwanz wächst wieder nach, wird aber nicht mehr so lang. Zauneidechsen fallen im Winter in ➔ Kältestarre und ruhen dann in einem Erdloch.

Die Zauneidechse – hier ein Männchen im Hochzeitskleid – ist ein Bodentier. Sie klettert zwar, aber nicht sehr hoch.

Blindschleiche

Europa, Kleinasien ▶ bis 45 cm
Die Blindschleiche ist nicht blind. Das Wort bedeutet »blendende Schleiche«, denn ihre Schuppen glänzen

Die Blindschleiche liebt besonnte, feuchte Waldränder und Parks. Dort gibt es viele Nacktschnecken, die sie am liebsten frisst.

Echsen

wie Metall. Sie sieht zwar aus wie eine Schlange, ist aber eine Echse. Ihre Beine sind zurückgebildet. Deshalb bewegt sie sich auch schlängelnd voran. Tagsüber bekommt man sie kaum zu Gesicht, denn sie geht erst in der Dämmerung auf Jagd. Dann windet sie sich durch das Laub und sucht nach Regenwürmern und Schnecken. Im August bringt das Weibchen bis zu einem Dutzend Junge zur Welt. Die Eier entwickeln sich bereits in ihrem Bauch. Sie platzen bei der Geburt auf, sodass lebende Junge zur Welt kommen. Im Winter kriechen oft 20 bis 30 Blindschleichen in eine Erdhöhle und fallen dort in ➔ Kältestarre. Wie alle Eidechsen stehen Blindschleichen unter ➔ Naturschutz.

Bergeidechse

Europa, Asien ▶ bis 18 cm

Die Bergeidechse wird auch Wald- oder Mooreidechse genannt. Sie lebt bis in 3000 m Höhe. Wie die Blindschleiche legt sie Eier, aus denen sofort voll entwickelte Junge schlüpfen.

Die Jungen der Bergeidechse sind sehr dunkel.

Wenn sich der Apothekerskink durch den Sand wühlt, erinnert er an einen Fisch im Wasser.

Apothekerskink

Afrika ▶ bis 20 cm

Die Skinke sind mit den Eidechsen nahe verwandt und heißen auch Glattechsen. Es gibt Hunderte von Arten. Der Apothekerskink gilt als Maulwurf unter den Skinken, denn er wühlt sich durch den Wüstensand. Dort sucht er Käfer und Tausendfüßer, von denen er sich ernährt. Mit seinen kurzen Beinen macht er im weichen Sand Bewegungen, als würde er schwimmen. Das hat ihm auch den Namen »Sandfisch« eingetragen. In Arabien wird der Skink gejagt und gebraten gegessen. Man stellt aus getrockneten Skinken auch ein Pulver her, das als kräftigendes Mittel gilt.

Blauzungenskink

Australien ▶ bis 45 cm

Dieser Skink hat eine Zunge, die blau ist wie Tinte. Wenn er seinen roten

Rachen aufreißt und die Zunge herausstreckt, sieht das recht gefährlich aus. In Wirklichkeit ist der Blauzungenskink harmlos. Es gibt zehn Arten dieser blauzüngigen Wühlechsen. Sie leben mit einer Ausnahme nur in Australien. Die meisten bringen etwa fünf lebende Junge zur Welt. Tagsüber suchen sie nach Insekten und Schnecken, fressen aber auch Pflanzen. Nachts verstecken sie sich gern in einem Kaninchenbau.

Blauzungenskinke strecken ihre Zunge ständig vor und ziehen sie langsam wieder zurück. Auf diese Weise riechen sie.

Taggecko

Insel Madagaskar ▶ bis 25 cm
Die meisten der rund 700 Geckoarten sind nachts unterwegs. Der Taggecko dagegen klettert am Tag auf Bäumen umher und macht Jagd auf Insekten. Manchmal ergänzt er seinen Speisezettel auch durch Früchte. Besonders gern frisst er Bananen und Orangen.

Der Taggecko ist durch seine leuchtend grüne Farbe im Laub der Bäume gut getarnt. Wenn ein Greifvogel in der Nähe ist, lässt er sich blitzschnell fallen.

Von seinen ➔ nachtaktiven Verwandten unterscheidet er sich durch eine auffallende Färbung. Besonders das Männchen ist außerordentlich farbenprächtig. Es hat rote Flecken auf dem smaragdgrünen bis türkisfarbenen Rücken und grüne Beine. Dadurch fällt es im Laub der Bäume kaum auf. Wie alle Geckos macht sich der Taggecko durch seine Stimme bemerkbar. Sein Rufen klingt wie das Quaken eines Frosches. Manchmal hört es sich auch wie das leise Bellen eines Hundes an.

Tokee

Asien ▶ bis 35 cm
Der Tokee wird ziemlich groß. In Indonesien gilt er als Glücksbringer. Tokees leben meist in den Häusern und sind nachts aktiv. Dann jagen sie Ungeziefer und sogar Mäuse. Wie fast alle Geckos können sie durch ihre Haftzehen senkrecht die Wände hochlaufen und an der Decke spazieren. Das Weibchen legt 1–2 Eier.

Echsen

Warum sind Kriechtiere in Gefahr?

Viele Reptilienarten sind heute vom Aussterben bedroht. Dafür gibt es vielerlei Gründe. Der Mensch hat manche Reptilien erbarmungslos gejagt – weil er es auf ihre Haut abgesehen hatte, weil er ihr Fleisch und ihre Eier wollte oder weil er sie als gefährliche Raubtiere ansah. So sind die Krokodile, die Meeresschildkröten und die Riesenschlangen nahezu ausgerottet worden. Am meisten leiden die Kriechtiere heute aber unter der Zerstörung ihrer Lebensräume: Meere werden verseucht, Sümpfe und Moore trockengelegt und Regenwälder gerodet. Wenn die Lebensräume der Reptilien nicht besser geschützt werden, können viele von ihnen nicht überleben.

Grüner Leguan

Mittel- und Südamerika
▶ bis 2,20 m

Die meisten Leguane sind große Echsen. Sie kommen hauptsächlich in Amerika vor. Dort leben sie auf Bäumen oder am Boden in Wassernähe und jagen kleine Tiere. Der Grüne Leguan ist mit über zwei Metern Länge am größten. Mit seinem Stachelkamm sieht er aus wie ein Dinosaurier. Die Baumechse ernährt sich fast nur von Pflanzen. Dazu klettert sie bis zu 20 Meter hoch in die Wipfel. Wird der Grüne Leguan verfolgt, rettet er sich mit einem Sprung in einen Fluss. Er schwimmt und taucht gut. Im Kampf teilt er mit dem Schwanz wie ein Krokodil heftige Schläge aus und beißt fest zu.

Der Grüne Leguan ist menschenscheu. Man jagt ihn wegen des Fleisches und der Eier.

Stirnlappenbasilisk

Südamerika ▶ bis 80 cm

Der Stirnlappenbasilisk kann mit seinen langen Beinen aufrecht wie ein Mensch laufen. Über eine kurze

Mit bis zu 12 Stundenkilometern rast der Stirnlappenbasilisk über eine Wasserfläche.

Strecke ist er so schnell, dass er auf einer Wasserfläche nicht einsinkt. Den langen Schwanz hält er hoch, um das Gleichgewicht nicht zu verlieren. Die Echse kann auch gut schwimmen und tauchen. Meist hält sie sich aber auf Bäumen auf, wo sie Früchte und kleine Tiere frisst. Die fünf Arten von Basilisken erkennt man an ihren Helmen. Die Hautlappen sind bei den Männchen stark ausgebildet. Der Stirnlappenbasilisk hat auch am Rücken und Schwanz einen Kamm.

Meerechse

Galapagosinseln ▶ 1,30 bis 1,75 m
Die Meerechse lebt an Felsküsten. Sie sieht aus wie ein Drache, ist aber ein harmloser Pflanzenfresser und weidet die Algen im Wasser ab. In der Paarungszeit kämpfen die Männchen um die Weibchen. Sie stoßen sich gegenseitig mit dem Kopf von den Klippen. Nach der Paarung vergraben die Weibchen zwei bis drei Eier im Sand. Nach 95 Tagen schlüpfen die Jungen aus.

Die Galapagos-Meerechse wird heute vor allem von verwilderten Haustieren bedroht.

Dreihornchamäleon

Ostafrika ▶ bis 30 cm
Chamäleons sind Echsen, die auf Bäumen leben. Dort tarnen sie sich so gut, dass sie sich kaum von dem Ast unterscheiden, auf dem sie sitzen. Das

Echsen

Dreihornchamäleon ist gewöhnlich grün. Es kann aber wie alle Chamäleons die Farbe seiner Haut verändern. Sie wird dann je nach Lichteinfall heller oder dunkler. Vor Ärger kann das Tier sogar schwarz werden. Chamäleons fressen vor allem Insekten. Diese fangen sie mit ihrer Schleuderzunge fast wie mit einer Harpune. Die Zunge ist meist länger als das ganze Tier. Die Chamäleons ziehen sie zusammen und schießen sie blitzschnell hervor. Das Ende der Zunge ist klebrig und hat eine Saugkeule. Damit wird das Opfer erfasst und klebt fest.

Das Dreihornchamäleon setzt seine Hörner aus Knochen manchmal bei unblutigen Kämpfen mit anderen Männchen ein.

Mellers Chamäleon

Ostafrika ▶ bis 58 cm

Mellers Chamäleon ist das größte aller afrikanischen Chamäleons. Nur auf der Insel Madagaskar vor der Südspitze Afrikas gibt es noch größere Arten. Die Echse frisst Käfer, Heuschrecken und andere Insekten, sogar junge Vögel und Mäuse. Langsam schleicht sich das Chamäleon auf einem Ast an seine Beute heran. Dabei hält es sich mit den Zehen wie mit Zangen fest. Zusätzlichen Halt gibt ihm der Wickelschwanz, den es um einen Ast rollt. Nichts entgeht ihm. Wie alle Chamäleons kann es seine Augen unabhängig voneinander nach allen Richtungen drehen. Mit dem einen Auge schaut es nach links, mit dem anderen nach rechts, hinter oder unter sich. Kein Tier schielt so wie ein Chamäleon.

Dornteufel

Australien ▶ bis 20 cm

Der Dornteufel wird auch Wüstenteufel oder Moloch genannt. Sein Körper und Schwanz sind mit großen Stachelschuppen bedeckt. Sie lassen das Tier sehr gefährlich aussehen. Es ist aber friedlich und ernährt sich vor allem von Ameisen, die es mit seiner langen Zunge aufleckt. Im Nacken trägt der Dornteufel einen Fettbuckel wie ein Kamel. Wenn er lange nichts zu fressen findet, zehrt er von dem Fettvorrat hinter seinem Kopf. Im November, wenn in Australien Frühling ist,

Dornteufel sind Wüstenbewohner. Sie leben von Ameisen und Termiten und brauchen kaum Flüssigkeit. Ihre Schuppen sind so angeordnet, dass ihnen das Regenwasser ins Maul läuft.

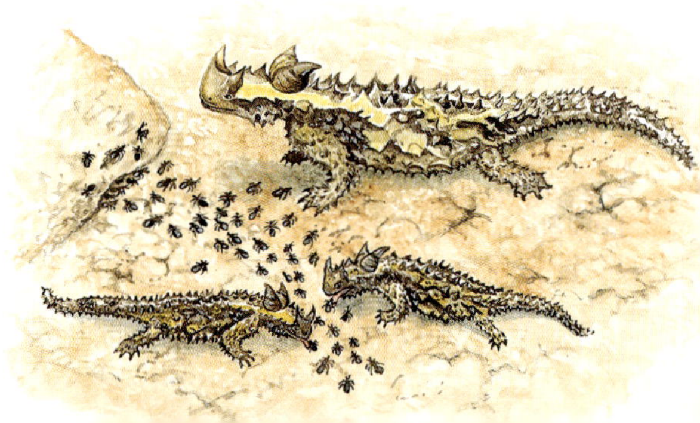

legt das Dornteufelweibchen sechs bis acht Eier. Die daraus schlüpfenden Jungen sind schon so stachelig wie ihre Eltern.

Der Flugdrache segelt mit ausgespannten Flughäuten bis zu 50 m weit.

Flugdrache

Südostasien ▸ bis 25 cm

Der Flugdrache lebt auf Baumwipfeln im Regenwald. An beiden Seiten des Körpers besitzt er bunte Hautlappen. Diese Flughäute spannt er aus, wenn er von einem Baum zum anderen segelt. Im Gleitflug fängt er auch Insekten. Damit gehört der Flugdrache zu den wenigen Wirbeltieren, die sich außer den Vögeln in der Luft bewegen. Allerdings fliegen die Flugdrachen nicht aus eigener Kraft. Sie lassen sich wie die Segelflieger von der Luft tragen und steuern mit dem Schwanz. Das Weibchen verlässt seinen Baum nur, um zwei bis vier Eier zu legen und sie im Boden zu vergraben. Sie werden von der Sonne ausgebrütet.

Komodowaran

Komodo-Insel ▸ bis 3 m

Der Komodowaran kommt auf Komodo und anderen indonesischen Inseln vor. Er ist die größte lebende Echse und sieht aus wie ein Dinosaurier. Man hat ihn erst im Jahr 1912 entdeckt. Heute gibt es nur noch etwa 4000 Tiere. Sie stehen unter strengem Schutz. Komodowarane sind gewaltige Räuber, die Jagd auf kleine Hirsche und Wildschweine machen. Sie sollen auch schon Menschen angegriffen haben. Mit ihrem kräftigen Schuppenschwanz teilen die Komodowarane gewaltige Schläge aus. Wie

Der Komodowaran wittert mit seiner gespaltenen Zunge Beute auf große Entfernung. Mit den Augen erfasst er nur Beute, die sich bewegt.

Echsen

Krokodile reißen sie dicke Fleischbrocken aus ihrer Beute. Sie schlingen die Teile im Ganzen hinunter. Wenn Komodowarane längere Zeit keine große Beute gemacht haben, treibt sie der Hunger um. Dann fressen sie alles, was ihnen vor die Schnauze kommt, manchmal sogar die eigenen Jungen. Auch tote Artgenossen und anderes → Aas stehen dann auf ihrem Speisezettel.

In Australien gibt es etwa 20 Arten von Waranen. Der Goulds Waran wird von den Ureinwohnern gejagt.

Goulds Waran

Australien ▸ bis 1,30 m

Der englische Zoologe Gould hat diesem Waran seinen Namen gegeben. Die Echse ist in Australien weit verbreitet und kann auf zwei Beinen laufen. Wenn sie auf allen vieren rennt, ist sie unheimlich schnell. Man nennt sie deshalb auch »Rennpferd-Waran«. Der Goulds Waran ist ein sehr geschickter Kletterer. Er lebt vorwiegend in Wüstengebieten. Wie alle Warane jagt er jedes Tier, das er überwältigen kann. Er frisst kleinere Säuger, Vögel, andere Reptilien und Insekten, die er mit der Nase am Boden aufspürt. Am liebsten sind ihm aber Eier, die er anderen Echsen oder auch Vögeln stiehlt. Mit seinen kräftigen Krallen gräbt das Männchen eine Wohnhöhle. Die Weibchen legen ihre Eier häufig in einen Termitenbau. Die Termiten sorgen für die nötige Feuchtigkeit und Temperatur, bei der sich die Jungen entwickeln.

Kragenechse

Australien, Neuguinea ▸ bis 100 cm

Bei der Verteidigung ihres Reviers und als Drohgebärde richtet die Kragenechse ihren bunten Halskragen auf. Sie wirkt dadurch größer und bedrohlicher. Bis zu 30 Zentimeter kann der Kragen bei größeren Tieren abstehen. Stellt sie sich dazu noch auf die Hinterbeine, ist ein Gegner schnell eingeschüchtert.

Die Kragenechse lebt als Einzelgänger auf Bäumen.

Das Schuppenkleid der Gila-Krustenechse ist gelb bis orangerot gefleckt. Die grelle Farbe soll andere Tiere vor ihrer Giftigkeit warnen.

Gila-Krustenechse !

Nordamerika ▸ bis 60 cm

Die Gila-Krustenechse kommt in Arizona und Mexiko vor. Neben der Skorpion-Krustenechse ist sie die einzige giftige Echse. Sie hat andere Giftzähne als die Giftschlangen. Ihre Giftdrüsen liegen im Unterkiefer, und das Gift fließt in Furchen der vorderen Zähne. Die Gila-Echse beißt deshalb mehrmals zu, um ihr Gift in die Beute zu bringen. Die Echse lebt in selbst gegrabenen Höhlen in trockenen Wüstengebieten. Nachts macht sie Jagd auf Kleintiere. Wenn sie längere Zeit nichts zu fressen findet, ernährt sie sich von dem Fett, das sie in ihrem Schwanz speichert.

Florida-Doppelschleiche

Nordamerika ▸ bis 40 cm

Doppelschleichen ähneln eher Würmern als beinlosen Echsen wie den Blindschleichen. Man nennt sie deshalb auch Wurmschleichen. Nur schwer kann man erkennen, wo sich bei ihnen Kopf oder Schwanz befinden. Manche bewegen die Körperenden gleichzeitig, um so einen Feind zu täuschen. Die Florida-Doppelschleiche gräbt wie ein Regenwurm Gänge im feuchten Boden. Und wie dieser kann sie sich vorwärts und rückwärts bewegen. Sie frisst hauptsächlich Würmer, Termiten und Spinnen.

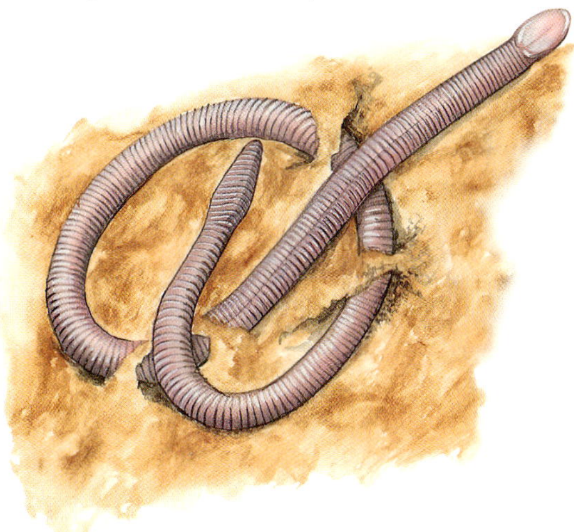

Die Florida-Doppelschleiche hat keine Ohren. Die Augen liegen unter Schuppen, sodass sie nur Helligkeitsunterschiede wahrnimmt.

Handwühle

Mexiko ▸ bis 20 cm

Diese Doppelschleiche hat im Unterschied zu ihren Verwandten zwei Hände. Daran sitzen fünf Finger mit kräftigen Krallen. Die Handwühle kann damit nicht nur gut graben, sondern auch auf Bäume klettern. Wie andere Doppelschleichen wohnt auch die Handwühle gern im unterirdischen Teil eines Termitenbaues oder in einem Ameisennest. Sie hat damit

Brückenechsen

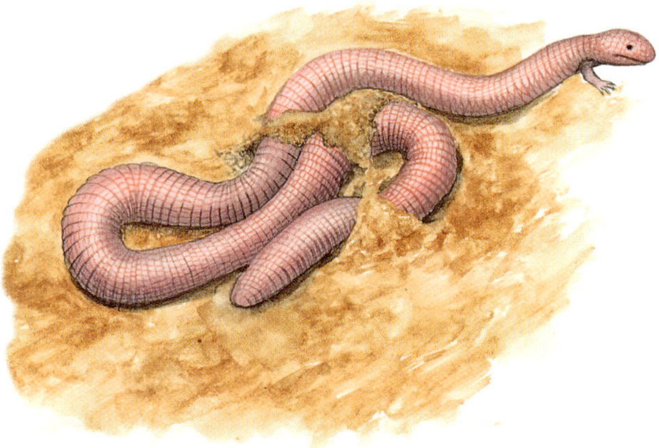

Die Handwühle kann das leiseste Geräusch im Boden hören und so ein krabbelndes Insekt finden.

eine lebende Speisekammer, denn sie frisst mit Vorliebe Termiten und Ameisen. Häufig legt sie ihre Eier im Termitenbau ab. Sie werden von der dort herrschenden Wärme ausgebrütet.

Brückenechsen

Bereits vor über 200 Millionen Jahren gab es Brückenechsen. Sie konnten sich in einer einzigen Art auf einigen Inseln vor der Küste Neuseelands erhalten. In der langen Zeit ihrer Geschichte haben sich die Brückenechsen kaum verändert. Sie werden als »lebende Fossilien« bezeichnet. Man versteht darunter Lebewesen, deren Verwandte längst ausgestorben sind.

Brückenechse

Neuseeland ▸ bis 65 cm

Von den Ureinwohnern Neuseelands wird die Brückenechse auch Tuatara genannt. Das urtümliche Tier gilt als lebendes ➔ Fossil. Die plumpe Echse trägt einen Stachelkamm auf dem Rücken. Die Jungen kommen mit einem dritten Auge auf der Stirn zur Welt. Damit können sie anfangs Hell und Dunkel unterscheiden. Meist geht die Brückenechse nachts auf Beutezug. Dabei bewegt sie sich schnell wie eine Eidechse und jagt Würmer, Insekten und Schnecken. Gelegentlich frisst sie auch ein Vogeljunges oder die Jungen einer anderen Brückenechse. Tagsüber verbirgt sie sich in einem Erdloch. Sie gräbt dieses selbst oder lebt in Höhlen von Seevögeln. Brückenechsen pflanzen sich erst mit etwa 20 Jahren fort. Sie legen ein Dutzend Eier, die sie verscharren. Die Jungen schlüpfen erst nach rund 13 Monaten. Da sich die Brückenechse so langsam vermehrt, kann man sie nur durch strenge Schutzmaßnahmen vor dem Aussterben bewahren.

Brückenechsen zählen zu den ältesten Kriechtieren. Von allen Reptilien brauchen sie am wenigsten Sonnenwärme, um sich wohl zu fühlen.

Vor 200 Millionen Jahren war die Zeit der Dinosaurier. Damals gab es Brückenechsen, die viel größer waren als heute.

Schlangen

Es gibt etwa 2 800 Schlangenarten. Sie sind Schuppenkriechtiere von zehn Zentimetern bis zu zehn Metern Länge. Schlangen haben keine Beine und bewegen sich schlängelnd vorwärts. Mit ihrer gespaltenen Zunge nehmen sie Gerüche wahr. Die meisten Menschen haben Angst vor Schlangen. Doch nur etwa 900 Arten sind giftig. Und nur wenige dieser giftigen Reptilien werden uns wirklich gefährlich.

Boa constrictor

Südamerika ▶ bis 5 m
Boa constrictor ist der lateinische Name der Königs- oder Abgottschlange. Sie ist die zweitgrößte Schlange Südamerikas und lebt im ➔ Regenwald. Diese Riesenschlange ist ungiftig, hat aber sehr scharfe Zähne. Sie wiegt bis zu 45 Kilogramm. Ihre Beute erwürgt sie, indem sie diese mit starker Kraft umschlingt. Zu ihren Beutetieren gehören Mäuse und Ratten, aber auch andere kleine Säugetiere, Vögel und Leguane. Sie verschlingt sie im Ganzen. Dazu hängt sie wie alle Schlangen ihre beiden Kiefer aus.

Die Boa constrictor umschlingt ihre Beute. Wenn das Opfer ausatmet, drückt sie noch stärker zu und erwürgt es. Dann verschlingt sie das Tier mit dem Kopf voran, damit sich die Beine nicht in der Kehle verfangen.

Schlangen

Auch den Magen kann sie so weit dehnen, dass ein ganzes junges Pekari hineinpasst. Danach braucht die Boa monatelang nichts mehr zu fressen.

Anakonda

Südamerika ▸ bis 10 m

Die Anakonda ist die größte Schlange der Welt. Sie klettert auf Bäume, liebt aber mehr das Wasser. Dort lauert sie Tieren auf, die zur Tränke kommen. Sie umschlingt ihre Opfer und erstickt oder ertränkt sie. Große Weibchen bringen 30 bis 80 lebende Junge zur Welt. Diese sind bei der Geburt schon etwa 70 cm lang.

Tigerpython

Asien ▸ bis 8 m

Der Tigerpython ruht am Tag in einem Schlupfwinkel und sonnt sich. Nachts kriecht er auf Suche nach Beute umher. Er erdrosselt kleine Hirsche, Wildschweine und Vögel, die er im Ganzen verschlingt. Unverdauliches würgt er wie alle Schlangen wieder heraus. Pythonweibchen brüten etwa 40 Eier aus, um die sie sich herumringeln. Ihre Körpertemperatur ist dann etwas höher als gewöhnlich.

Die Ringelnatter schwimmt sehr gut, jagt aber auch auf dem Land.

Ringelnatter

Europa, Vorderasien, Nordafrika ▸ bis 2 m

Die Ringelnatter ist eine weit verbreitete Wasserschlange. Sie trägt am Kopf zwei halbmondförmige Flecken wie ein Krönchen. Deshalb nennt man sie auch die Schlangenkönigin. Sie frisst Frösche, Kröten, manchmal

Der Tigerpython hat eine besonders schön gefärbte Haut. Deshalb hat man die Schlange viel gejagt und beinahe ausgerottet.

Reptilien

Mäuse oder junge Vögel. Die Ringelnatter schlingt diese lebend hinunter. Im April erwacht die Schlange aus ihrer ➔ Kältestarre. Dann paaren sich Männchen und Weibchen. Das Weibchen legt etwa 20 Eier in einen Laub- oder Komposthaufen. Nach zehn Wochen schlüpfen die Jungen aus. Sie sind schon etwa 20 cm lang und schlängeln sich gleich davon. Die Ringelnattern haben nur ein schwaches Gift, das für Menschen ungefährlich ist. Trotzdem hat man früher viele von ihnen totgeschlagen, weil die meisten Menschen Schlangen fürchten. Heute stehen die Ringelnattern unter ➔ Naturschutz.

Glattnatter

Europa, Kleinasien ▶ bis 75 cm

Die Glatt- oder Schlingnatter ist pfeilschnell. Sie macht Jagd auf Eidechsen und Mäuse, die sie mit ein paar Windungen um den Hals erwürgt. Dann verschlingt sie das Tier. Sofern es noch lebt, packt sie es vom Kopf her. Die Glattnatter liebt trockene bis feuchte Gebiete. Man sieht sie nur selten. Denn mit ihrer bräunlichen Färbung ist sie unscheinbar und gut getarnt. Wenn sie sich auf einem Baumstamm sonnt, ist sie vom Untergrund kaum zu unterscheiden. Einige Tiere tragen ein Zickzackband auf dem Rücken. Das kann gefährlich für sie werden.

Die Glattnatter beißt erst dann zu, wenn sie sich stark bedroht fühlt. Da sie keine Giftzähne hat, ist ihr Biss aber ungefährlich.

Wie töten Schlangen ihre Beute?

Rund 900 Schlangenarten töten ihre Beute mit Gift. Dafür besitzen sie Giftdrüsen. Giftnattern wie Kobras und Mambas haben vorne im Mund festsitzende, hohle Giftzähne. Diese wirken wie Spritzen. Je länger die Zähne sind, umso tiefer dringen sie in das Opfer ein. Vipern wie die Kreuzotter und Grubenottern wie die Klapperschlange haben zwei hohle Giftzähne. Diese klappen nach vorn, wenn sie den Rachen aufreißen. Trugnattern haben hinten im Mund Zähne mit Furchen. Darin fließt das Gift, wenn die Schlangen kauen. Um ein Heilserum gegen Schlangenbiss herzustellen, »melkt« man Giftschlangen und zapft ihr Gift ab. Dazu lässt man sie in ein Glasgefäß beißen oder klappt ihre Giftzähne nach vorn und fängt das Gift auf.

Schlangen

Denn viele Menschen verwechseln sie mit der Kreuzotter und töten sie. Fühlt sich die Glattnatter bedroht, dann zischt sie und stößt mit dem Kopf zu, wie um zu beißen. Das ist aber eine Drohhaltung.

Boomslang !

Südafrika ▶ bis 2 m

Die Boomslang gehört zu den giftigsten Schlangen. Wie ihr Name »Baumschlange« verrät, lebt sie auf Bäumen. Sie jagt dort vor allem Chamäleons. Im Gegensatz zu echten Giftschlangen hat sie aber keine hohlen Giftzähne. Sie besitzt im Oberkiefer Zähne mit Rinnen oder Furchen. In diesen fließt Gift, wenn sie zubeißt. Die Baumschlange gibt nur wenig Gift ab. Dieses ist aber fünf Mal so stark wie das einer Kobra. Ihr Biss kann deshalb auch für Menschen tödlich sein. Es verhindert die Blutgerinnung. Als Gegengift gegen den Biss einer Boomslang dient ein Antiserum. Man muss es wie jedes Gegengift aus dem Gift der Schlange herstellen. Um das Gift zu gewinnen, wird den Giftschlangen ihr Gift abgezapft.

Die Boomslang bewohnt Büsche und Bäume in Südafrika. Am Boden jagt sie nur selten.

Eierschlange

Afrika ▶ bis 75 cm

Die Eierschlange ernährt sich nur von Vogeleiern. Sie haust auf Bäumen und plündert Vogelnester aus. Ihre Kiefer kann die kleine Schlange so weit dehnen, dass sie selbst ein Hühnerei mühelos verschluckt. Die Eierschale wird im Rachen durch dornige Wirbel angesägt. Dann zerdrückt die Schlange die Schale mit dem Kehlkopf. Den Inhalt des Eies schluckt sie hinunter, die Schalenreste würgt sie wieder heraus. Die Eierschlange kann sogar feststellen, ob ein Ei frisch und nicht schon angebrütet ist. Dazu befühlt sie es mit ihrer gespaltenen Zunge.

Die Eierschlange kann Eier verschlingen, die vier Mal so groß sind wie ihr Kopf.

Kobras sind taub. Wenn sie sich zu den Flötentönen des Schlangenbeschwörers wiegen, folgen sie nur seinen Bewegungen. In aufgerichteter Haltung stoßen sie nie nach oben zu.

Brillenschlange !

Asien, Afrika ▶ über 2 m

In Indien sterben heute noch über tausend Menschen im Jahr am Biss der Kobra oder Brillenschlange. Ihren Namen hat die Giftnatter von einer brillenähnlichen Zeichnung am Nacken. Diese wird sichtbar, wenn sich die Kobra bedroht fühlt und ihren Hals auseinanderspreizt. Sie bäumt sich dabei bis zu einem halben Meter hoch auf. Beißt die Brillenschlange zu und gelangt das Gift ins Blut, dann gibt es meist keine Rettung. Ein Gramm Kobragift reicht aus, um 150 Menschen zu töten! Es lähmt die Nerven und die Atmung. Es gibt mehrere Arten von Kobras in Asien und Afrika. Nicht alle haben eine Brillenzeichnung. Mit ihren Giftzähnen töten die Kobras Kaninchen, Ratten, Mäuse oder Frösche. So genannte Speikobras verspritzen ihr Gift meterweit.

Schwarze Mamba !

Afrika ▶ bis 4,50 m

Die Mambas sind die gefährlichsten Giftschlangen Afrikas und noch giftiger als die Kobras. Es gibt eine schwarze und drei grüne Arten. Mambas sehen wunderschön aus. Sie haben ein glänzendes Schuppenkleid und sehr große Augen. Alle bewegen sich sehr schnell durch die Äste und jagen Baumfrösche, Eidechsen und Vögel.

Die Schwarze Mamba gilt als die schnellste Schlange der Welt. Sie kann bis zu 20 km/h schnell sein. Die Giftwirkung ist enorm, denn 1 Fünftel der durch einen Biss injizierten Menge kann für einen Menschen tödlich sein.

Schlangen

Diamantklapperschlange !

Nordamerika ▸ bis 2,50 m

Die größte Klapperschlange ist die Diamantklapperschlange. Sie wird bis zu 10 Kilogramm schwer und ist sehr giftig. Alle Klapperschlangen haben hohle Giftzähne. Diese klappen bei aufgerissenem Schlund nach vorn. Das Gift wird beim Zubeißen in die Beute gespritzt. Mit wärmeempfindlichen Grübchen spürt die Schlange ihr Opfer selbst bei völliger Dunkelheit auf. Bevor die Klapperschlange angreift, stellt sie ihre Rassel am Schwanzende auf. Dann lässt sie den Schwanz vibrieren, und die bohnenförmigen Hornglieder machen das Rasselgeräusch. Dies dient als Warnung.

Klapperschlange in Verteidigungsstellung. Ihr Gift ist nicht so stark wie das der Kobra. Dafür spritzt sie aber sehr schnell eine größere Menge ein.

Blaugebänderte Ruderschlange !

Indischer und Pazifischer Ozean

▸ bis 2,10 m

Die Blaugebänderte Ruderschlange lebt im Meer. Sie kann bis zu zwei Stunden lang tauchen. Dann muss sie wieder an die Wasseroberfläche, um zu atmen. Beim Tauchen verschließt sie die Nasenlöcher mit Hautklappen. Die Schlange ernährt sich von Fischen, die sie mit starkem Gift tötet.

Seeschlangen wie die Ruderschlange sind voll an das Meer angepasst. Sie bringen im Wasser lebende Junge zur Welt.

Kreuzotter !

Nordeuropa und Sibirien

▸ bis 80 cm

Die Kreuzotter ist neben der Aspisviper unsere einzige Giftschlange.

Die Kreuzotter häutet sich mehrmals im Jahr und streift dabei ihr »Schlangenhemd« im Ganzen ab.

Ihr Biss kann auch für Menschen gefährlich sein. Sie liebt trockene, sonnige Plätze. Den Winter verbringt sie meist mit Artgenossen und anderen Schlangen in ➔ Kältestarre. Im März verlässt sie ihr Schlupfloch. Sie jagt nicht, sondern lauert ihrer Beute auf. Blitzschnell stößt sie auf vorüberlaufende Mäuse, Frösche oder auch Vögel. Kreuzottern können sehr gut riechen und spüren Erschütterungen des Bodens von weitem.

Die Puffotter ist so dick wie ein Männerarm. Das Muster ihrer Schuppenhaut tarnt sie hervorragend im Spiel von Licht und Schatten.

Puffotter !

Afrika ▸ bis 1,50 m

Die außerordentlich giftige Puffotter ist in Afrika weit verbreitet. Sie liegt oft stundenlang bewegungslos am Boden und lauert auf ein Opfer. Nachts dringt sie auch in Dörfer ein, doch zum Glück ist sie recht beißfaul. Anders als die meisten Schlangen schiebt sie sich mit den Bauchschilden voran, ähnlich wie eine Raupe kriecht.

Schildkröten

Die Schildkröten zählen zu den ältesten Kriechtieren der Erde. Sie leben auf dem Land oder im Wasser. Ihr Körper ist von einem Panzer aus Knochenplatten und Hornschilden geschützt. Die größten Landschildkröten wiegen bis 200 Kilogramm. Einige Meeresschildkröten werden doppelt so schwer.

Griechische Landschildkröte

Südeuropa ▸ bis 25 cm

Die kleine Landschildkröte hat einen gelblichen Panzer mit schwarzen Flecken. Man trifft sie in Ländern und auf Inseln des Mittelmeeres an. Das langsame, behäbige Tier ernährt sich von Pflanzen, frisst aber auch Würmer und Schnecken. Die Nahrung zerlegt die Schildkröte mit ihren scherenartigen Hornkiefern. Im Winter fallen die Tiere in ➔ Kältestarre. Ende Juni gräbt das Schildkrötenweibchen eine Kuhle mit den Hinterfüßen. Darin legt es bis zu zwölf Eier ab und scharrt die Grube

Die Griechische Landschildkröte ist heute bereits selten geworden.

Schildkröten

sorgfältig wieder zu. Im Herbst schlüpfen aus den Eiern die etwa vier Zentimeter langen Jungtiere. Sie tragen schon einen kleinen Panzer. Man hat viele Landschildkröten gefangen, weil sie lange Zeit als ➔ Heimtiere begehrt waren.

Galapagosschildkröte

Galapagosinseln ▶ bis 1,10 m
Auf den Galapagosinseln haben sich riesige Schildkröten entwickelt. Sie sind über einen Meter lang und fast ebenso hoch. Manche von ihnen sind schon über hundert Jahre alt. Die Tiere leben auf den Vulkanböden an der Küste. Wenn dort das Wasser knapp wird, wandern sie ins Hochland. Hier gedeihen saftige Pflanzen, und es gibt Wasserstellen. Die Schildkröten trinken dort und fressen sich satt. Dann wandern sie auf denselben Trampelpfaden wieder zurück. Früher gab es sehr viele dieser Elefantenschildkröten auf den Inseln. Vorüberkommende Seeleute fingen sie ein und nahmen sie als lebenden Fleischvorrat an Bord. Heute fressen eingeschleppte Ratten und Hunde die Eier der Schildkröten. Deshalb sind die Tiere vom Aussterben bedroht und streng geschützt.

Die Echte Karettschildkröte gräbt eine Nestgrube am Strand, um ihre Eier abzulegen.

Echte Karettschildkröte

Warme Meere ▶ bis 90 cm
Unter den Meeresschildkröten ist die Echte Karettschildkröte eine der kleinsten. Sie kommt an wenigen Stellen in tropischen Meeren vor.

Die Riesenschildkröten sind so groß, dass sie mit ihrem langen Hals auch höher liegende Pflanzenteile erreichen.

Schildkröten

Sind Reptilien genießbar?

Leider ja. Nicht alle schmecken allerdings gut. Die Suppenschildkröte hat man wegen ihres Fleisches verfolgt. Wie ihr Name schon sagt, hat man daraus Suppe gekocht. Sehr begehrt ist der Grüne Leguan. Er schmeckt wie Hühnchen und ist bei Indianern beliebt. Selbst Giftschlangen wandern in den Kochtopf. So gilt das Fleisch der Klapperschlange als Delikatesse. Da man auch Reptilieneier verspeist, sterben viele Kriechtiere aus.

Meist lebt dort auch die viel größere Suppenschildkröte. Beide Arten hat der Mensch verfolgt: die Suppenschildkröte wegen ihres Fleisches, die Karettschildkröte wegen ihres Panzers. Die Karettschildkröte liefert das wertvolle Schildpatt. Das sind die besonders schön gefärbten Hornschilde ihrer Panzer. Früher machte man daraus Kämme und Haarspangen sowie Besteckgriffe.

Dosenschildkröte

Nordamerika ▸ bis 12,5 cm

Dosenschildkröten können ihren Panzer dicht verschließen. Sie leben in Nordamerika und sind Sumpfbewohner, gehen aber nicht ins Wasser.

Durch Schwimmhäute an den Zehen unterscheiden sie sich von echten Landschildkröten. Sie ernähren sich teils wie diese und fressen auch Früchte, Beeren und Pilze neben Würmern, Schnecken und Insekten.

Fransenschildkröte

Südamerika ▸ bis 40 cm

Die Fransenschildkröte heißt auch Matamata und bewohnt Sümpfe und Gewässer. Sie gehört zu den Schlangenhalsschildkröten, die sehr lange Hälse haben. Ihren Namen hat sie von der Form ihres Panzers. Die Matamata versteckt sich im Schlamm oder hinter Wasserpflanzen und lauert Fischen auf. Der lange Hals mit dem Schnabel ragt wie ein Schnorchel über die Wasseroberfläche. Schwimmt ein Fisch vorbei, reißt sie den Schnabel auf und saugt ihn in den Schlund.

Der fransige Hals tarnt die Schildkröte im Pflanzengewirr unter Wasser.

Amphibien

Die Amphibien waren die ersten Wirbeltiere, die vom Wasser aufs Land gingen. Sie entwickelten sich aus den Fischen. Es gibt drei Formen: die Schwanzlurche, die Froschlurche und die Blindwühlen. Viele Amphibien verbringen noch einen großen Teil ihres Lebens im Wasser. Fast alle legen dort auch ihre Eier ab. Aus dem Laich schlüpfen Larven, die sich in einen erwachsenen Lurch verwandeln.

Frösche, Kröten und Unken

Froschlurche sind die bekanntesten Amphibien. Zu ihnen zählen Frösche, Kröten und Unken. Wasser- oder Teichfrösche steigen Ende April aus ihren Winterquartieren am Teichgrund nach oben. Nach ihrer langen ➔ Kältestarre sind sie dunkelbraun. Schon bald färben sie sich leuchtend grün. Die Männchen locken nun mit lautem Gequake die Weibchen an. Diese legen schleimige Klumpen mit bis zu 10 000 Eiern ins Wasser. Über diesen ➔ Laich gießen die Männchen ihren Samen und befruchten ihn.

Aus den Eiern des Teichfrosches schlüpfen nach vier Tagen Larven, die Kaulquappen. Sie haben Kiemen ähnlich wie Fische, mit denen sie im Wasser atmen. Bevor sich die Larven nach etwa 12 Wochen in winzige Frösche verwandeln, bekommen sie Lungen. Damit atmen die Teichfrösche auf dem Land. Die meisten Lurche entwickeln sich auf diese Weise.

Frosch oder Kröte?

Es gibt etwa 3 500 Arten von Fröschen und Kröten. Sie auseinanderzuhalten ist nicht immer leicht. Echte Frösche wie unser Grasfrosch haben lange, kräftige Hinterbeine und können weit

Amphibien

Der Feuersalamander ist unser größter Schwanzlurch. Er wird bis zu 20 cm lang. Salamander sind Einzelgänger. Zur Laichzeit sieht man aber viele Weibchen zum nächsten Gewässer ziehen. Zum Überwintern wandern oft viele Tiere in ein gemeinsames Winterquartier.

Blindwühlen sehen nichts und hören kaum etwas. Aber sie haben einen sehr guten Geruchssinn.

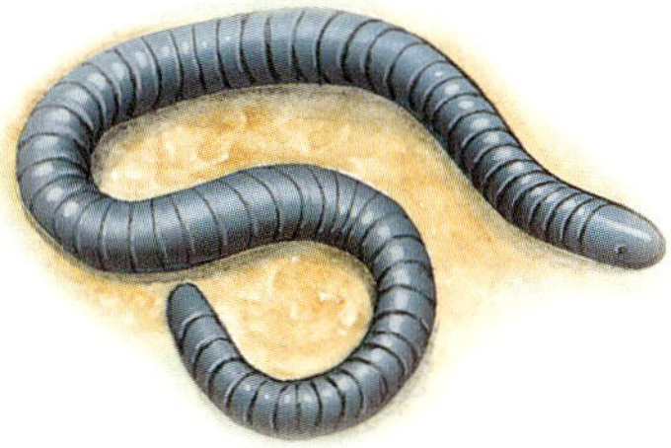

springen. Kröten hingegen schreiten mit ihren gleich langen Beinen eher gemächlich dahin. Sie sind viel plumper als Frösche. Von ihnen unterscheiden sie sich durch Warzen auf der Haut. Bei Fröschen ist die Haut glatt. Alle Lurche nehmen Wasser durch die Haut auf, sie müssen also nicht trinken.

Lurche mit Schwänzen

Salamander, Molche und Olme sind Schwanzlurche. Viele sehen aus wie Eidechsen. Die meisten von ihnen entwickeln sich wie die Frösche und Kröten aus Eiern im Wasser. Einige Schwanzlurche setzen auch lebende Junge oder ➔ Larven im Wasser ab. Die erwachsenen Salamander bewohnen feuchte Gebiete. Viele Molche dagegen verlassen ihren Lebensraum im Wasser nie.

Halbfertige Tiere

Manche Schwanzlurche werden nie richtige Landtiere. Sie brechen die ➔ Verwandlung von der Larve zum erwachsenen Tier auf halbem Wege ab und behalten ihr Leben lang einige Eigenschaften der Larven bei. Zum Beispiel atmen viele mit ➔ Kiemen. Eine solche »Dauerlarve« ist der Axolotl, der sein ganzes Leben im Wasser verbringen kann. Manche dieser Larvenformen können sowohl im Wasser als auch auf dem Land leben.

Amphibien unter der Erde

Amphibien graben sich meist nur im Winter in die Erde ein und fallen dort in Kältestarre. Die Blindwühlen dagegen leben nur im Boden. Man könnte sie auf den ersten Blick für Würmer halten. Es sind urtümliche Amphibien. Augen und Ohren liegen in der Haut und sind kaum ausgebildet. Blindwühlen gibt es nur in warmen, tropischen Ländern.

Der Goliathfrosch wird 40 cm lang und ist der größte Froschlurch.

Das kleinste Fröschchen misst nur 7 mm und hat auf einer Fingerkuppe Platz.

Frösche

Frösche

Alle Frösche haben lange Hinterbeine. Damit springen sie weit und zielsicher nach der Beute. Fliegen schnappen sie mit ihrer Klappzunge. Größere Tiere packen sie mit dem breiten Maul. Die fünf Zehen sind durch Schwimmhäute verbunden, die im Wasser als Paddel dienen. Die Vorderbeine sind kürzer und tragen nur vier Finger. Die Männchen haben Schallblasen. Damit stimmen sie ein lautes Gequake an.

Was ist eine Froschwanderung?

Im Frühjahr kannst du beobachten, wie Frösche und Kröten in großen Massen zu den Gewässern wandern, in denen sie geboren wurden. Dort wollen sie Hochzeit halten. Unterwegs aber müssen sie oft Autostraßen überqueren. Damit kein Tier überfahren wird, errichten Naturschützer an den gefährlichen Stellen »Krötenzäune«. Entlang dieser Barrieren werden Eimer in die Erde versenkt. Die wandernden Frösche und Kröten plumpsen dort hinein. Sie werden von Helfern eingesammelt und sicher über die Straße getragen.

Grasfrosch

Europa und Asien ▶ bis 10 cm

Die braunen Grasfrösche leben dort, wo es feucht ist. Wie alle Frösche nehmen sie durch die Haut Feuchtigkeit auf. Auch die Atmung erfolgt zum Teil über die dünne Haut. Obwohl der Grasfrosch ein Landtier ist, schwimmt er gut und kann bis zu zehn Minuten unter Wasser bleiben. In manchen Jahren vermehren sich die Grasfrösche in großer Zahl. Sie steigen dann in Massen aus den Tümpeln. Die Menschen sprechen dabei von einem Froschregen. Früher fing man viele Grasfrösche und verspeiste ihre kräftigen Schenkel als Leckerbissen.

Der Grasfrosch fängt Fliegen mit seiner klebrigen Klappzunge. Dann zieht er die Beute in sein breites Maul.

Laubfrosch

Europa ▶ bis 5 cm

Der grüne Laubfrosch ist eine von über 100 Laubfroscharten auf der

Welt. Er lebt auf Bäumen und Sträuchern. Seine Eier legt er ins Wasser. Dort entwickeln sich die Kaulquappen. Der Laubfrosch kann seine Farbe von Grün nach Braun oder Hellgelb ändern. Mit Haftscheiben an den Zehen klettert er auch an glatten Flächen hoch.

Der Laubfrosch ist im Allgemeinen auf Blättern gut getarnt, was in diesem Fall auf dem rot gefärbten Blatt nicht zutrifft.

Ochsenfrosch

Nordamerika ▸ bis 20 cm

Der Ochsenfrosch ist ein Wasserfrosch. Er wiegt etwa 600 Gramm und ist einer der größten Frösche. Trotz seines Gewichts springt er fast drei Meter weit. Ochsenfrösche leben einzeln. Zur Laichzeit kommen viele Tiere in Tümpeln zusammen. Sie brüllen so laut, dass man sie kilometerweit hört. Die Männchen führen untereinander Ringkämpfe aus und stellen sich dazu auf die langen Hinterbeine.

Der Ochsenfrosch ist ein gewaltiger Räuber. Auf seinem Speisezettel stehen außer Insekten auch Vögel, Mäuse und sogar Schlangen.

Java-Flugfrosch

Inseln Java und Sumatra

▸ bis 7,5 cm

Dieser Baumfrosch lebt im → Regenwald. Er hat große Haftscheiben an den Zehen und kann gut klettern. Der Flugfrosch legt seine Eier in einem Schaumnest

Der Java-Flugfrosch gleitet mit den Schwimmhäuten zwischen den Zehen wie an einem Fallschirm zu Boden.

Frösche

auf ein Blatt. Das Blatt ragt über ein Gewässer. Bevor die ➔ Larven schlüpfen, wird der Schaum flüssig, und sie fallen ins Wasser.

Goldfröschchen

Insel Madagaskar ▶ bis 3 cm

Die Goldfröschchen leben im ➔ Regenwald. Sie halten sich meist in Gruppen am Boden auf, klettern aber auch auf Bäume. Die Männchen zirpen wie Grillen. Die Weibchen legen nur zwei Millimeter große Eier, die sie zwischen feuchte Blätter kleben.

Das winzige Goldfröschchen gilt als schönster aller Froschlurche. Es ist recht selten.

Springfrosch

Europa ▶ bis 8 cm

Der Springfrosch macht seinem Namen alle Ehre. Er springt spielend 2 m weit. Im Verhältnis zur Körpergröße müsste ein Mensch über 50 m weit springen! Die Hinterbeine des Springfrosches sind fast doppelt so lang wie das ganze Tier. Das Männchen besitzt keine Schallblasen. Seine Stimme klingt deshalb nur schwach.

Der Springfrosch lebt in gewässerreichen und lichten Mischwäldern.

Nasenfrosch

Südamerika ▶ bis 3 cm

Der Naturforscher Charles Darwin hat im 19. Jahrhundert den Nasenfrosch entdeckt. Der Frosch hat eine Stimme wie ein Glöckchen. Die Weibchen legen 20 bis 40 Eier. Verschiedene

Während der Nasenfrosch die Kaulquappen in seiner Schallblase herumträgt, ernährt er sie mit. Am Ende ist er ziemlich mager.

Männchen verschlucken bis zu 15 Eier. Diese wandern dann in die Schallblasen, wo sich die Jungen entwickeln. Der Pflegevater spuckt schließlich die fertigen jungen Frösche aus.

Baumsteigerfrosch !

Mittel- und Südamerika ▶ bis 5 cm
Die Baumsteigerfrösche sind kleine, oft sehr bunt gefärbte Fröschchen. Sie leben im ➔ Regenwald und halten sich vor allem am Boden auf. Die Männchen sind liebevolle Väter. Sie tragen die aus den Eiern schlüpfenden Kaulquappen herum und setzen sie schließlich ins Wasser. Von den etwa 100 Arten sind drei außerordentlich giftig. Das Gift erzeugen sie in Drüsen ihrer Haut. Die Regenwaldindianer töten die Frösche, halten sie über ein Feuer und fangen das Gift auf. Dann tauchen sie ihre Pfeilspitzen hinein.

Das Gift dieses Baumsteigerfrosches ist sehr stark. Pfeile, die damit vergiftet sind, töten Tiere bis zur Größe eines Affen augenblicklich.

Kurzkopffrosch

Südafrika ▶ bis 5 cm
Kurzkopffrösche sehen aus wie Luftballons. Sie sind mit den Kröten nahe verwandt. Mit ihren kurzen Beinen können sie nicht mehr hüpfen, sondern kriechen am Boden. Wie die Kröten besitzen sie keine Zähne. Ihre Nahrung besteht hauptsächlich aus Ameisen und Termiten. Die Tiere leben in der ➔ Savanne. An den Beinen haben sie Grabschaufeln. Damit graben sie sich in den Boden ein. Für die Entwicklung ihrer Eier brauchen die Kurzköpfe kein Wasser wie andere Amphibien. Sie legen die Eier in die Erde. Im Ei entwickelt sich das Tier dann zum fertigen Frosch.

Der Kurzkopffrosch kriecht mehr, als dass er hüpft. Bei seiner Gestalt ist eine schnellere Fortbewegungsart auch kaum möglich.

Kröten

Kröten

Die Kröten leben fast nur auf dem Land. Sie sind meist größer und plumper als Frösche. Mit ihren etwas kürzeren Beinen bewegen sie sich mit kleinen Hüpfern vorwärts oder laufen auf allen vieren. Ihre warzige Haut sondert ein schwaches Gift ab. Im Unterschied zu den meisten Fröschen haben sie keine Zähne.

Kreuzkröten lieben Sandboden und leben sogar in den Dünen an der Nordsee.

Wechselkröte

Europa, Asien ▸ bis 9 cm

Wie alle Kröten ist auch die Wechselkröte ein Nachttier. Tagsüber verbirgt sie sich in Erdlöchern oder unter Steinen. Wenn es dunkel wird, jagt sie Insekten, Würmer und Schnecken. Sie hüpft dabei recht geschickt und kann auch gut klettern. Das Weibchen legt bis zu 10 000 Eier in zwei schleimigen Schnüren in flache Gewässer.

Die Wechselkröte findet sich häufig in Kiesgruben. Bei der Paarung sitzt das Männchen auf dem Rücken des Weibchens.

Kreuzkröte

Europa ▸ bis 9 cm

Die Kreuzkröte quakt so laut, dass man sie einen Kilometer weit hört. Sie klettert gut und läuft sehr schnell. Wenn man nicht genau hinsieht, könnte man sie für eine vorbeihuschende Maus halten.

Erdkröte

Europa, Asien, Nordafrika
▸ bis 15 cm

Tagsüber halten sich Erdkröten versteckt. Manchmal sieht man nachts

Die Erdkröte ist unsere häufigste Kröte. Wenn sie nicht gefressen wird, kann sie bis zu 40 Jahre alt werden.

unter einer Lampe eine Erdkröte nach Insekten schnappen. Sie frisst wie die Frösche nur Tiere, die sich bewegen. Zu ihrer Nahrung zählen auch Schnecken. Dadurch macht sich die Kröte sehr nützlich. Im Frühjahr wandern die Kröten oft in Scharen an Teiche, um dort zu → laichen. Dann hört man das leise »Bellen« der Männchen.

Wenn das Männchen der Pantherkröte nach einem Weibchen ruft, bläst es eine große Schallblase auf, damit seine Rufe weithin hörbar sind.

Pantherkröte

Afrika ▶ bis 13 cm

Die Pantherkröte kommt fast überall in Afrika vor und bewohnt auch trockene Lebensräume. Tagsüber versteckt sie sich vor der Hitze im Sand und kommt erst abends zum Vorschein, wenn es kühler ist, um Insekten und Spinnen zu fangen.

Unken

Die Unken gehören zu den Froschlurchen. Sie können ihre scheibenförmige Zunge nicht hervorschnellen wie Frösche oder Kröten. Im Unterschied zu den Kröten haben sie aber Zähne. Fast alle Unken sind echte Wassertiere. Sie verbringen die meiste Zeit in einem Tümpel oder Teich und gehen nur zum Jagen an Land.

Gelbbauchunke

Süd- und Mitteleuropa ▶ bis 5 cm

Die Gelbbauchunke heißt auch Bergunke. Man findet sie in Tümpeln, Gräben und sogar in Wagenspuren, die voll Regenwasser stehen. Den Sommer verbringt die Unke im Wasser. Sie ist sehr schreckhaft. Sobald sie

Die Gelbbauchunke taucht bei der geringsten Störung ab. Sie sucht stets trübe Gewässer auf, in denen man sie schwer entdeckt.

Unken und Verwandte

sich gestört fühlt, taucht sie auf den Grund des Gewässers ab. Bei Dunkelheit jagt sie an Land nach Insekten und Kleintieren. Mit ihrer graugrünen Oberseite ist sie gut getarnt und kaum zu entdecken. Wenn sie bedroht wird, wirft sie sich wie alle Unken auf den Rücken und zeigt ihren hellgelb gefleckten Bauch. Diese Warnfarbe soll Feinde erschrecken und in die Flucht schlagen. Zusätzlich scheiden Unken eine giftige Flüssigkeit ab.

Geburtshelferkröte

Süd- und Westeuropa ▸ bis 5 cm
Die Geburtshelferkröte hat wie die Unke eine scheibenförmige Zunge und ist deshalb eng mit ihr verwandt. Sie lebt aber auf dem Land. Man nennt sie auch »Glockenfrosch«, weil die Männchen eine sehr schöne Stimme haben. Mit ihren kräftigen Vorderbeinen gräbt sich die Geburtshelferkröte eine Höhle als Versteck. Früher glaubte man, das Männchen helfe bei der Geburt der Jungen. Es wickelt sich aber nur die Laichschnüre mit etwa 60 Eiern um den Leib und trägt sie umher. Damit der ➔ Laich nicht austrocknet, taucht das Männchen ab und zu ins Wasser. Ehe die Kaulquappen schlüpfen, bringt es die Eier in ein Gewässer.

Die Geburtshelferkröte liebt das trockene Land und geht kaum ins Wasser.

Bei Gefahr zeigt die Rotbauchunke ihren knallroten, gefleckten Bauch.

Rotbauchunke

Europa ▸ bis 53 mm
Die Rotbauchunke hält sich wie die Gelbbauchunke vorwiegend im Wasser auf, der Lebensraum ist jedoch nördlicher und östlicher gelegen. Nur in Mitteldeutschland und Rumänien kommt es zu Überschneidungen. Hier können sich beide sogar paaren. Im Herbst wandert sie auf das Land und fällt in einem Erdloch in ➔ Kältestarre.

Salamander, Molche und Olme

Molche, Salamander und Olme sind Schwanzlurche. Sie haben eine langgestreckte Gestalt. Molche und Salamander sehen den Eidechsen ähnlich, sind aber nicht so flink wie diese. Wie alle Lurche häuten sie sich mehrmals. Dabei stoßen sie die Haut in Fetzen ab. Sie sind Räuber, die andere Tiere fressen. Viele leben im Wasser.

Riesensalamander

China und Japan ▸ bis 1,50 m

Der Riesensalamander ist der größte Lurch. Er lebt in kalten Gebirgsbächen und frisst Fische, Frösche und andere Wassertiere. Trotz seiner Größe ist dieser Salamander kein erwachsenes Tier, sondern eine Larvenform. Das Männchen gräbt ein Nest und lockt ein Weibchen an, das bis zu 500 Eier legt. Die schlüpfenden ➔ Larven atmen mit ➔ Kiemen. Wenn die Larven 25 Zentimeter lang sind, bilden sich die äußeren Kiemen zurück. Im dritten Jahr hat der Riesensalamander Lungen, bleibt aber zeit seines Lebens im Wasser. Er muss immer wieder auftauchen, um zu atmen.

Der Riesensalamander wird bis zu 20 Kilogramm schwer. In Japan wird er mit der Angel gefangen und gegessen.

Alpensalamander

Europa ▸ bis 16 cm

Der Alpensalamander heißt auch Mohrensalamander. Er ist ganz schwarz. In den Alpen kommt er noch in 3 000 Meter Höhe vor. Alpensalamander hausen unter Steinen oder im Gebüsch. Für die Fortpflanzung sind sie nicht auf Wasser angewiesen. Sie bringen stets zwei lebende Junge zur Welt. Wie die Feuersalamander verspritzen sie aus den Drüsen ihrer Haut ein Gift.

Alpensalamander kommen tagsüber fast nur bei Regenwetter aus ihren feuchten Verstecken.

Axolotl

Mexiko ▸ bis 30 cm

Der Name dieses Tieres ist mexikanisch und bedeutet »Wasserunge-

Salamander, Molche und Olme

heuer«. Und etwas ungeheuerlich sieht dieser Querzahnmolch auch aus. Sein ganzes Leben verbringt er als ➔ Larve im Wasser. Da er seine Beine nicht braucht, sind diese klein und schwach. Er pflanzt sich als Larve fort. Dabei legt das Weibchen bis zu 600 Eier. Der Axolotl kommt nur in einem einzigen See nahe der Hauptstadt Mexico City vor. Im Wasser hat er büschelförmige Kiemen, mit denen er atmet. Nur wenn das Wasser knapp wird und der See stellenweise austrocknet, wandelt sich der Axolotl in ein Landtier um. Er atmet dann mit Lungen. Die Mexikaner fangen den Axolotl und essen ihn wie einen Fisch.

Der Axolotl ist gewöhnlich olivgrün bis braun, manchmal auch ganz schwarz. Als Albino hat er eine reinweiße Haut.

Kammmolch

Europa ▸ bis 15 cm

Der Kammmolch zählt zu den Wassermolchen. Er verbringt aber auch einen Teil seines Lebens auf dem Land. Dort versteckt er sich unter feuchten Steinen oder in einem Erdloch. Er ist unser größter Molch. Man findet ihn häufig in Teichen, aber auch in Wassergräben auf Wiesen. Im Frühjahr pflanzen sich die Molche fort. Dann bekommen die Männchen einen gezackten Kamm

Der Kammmolch wird auch Wassersalamander genannt. In der Paarungszeit färbt sich der gelbe Bauch des Männchens orangerot.

am Rücken. Ihr Schwanz verbreitert sich durch einen Hautsaum. Er dient nun als Ruderschwanz im Wasser. Das Weibchen legt etwa 300 Eier. Diese werden einzeln an Wasserpflanzen angeheftet.

Grünlicher Wassermolch

Nordamerika ▸ bis 10 cm

Der Grünliche Wassermolch hat einen gelben Bauch und einen olivgrünen Rücken – wenn er im Wasser lebt. In der Jugend bleibt er einige Zeit an Land. Dann ist seine Hautfarbe rot mit schwarzen Punkten. Darum heißt er auch Rotfleckenmolch. Als Landtier

Der Wassermolch ist auch im Winter aktiv, wenn die Gewässer zugefroren sind. Man sieht ihn dann durch das Eis die Beute jagen.

Salamander, Molche und Olme

lebt er von Würmern und Insekten. Im Wasser frisst er kleine Krebse und die ➔ Larven anderer Lurche.

Tigerquerzahnmolch

Nordamerika ▸ bis 33 cm

Es gibt 32 Arten von Querzahnmolchen in Nordamerika. Der Tigerquerzahnmolch ist der größte Schwanzlurch auf dem Land. Man sieht ihn selten, denn er ist nur nachts unterwegs. Zu seinen Beutetieren gehören Insekten, andere Lurche und sogar Mäuse. Der Tigerquerzahnmolch kann sich auch als ➔ Larve fortpflanzen.

Der Tigerquerzahnmolch verbirgt sich am Tag in Höhlen oder im Bau eines Präriehundes.

Grottenolm

Europa ▸ bis 30 cm

Dieser Lurch kommt nur in den Adelsberger Grotten in Slowenien vor. Das ist ein gewaltiges Höhlengebiet mit unterirdischen Flüssen. Dort sieht der Olm nichts, und er braucht deshalb auch keine Augen. Der Olm hat Hände mit drei Fingern und Füße mit zwei Zehen. Er ist kein voll entwickeltes Tier und besitzt sowohl äußere ➔ Kiemen als auch innere Lungen. Seine Haut ist weiß oder rosa. An die Sonne kommt er fast nie. Im Licht wird er braun, im Dunkeln verliert er die Farbe wieder.

Grottenolme verteidigen ihre Reviere heftig gegen andere Männchen.

Darf man Salamander daheim halten?

Für einen Salamander muss das Terrarium groß und vor allem feucht sein. Doch um Amphibien daheim zu halten, braucht man eine Genehmigung. Man kann aber Amphibien in der Natur beobachten. Dazu geht man an einem Juniabend mit einer Taschenlampe zu einem Tümpel – am besten nach einem Regen.

Fische

Die Fische sind die ältesten Wirbeltiere auf der Erde. Vor rund 450 Millionen Jahren lebten in den Meeren die gepanzerten Urfische. Sie besaßen noch kein Skelett. Vor 400 Millionen Jahren hatten sich bereits die Vorfahren der heutigen Knorpelfische und Knochenfische entwickelt. Sie besiedelten das Süßwasser und das Salzwasser. Wir unterscheiden Friedfische, die sich von Plankton ernähren, und Raubfische, die andere Tiere jagen. Fast alle Fische legen Eier, aus denen Larven schlüpfen. Manche Arten bringen auch lebende Junge zur Welt.

Fische pressen Wasser über das Maul durch die Kiemen und nehmen den darin gelösten Sauerstoff auf. Knochenfische haben Kiemendeckel, Haie und Rochen Kiemenspalten.

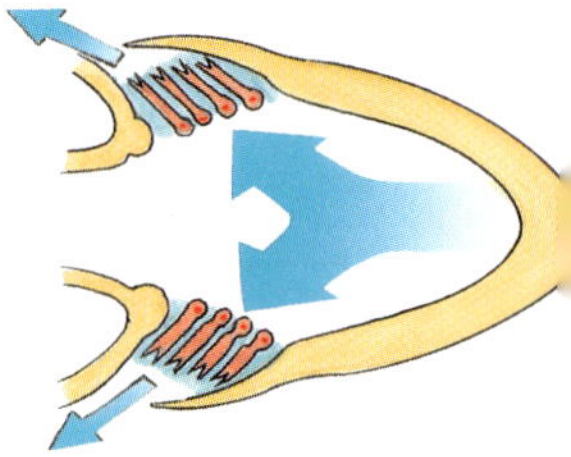

Leben im Wasser

Der Körper schnell schwimmender Fische ist spindelförmig zugespitzt. So können sie das Wasser gut zerteilen. Ihr Körper ist von Schuppen bedeckt. Damit sie mit geringem Widerstand durch das Wasser gleiten, sind die Schuppen von Schleim überzogen. Das macht die Fische glitschig. Für die Fortbewegung im Wasser besitzen die Fische paarweise Brust- und Bauchflossen. Mit der Rücken- und Afterflosse wird die Lage im Wasser eingehalten. Die Schwanzflosse sorgt für den Antrieb. Ein wichtiges ➔ Organ für das Auf- und Absteigen im Wasser ist die Schwimmblase. Sie wird je nach der Wassertiefe mit Luft gefüllt. Der Fisch passt sich so stets dem Wasserdruck an.

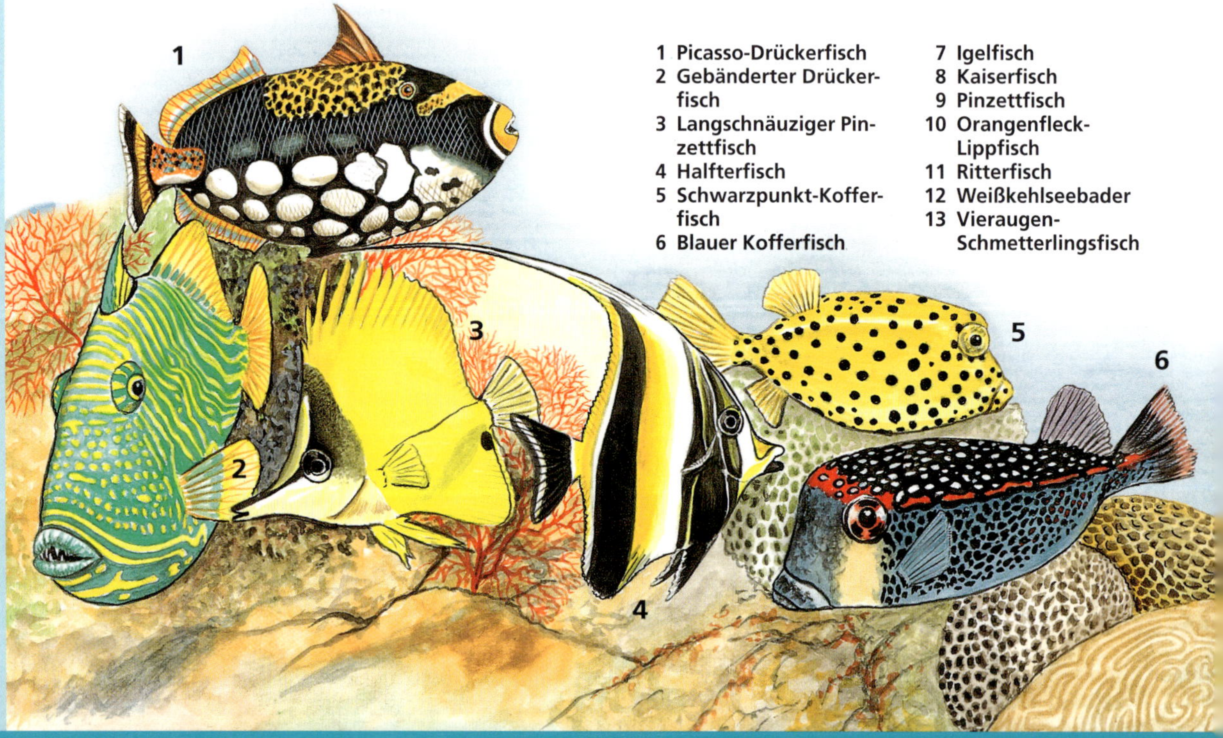

1 Picasso-Drückerfisch
2 Gebänderter Drückerfisch
3 Langschnäuziger Pinzettfisch
4 Halfterfisch
5 Schwarzpunkt-Kofferfisch
6 Blauer Kofferfisch
7 Igelfisch
8 Kaiserfisch
9 Pinzettfisch
10 Orangenfleck-Lippfisch
11 Ritterfisch
12 Weißkehlseebader
13 Vieraugen-Schmetterlingsfisch

Quastenflosser zählen zu den ältesten Fischen. Sie haben gestielte Flossen, die an Beine erinnern.

Knochen- und Knorpelfische

Fast alle Fische sind Knochenfische. Der größte Fisch, der Walhai, gehört allerdings zu den Knorpelfischen. Sie umfassen die Haie und Rochen. Knorpelfische besitzen im Gegensatz zu Knochenfischen kein Knochenskelett. Ihr Körpergerüst besteht aus ➔ Knorpel. Sie haben auch keine Schwimmblase. Deshalb können sie nicht im Wasser schweben wie die Knochenfische. Sie müssen selbst aktiv schwimmen und ihre Flossen bewegen. Ihre Haut ist nicht von Schuppen, sondern von winzigen Zähnchen bedeckt. Die Atmung ist bei allen Fischen gleich: Sie atmen mit ➔ Kiemen.

Der Stör hat keine Schuppen, sondern Knochenplatten. Der 6 m lange Fisch lebt teils im Salzwasser und teils im Süßwasser. Seine Eier liefern den begehrten Kaviar.

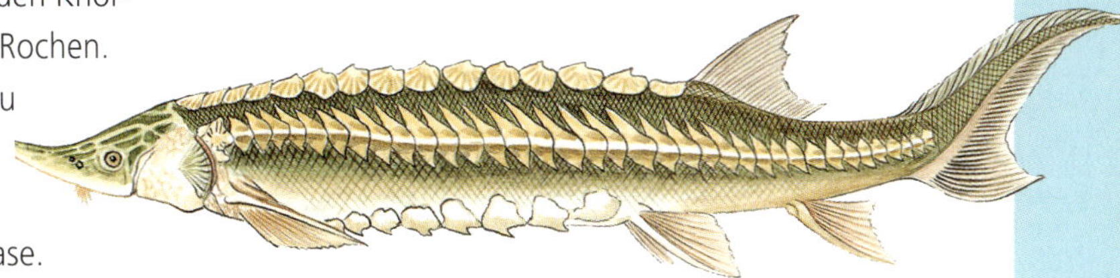

Sechs Sinne

Fische können sehen und hören, riechen, schmecken und tasten. Mit den Augen nehmen sie Umrisse bis in 20 Metern Entfernung wahr. Sie sehen auch farbig. Übrigens schlafen Fische mit offenen Augen. Sie haben keine Augenlider. Fische hören auch Geräusche. Der Geruchs- und der Geschmackssinn sind besonders scharf ausgebildet. So wittern Haie Blut auf große Entfernung. Das Maul der Fische ist ein empfindliches Tastorgan. Viele besitzen Barteln. Das sind Hautanhänge, die wie Fühler wirken. Zu alledem haben Fische noch einen sechsten Sinn: das Seitenlinienorgan. Es nimmt geringste Strömungsänderungen wahr, die durch Hindernisse oder herannahende Tiere im Wasser entstehen.

Die schönsten Fische leben im Korallenriff. Darunter finden sich die absonderlichsten Gestalten.

Haie

Haie

Die meisten Haie sind pfeilschnelle Jäger. Sie haben einen langgestreckten stromlinienförmigen Körper und messerscharfe Zähne. Haie erbeuten vor allem andere Fische und Tintenfische. Einige greifen auch Menschen an. Haie sind nicht nur Jäger, sondern auch Gejagte. Viele der etwa 360 Haiarten sind heute gefährdet. Man fängt sie wegen ihres wohlschmeckenden Fleisches.

Blauhai

Gemäßigte Meere ▶ bis 6 m
Der Blauhai hat einen torpedoförmigen Körper und lange Brustflossen. Er wird gewöhnlich drei bis vier Meter lang. Doch man hat auch schon sechs Meter lange Blauhaie gefangen. Seinen Namen hat der Blauhai von der Farbe seines Rückens. Wie bei fast allen Haien ist die Schnauze spitz. Der Blauhai jagt weit draußen im Meer und verfolgt die Schwärme von Sardinen, Heringen, Makrelen und Thunfischen. An die Küste kommt er selten. Dort kann er allerdings Badenden gefährlich werden. Die Weibchen bringen bis zu 60 voll entwickelte Junge zur Welt.

Ammenhai

Warme, tropische Meere
▶ bis 4,50 m
Es gibt 25 Arten von Ammenhaien. Einige legen Eier, andere bringen lebende Junge zur Welt. Die meisten sind nicht sehr groß. Sie leben in Küstennähe im flachen Wasser und jagen am Meeresboden nach kleinen Fischen und Krebsen. Menschen werden sie nicht gefährlich. Einige Arten sind gefleckt oder gestreift. Dadurch sind sie im Tang und Seegras oder über Felsen fast unsichtbar. Andere haben zur ➔ Tarnung fransige Hautlappen am Kopf und am Körper.

Der Blauhai greift häufig die Netze der Fischer an und macht ihnen die Beute streitig.

An den europäischen Küsten ist der Kleingefleckte Katzenhai häufig zu finden.

Hammerhai

Warme Meere ▶ bis 5,50 m
Der Name dieser Haie stammt von ihrer auffälligen Schnauze. Sie ist stark verbreitert und sieht von oben wie ein großes T aus. Die Augen und die Nasenöffnung sitzen an der Seite des »Hammers«, der Mund darunter. Es gibt zwölf Arten dieser Haie. Der Große Hammerhai wird bis zu 5,50 Meter lang. Er ist ein Bewohner der Hochsee und jagt Fische und Tintenfische. In Küstennähe fällt der angriffslustige Hai manchmal aber auch Schwimmer an.

Katzenhai

Atlantik, Mittelmeer ▶ bis 80 cm
Der Kleingefleckte Katzenhai lebt auf algenbewachsenen Sandbänken. Er ist nachtaktiv. Katzenhaie jagen am Meeresboden in Tiefen bis 100 m.

Die merkwürdige Kopfform des Hammerhais dient vermutlich der besseren Wahrnehmung. Die Augen sitzen außen am »Hammer«.

Der Ammenhai schwimmt nur langsam. Er ruht oft auf dem Meeresgrund.

Haie

Ihre Beute sind Krebse, Weichtiere und kleinere Fische. Diese Haie legen Eier. Nach acht bis neun Monaten schlüpfen die 10 cm großen Jungen.

Weißhai

Warme Meere ▶ bis 12 m
Der Weißhai gilt als gefährlichster und gefräßigster Jäger unter den Haien. Sehr große Weißhaie werden bis zu

Weißhaie schlingen gierig. Man fand in ihren Mägen schon Dosen und Schraubenschlüssel.

zwölf Meter lang und drei Tonnen schwer. Sie jagen Fische aller Art, darunter auch kleinere Haie, sowie Schildkröten, Delfine und Robben. Der Weißhai folgt den Schiffen und verschlingt den Abfall. Schwimmt er in Küstennähe, dann wird es für Badende gefährlich. Weiße Haie haben schon viele Menschen getötet. Deshalb heißen sie auch »Menschenhaie«. Berühmt wurden sie durch den Film »Der weiße Hai«. Ihre Haut ist aber grau.

Der Engelhai wird auch Meerengel genannt. Er vergräbt sich gern im Sand.

Engelhai

Alle Meere ▶ bis 2,50 m
Engelhaie sehen wie Rochen aus, doch sie besitzen seitliche Kiemenspalten wie ein Hai. Der vordere Teil ihres Körpers ist stark abgeplattet, die Augen liegen oben. Das ist eine gute Anpassung, weil Engelhaie am Meeresboden leben und jagen. Sie ernähren sich von kleinen Grundfischen, Weichtieren und Krebsen. Der Engelhai bringt etwa zehn lebende Junge zur Welt.

Rochen

Rochen gehören wie Haie zu den Knorpelfischen, alle anderen Fische sind Knochenfische. Es gibt über 400 Arten von Rochen. Sie haben wie die Haie keine Schwimmblase. Bei den meisten ist der Körper abgeplattet, fast quadratisch oder rautenförmig. Einige haben

einen stromlinienförmigen Körper. Die fünf Kiemenspalten und der Mund liegen auf der Unterseite des Körpers.

Zitterrochen leben in Europa im Mittelmeer.

Riesenmanta

Warme Meere ▶ bis 7 m

Der Riesenmanta ist der größte Rochen. Er kann bis zu sieben Meter breit werden und zwei Tonnen wiegen. Bei ihm ist das Maul in zwei löffelähnliche Gebilde aufgeteilt, die wie Hörner aussehen. Die riesigen Rochen können hoch aus dem Wasser springen. Sie leben von kleinen Krebsen und Fischen, die sie mit einem Siebapparat zwischen den Kiemen aus dem Wasser filtern. Die Weibchen haben stets nur ein Junges, das lebend zur Welt kommt.

Der Riesenmanta schlägt beim Schwimmen mit den spitz auslaufenden Flossen auf und ab. Das sieht aus, als ob ein Vampir durch das Wasser flöge.

Zitterrochen

Alle wärmeren Meere ▶ bis 1,80 m

Zitterrochen können mit ihren Muskeln elektrische Spannungen erzeugen. Damit versetzen sie Beutetieren und Angreifern starke Stromstöße. Bei manchen Arten beträgt die Spannung bis zu 200 Volt, also fast so viel wie im Stromnetz. Mit der Leistung von 2 000 Watt könnten sie für einen kurzen Augenblick 50 Glühbirnen von je 40 Watt zum Leuchten bringen.

Sägefisch

Atlantik, Mittelmeer ▶ bis 6 m

Diese Rochen haben ihren Namen nach der langen Schnauze. Sie ist wie eine Säge seitlich mit spitzen Zähnen besetzt. Der Körper der Sägerochen ist wie bei Haien stromlinienförmig. Sie leben am Meeresboden, den sie mit ihrer »Säge« nach Beute durchwühlen.

Sägefische sind schwer zu fangen und zu beobachten.

Plattfische

Mit ihrer gefährlichen Waffe können sie auch Angreifer wie Haie abwehren. Im Mittelmeer und im Ostatlantik kommt der Westliche Sägefisch vor.

Plattfische

Plattfische gehören zu den Knochenfischen. Die Jungfische haben eine normale Fischgestalt. Nach einiger Zeit nehmen sie eine platte Form an. Dabei wandert auch ein Auge von einer Körperseite auf die andere. Viele Plattfischarten graben sich im Meeresboden ein. Sie passen ihre Farbe dem Untergrund an und sind so hervorragend getarnt.

Wegen der rotgelb gepunkteten Oberfläche wird die Scholle auch Rotbutt genannt.

Scholle

Atlantik, Nordsee, Ostsee
▶ bis 80 cm
Sie ist der bekannteste Plattfisch. Ihre Blindseite ist weiß. Rücken und Afterflosse umranden den Fischkörper und führen beim Schwimmen Wellenbewegungen aus. Für die europäische Fischerei ist die Scholle ein wichtiger Speisefisch. Schollen leben vor allem von kleinen Muscheln, deren Schale sie mit ihrem kräftigen Gebiss knacken. Auch Würmer, Krebstiere und Schlangensterne stehen auf ihrem Speisezettel.

Gut getarnt lauert der Heilbutt auf Beute. Er verfolgt sie auch bis zur Wasseroberfläche.

Weißer Heilbutt

Nördlicher Atlantik ▶ bis 3 m
Der Heilbutt ist der größte Plattfisch. Wie die Scholle ist er ein Raubfisch. Er besitzt starke Kiefer und spitze Zähne und frisst Fische, Krebse, Muscheln und Tintenfische. Junge Heilbutte leben in Tiefen bis zu 70 Metern. Ausgewachsene Fische halten sich in 700 Meter Tiefe auf. Zum ➔ Laichen schwimmt der Heilbutt oft viele Hundert Kilometer weit. Das Weibchen legt danach bis zu 9 Millionen Eier.

Wenn die Seezunge am Meeresboden liegt, hebt sie sich vom Untergrund kaum ab.

Seezunge

Atlantik, Mittelmeer ▶ bis 60 cm
Die Seezunge ist ein vorzüglicher Speisefisch. Tagsüber gräbt sie sich in den Schlick und Sand des Meeresbodens ein. In der Nacht sucht sie Nahrung. Beim Aufspüren der Beute helfen ihr feine Tastorgane, die den Mund umgeben. Seezungen können nicht nur schwimmen. Sie gleiten auch auf den Flossenspitzen über den Meeresboden.

Aalfische

Fast alle Arten von Aalen haben einen schlangenähnlichen Körper. Sie sind Meeresbewohner. Nur der Flussaal verbringt den größten Teil seines Lebens in Flüssen und Seen. Ausgewachsene Aale sind Raubfische, die nachts Beute jagen. Die meisten durchlaufen ein Larvenstadium, bevor sie zu Jungaalen werden.

Flussaal

Europa, Nordamerika ▶ bis 1,50 m
Der Europäische Flussaal schwimmt zum ➔ Laichen ins Sargassomeer im Golf von Mexiko. Dort legen die Aalweibchen in 400 Meter Tiefe ihre Eier ab. Aus den Eiern schlüpfen ➔ Larven in Form eines Weidenblattes. Der Golfstrom trägt sie in zwei, drei Jahren wieder an die Küsten Europas. Hier verwandeln sich die Larven in durchsichtige »Glasaale«, die die Flüsse hinaufsteigen. Mit etwa zehn Jahren sind die Aale erwachsen. Sie wandern als »Blankaale« wieder ins Sargassomeer, um zu laichen.

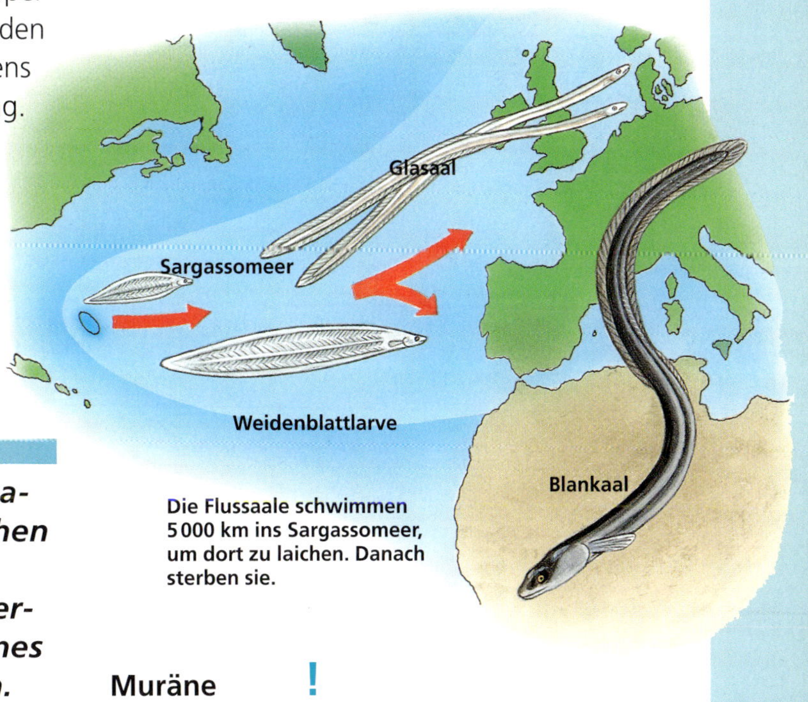

Die Flussaale schwimmen 5 000 km ins Sargassomeer, um dort zu laichen. Danach sterben sie.

Muräne !

Warme Meere ▶ bis 3 m
Muränen sind aalähnliche Raubfische, die an Felsküsten und Korallenbänken leben. Sie verbergen sich am Tag in Felsspalten und jagen in der Dämmerung.

Die meisten Arten haben ein scharfes Gebiss und Giftdrüsen im Maul. Der Biss einiger Arten soll sogar für Menschen tödlich sein. Wie bei den Aalen ist auch bei den Muränen das Blut giftig. Dennoch sind sie begehrte Speisefische.

Muränen leben in Fels- und Korallenriffen

Pelikanaal

Alle Ozeane ▶ bis 50 cm
Der Pelikanaal lebt in 2 000 bis 5 000 Meter Tiefe im Meer. Sein flacher Kopf besteht fast nur aus dem großen, mit vielen kleinen Zähnen besetzten Maul. Daran schließt sich der schlangenförmige Körper an. Der Pelikanaal ernährt sich von Meeresplankton, vor allem von Kleinkrebsen. Um sie zu fangen, schwimmt er mit geöffnetem Maul durchs Meer und klappt die Kiefer blitzschnell auf und zu.

Der Pelikanaal (Mitte) ist ein Tiefseefisch. Der Viperfisch (rechts) und der Laternenangler (links) werden von seinem riesigen Maul nicht bedroht.

Welse

Die meisten Welse leben im Süßwasser, einige Arten auch im Meer. Sie haben keine Schuppen. Stattdessen besitzen manche einen Panzer aus Knochenplatten. Welse suchen am Grund der Gewässer nach Beute. Diese spüren sie im Dunkeln mit den langen Barteln am Kopf auf. Fast alle Welse sind Raubfische.

Riesenwels

Südostasien ▶ bis 3 m
Der Riesenwels ist neben dem Flusswels der größte im Süßwasser lebende Wels. Anders als die meisten Welse ist der riesige Fisch ein reiner Pflanzenfresser. Ältere Riesenwelse sind zahnlos, während junge Tiere noch Zähne besitzen. Der Riesenwels lebt in den großen Strömen Südostasiens. Nach der Regenzeit wandert er die Flüsse hinauf, um im Quellgebiet zu ➔ laichen. Er wird als Speisefisch genutzt und ist daher vom Aussterben bedroht.

Welse

Riesenwelse haben auffallend lange Barteln, mit denen sie ihre Umgebung ertasten.

Flusswels

Europa ▶ bis 3 m

Der Flusswels oder Waller ist der größte in Europa lebende Raubfisch des Süßwassers. Er jagt alles, was er bewältigen kann: Fische, aber auch Frösche und sogar Wasservögel. Das Männchen baut im flacheren Wasser aus Teilen von Wasserpflanzen ein Nest, in das mehrere Weibchen ihre Eier ablegen. Der Vater bewacht die frisch geschlüpften Jungwelse, bis sie davonschwimmen. Der Wels ist ein gefragter Speisefisch. Wenn sie den Fischern entgehen, können Welse in großen Gewässern sehr alt werden.

Kongowels

Afrika ▶ bis 6 cm

Der kleine Kongowels schimmert in vielen Farben. Doch nicht deshalb ist er ein beliebter Aquariumfisch. Das Besondere an ihm ist, dass er auf dem Rücken schwimmt! Jungfische schwimmen anfangs normal. Erst später werden sie Rückenschwimmer.

Der Kongowels hat lange Barteln. Damit spürt er Algen und Larven an Wasserpflanzen auf.

Ein ausgewachsener Flusswels wird bis 250 kg schwer. Der Raubfisch soll angeblich über 100 Jahre alt werden.

Heringsfische

Heringsfische

Die Heringsfische umfassen rund 350 Arten. Zu ihnen zählen die eigentlichen Heringe sowie Sardinen, Sprotten und Sardellen. Die meisten Heringe leben im offenen Meer und bilden dort große Schwärme. Es gibt aber auch etwa 50 Arten von Süßwasserheringen. Alle Heringe sind Friedfische. Sie ernähren sich von winzigen Lebewesen im Plankton.

Der Atlantische Hering ist der wichtigste Nutzfisch.

Atlantischer Hering

Nordatlantik ▶ bis 45 cm

Millionen von Heringen leben in riesigen Schwärmen, um sich vor Feinden zu schützen. Sie halten sich tagsüber am Boden auf. In der Nacht steigen sie hoch, um ➔ Plankton zu fressen. Ein Weibchen legt bis zu 30 000 Eier. Daraus schlüpfen sechs Millimeter lange, durchsichtige ➔ Larven. Atlantische Heringe wachsen vor der norwegischen Küste auf. Mit zwei Jahren wandern sie in das offene Meer.

Im Mittelmeer gibt es riesige Sardinenschwärme.

Wie werden Heringe gefangen?

Heringe sind wichtige Nutzfische. Man isst sie frisch oder macht daraus Fischkonserven und Räucherfisch. Gefischt werden die Heringsschwärme mit dem Treibnetz und dem Schleppnetz. Das Treibnetz hängt als eine bis zu 5 km lange und 10 m breite Netzwand senkrecht im Wasser. Große Heringe bleiben mit den Kiemendeckeln in den Maschen hängen. Das Schleppnetz ist ein Sack, der von zwei Fischdampfern durch das Wasser gezogen wird. Da die Gewässer zum größten Teil überfischt sind, müssen die Fischflotten heute sehr weit fahren, um einen guten Fang zu machen.

Sardine

Atlantik, Mittelmeer, Schwarzes Meer ▶ bis 25 cm
Die Zoologen unterscheiden mehrere Arten von Sardinen. Doch meist ist mit Sardine die etwa 15 cm lange Jugendform des Pilchard gemeint. Dieser Fisch zählt zu den Echten Sardinen. Sardinen ernähren sich von kleinen Krebschen und pflanzlichem Plankton.

Dorschfische

Zu den Dorschfischen zählen etwa 480 Arten, die fast alle im Meer leben. Dorsche gab es schon vor über 50 Millionen Jahren. Wahrscheinlich sind die frühesten Formen sogar mehr als 100 Millionen Jahre alt. Einige Dorschfische werden in großen Mengen gefangen, zum Beispiel der Kabeljau und der Schellfisch.

Kabeljau

Nordatlantik ▶ bis 1,50 m
Der Kabeljau lebt in Tiefen bis zu 250 Metern. Seine Farbe wechselt von Braun über Grünlich bis Hellgrau, die Unterseite ist weißlich. Am Unterkiefer trägt er einen dicken Bartfaden. Der Kabeljau ist ein Raubfisch und hat ein großes Maul mit vielen Zähnen. Zu seiner Beute zählen kleinere Fische wie Heringe, aber auch Krebse, Würmer und Weichtiere. Er folgt den Heringsschwärmen bis weit in den Norden. Zum ➔ Laichen kehrt der Kabeljau in flache Gewässer zurück. Große Weibchen legen bis zu fünf Millionen Eier. Die Jungfische nennt man Dorsche.

Seehecht

Nordatlantik, Mittelmeer ▶ bis 1 m
Der Seehecht ist ein Verwandter des Kabeljaus. Er kommt im Schelfmeer

Der Kabeljau ist als Speisefisch so begehrt, dass sich die Länder am Nordatlantik um die Fanggründe streiten.

vor. Seinen Namen verdankt er der schlanken Körperform, dem flachen Kopf und dem großen Maul, die an einen Hecht erinnern. Der Raubfisch lebt von kleineren Schwarmfischen wie Heringen. Seehechte sind wichtige Speisefische und werden in großen Mengen gefangen.

Man erkennt den Seehecht sofort an den zwei Rückenflossen: Die erste ist dreieckig.

Schellfisch

Nordatlantik ▸ bis 1 m

Der Schellfisch lebt wie der Kabeljau und der Seehecht in den → Schelfmeeren des Nordatlantiks. Er kommt in Tiefen bis etwa 200 m vor. Schellfische können bis 1 m lang werden. Sie ernähren sich von Würmern, Muscheln und Stachelhäutern sowie von Fischlaich. Ein besonderes Merkmal des Schellfisches ist ein schwarzer Fleck über der Brustflosse. Der Schellfisch ist ein wichtiger Speisefisch.

Der Schellfisch ist ein schmackhafter Fisch.

Lachsfische

Als Lachsfische fasst man rund 330 ganz unterschiedliche Fischarten zusammen. Dazu gehören zum Beispiel die Lachse, Forellen und Saiblinge sowie die verschiedenen Hechte. Sie leben alle überwiegend im Süßwasser. Auch ganz ungewöhnlich aussehende Tiefseefische wie die Viperfische oder die Laternenfische zählen zu den Lachsfischen.

Lachs

Nordatlantik, Nord- und Ostsee

▸ bis 1,50 m

Lachse legen im Laufe ihres Lebens große Entfernungen zurück. Die Jung-

Lachse springen beim Laichaufstieg in den Flüssen bis zu 4 m hoch.

lachse wachsen in den Oberläufen der großen Flüsse auf und wandern dann ins Meer. Nach zwei bis drei Jahren kehren sie zum ➔ Laichen wieder in ihren Fluss zurück. Sie merken sich den Geruch des Flusses. Bei ihren kräftezehrenden Wanderungen flussaufwärts überspringen sie Stromschnellen und andere Hindernisse. Auch gegen starke Strömungen schwimmen sie an. Für das Laichen brauchen die Lachse klares, kaltes Wasser und einen Kiesgrund. Die Weibchen heben eine 10 bis 20 Zentimeter tiefe Laichgrube aus und legen darin bis zu 30 000 Eier ab. Lachse können bis zu 40 Kilogramm schwer werden. Sie sind hervorragende Speisefische und werden heute in Fischfarmen im Meer gezüchtet.

Im Herbst wandert die Bachforelle stromauf und legt im flachen Wasser 1 500 Eier ab.

Bachforelle

Kühle Bäche und Flüsse

▶ bis 50 cm

Die Bachforelle ist eine kleinere Form der Europäischen Forelle. Diese kommt auch im Meer als Meerforelle und in großen Seen als Seeforelle vor. Die Forellen haben Flecken auf der Rückenflosse, an denen man sie unterscheidet. Bachforellen lauern hinter Steinen auf Beute. Sie fressen nicht nur Insekten, Jungfische und Frösche, sondern oft auch die eigene Brut. Bei uns werden Bachforellen immer mehr von eingeführten amerikanischen Regenbogenforellen verdrängt. Diese stellen weniger Ansprüche an die Wasserqualität und wachsen rascher. Alle Forellen sind beliebte Speisefische. Man züchtet sie deshalb in Becken und in Teichen.

Der Hecht ist nach dem Wels der größte Raubfisch in unseren Gewässern. In seinem Rachen hat er über 700 Zähne.

Hecht

Europa, Nordamerika, Sibirien

▶ bis 2 m

Der Hecht lebt als Einzelgänger in Seen, Teichen, Bächen und Flüssen. Der Raubfisch steht oft still zwischen Unterwasserpflanzen oder an Schilfrändern und lauert auf Beute. Dabei tarnt ihn seine grüngraue Oberseite hervorragend. Nähert sich ein Fisch, stößt er mit seinem Entenschnabelmaul blitzschnell zu. Hechte jagen vor

Lachsfische

allem andere Fische. Sehr große Hechte erbeuten auch Wasservögel, Ratten, Mäuse und Frösche. Ein Hechtweibchen legt bis zu 100 000 Eier. Hechte können vermutlich 60 bis 70 Jahre alt werden. Sie sind begehrte Speisefische.

Der Viperfisch kann sein Maul gewaltig aufreißen. Dadurch kommt sein furchterregendes Gebiss voll zur Wirkung.

Leuchtsardine

Tiefsee aller Meere
▶ bis 5 cm

Die Leuchtsardinen sehen zwar so ähnlich aus wie kleine Sardinen, haben aber sonst mit diesen Fischen nichts gemeinsam. Sie leben in der Tiefsee und besitzen silbrige Augen und Leuchtorgane am Körper. Männchen und Weibchen können sich an den Leuchtorganen erkennen. Das Männchen strahlt heller als das Weibchen. Das Licht kommt auf chemischem Wege zustande. Es wird entweder von Bakterien erzeugt oder der Fisch sondert einen Leuchtstoff ab. Die Leuchtorgane bilden sich erst, nachdem sich die Larven zu Jungfischen entwickelt haben.

Leuchtsardinen locken mit ihren Leuchtorganen kleinere Fische an, die sie fressen.

Viperfisch

Tiefsee aller Meere ▶ bis 25 cm

Die Viperfische leben im Meer zwischen 500 und 3 000 Metern Tiefe. Es gibt sechs Arten. Nachts schwimmen die Viperfische oft an die Meeresoberfläche. Wie viele andere Tiefseefische besitzen sie Leuchtorgane. Sie locken damit Beute an. Bei dem im Mittelmeer lebenden Viperfisch sitzt das Leuchtorgan am ersten stark verlängerten Strahl der Rückenflosse wie an einer Angel. Ihren Namen verdanken diese kleinen Fische ihren sehr langen Fangzähnen. Sie erinnern an die Giftzähne von Vipern, zum Beispiel an die einer Kreuzotter.

Anglerfische

Es gibt etwa 300 Arten von Anglerfischen. Sie locken die Beute mit einem Köder an. Dieser sitzt auf einem umgebildeten Flossenstrahl und trägt ein wurmartiges Hautgebilde. Zu den Anglerfischen gehören auch einige Arten, die in der Tiefsee leben. Die Weibchen haben Leuchtorgane in ihren Ködern.

Seeteufel

Atlantik, Mittelmeer ▸ bis 1,50 m
Der Seeteufel ist einer der größten Anglerfische. Er lauert am Meeresboden auf Beute. Der erste Strahl seiner Rückenflosse ist zu einer Angel umgebildet, an der ein Hautfetzen als »Wurm« hängt. Auf diesen Köder fallen viele Beutetiere herein. Wenn sie sich nähern, saugt sie der Seeteufel wie ein Staubsauger in sein riesiges Maul. Es ist voller kräftiger spitzer Zähne. Der Raubfisch frisst Fische, Krebse und Tintenfische.

Der Seeteufel liegt gut getarnt am Meeresboden und ist dort kaum zu erkennen.

Der abgebildete Schwarze Tiefseeangler wird nur 8 cm lang. Wie viele Tiefseeangler frisst er Fische, die größer sind als er selbst. Er kann sein Maul und den Magen weit dehnen.

Tiefseeangler

Wärmere Meere ▸ bis 1 m
Es gibt rund 200 Arten von Tiefseeanglern. Sie leben im Meer zwischen 300 und 4000 Metern Tiefe. Die meisten von ihnen sind nicht sehr groß. Viele besitzen ein Angelorgan, das leuchtet. Damit werden in der lichtlosen Tiefe Beutefische angelockt. Häufig sind die Männchen der Angler viel kleiner als die Weibchen. Bei einigen Arten sind solche Zwergmännchen mit den Weibchen verwachsen und ernähren sich von deren Blut. Die Weibchen sind gute Jäger und erbeuten vor allem Fische.

Seefledermaus

Atlantik, Pazifik ▸ bis 12 cm
Seefledermäuse sind schlechte Schwimmer. Sie leben meist am

Panzerwangen

Meeresgrund und schieben sich mit ihren Brust- und Bauchflossen über den Boden. Ihre kurze Angel mit dem Köder steht in einer kleinen Grube direkt über dem Mund. Die Langnasen-Seefledermaus lebt im Atlantischen Ozean. Sie hat ein kleines Leuchtorgan an ihrem Köder. Beutetiere lassen sich dadurch leichter anlocken.

Seefledermäuse sind beliebte Fotoobjekte für Taucher.

Der Rotfeuerfisch ist an seinen Stacheln und fächerförmigen Flossen leicht zu erkennen.

Panzerwangen

Die Panzerwangen umfassen etwa 330 Arten. Ihr Kopf ist mit Knochen gepanzert, daher kommt ihr Name. Diese Meeresfische zählen zu den Stachelflossern. Dazu gehört auch der Rotbarsch, ein hochgeschätzter Speisefisch. Einige Arten der Panzerwangen besitzen am Grund der Rückenstacheln Giftdrüsen, die ein sehr starkes Gift absondern.

Rotfeuerfisch !

Indischer und Pazifischer Ozean
▶ bis 38 cm

Rotfeuerfische leben meist im → Korallenriff. Ihren Namen haben sie von den prächtigen roten Streifen. Diese dienen als Warnfarbe. Denn das Gift in ihren Rückenflossen ist sehr stark und auch für Menschen tödlich. Bei der Jagd benutzen Rotfeuerfische ihre stark vergrößerten Brustflossen, um ihre Beutetiere in die Enge zu treiben.

Steinfisch !

Indischer und Pazifischer Ozean
▶ bis 30 cm

Die Steinfische sehen wie bewachsene Steine aus. Mit dieser Tarnung sind sie am Meeresboden für ihre Beute fast unsichtbar. Steinfische besitzen das stärkste Gift von allen Fischen. Sie setzen es aber nur zur Verteidigung ein. Auch für Menschen ist das Gift gefährlich. Schon mancher ist im flachen Wasser auf einen Steinfisch getreten und hat sich dabei tödlich verletzt.

Der Steinfisch hat in der Rückenflosse spitze Stacheln. Sie sind mit Giftdrüsen verbunden.

Gibt es giftige Fische?

Manche Fische haben Giftstacheln. Diese sind mit Giftdrüsen verbunden. Dringt der Stachel in die Haut, wirkt er wie eine Giftspritze. Bei manchen Kugelfischen enthalten Leber, Galle und Darm ein tödliches Gift. Japaner essen diese Fische trotzdem. Besonders geschulte Köche bereiten sie zu. Dennoch sterben immer wieder Menschen an dem japanischen Fischgericht »Fugu«.

Karpfenfische

Fast alle der karpfenartigen Fische leben im Süßwasser. Dazu gehören die echten Karpfen und die Salmler. Die Salmler kommen in Mittel- und Südamerika sowie in Afrika vor. Zu ihnen zählen die gefürchteten Piranhas.

Karpfen

Asien, Europa ▶ bis 1,20 m

Der Karpfen ist ein Friedfisch des Süßwassers. Die Römer liebten diesen Speisefisch und brachten ihn in alle Teile Europas. Er wird seit über 2 000 Jahren in Teichen gezüchtet. Man kennt verschiedene Zuchtrassen: Der Spiegelkarpfen hat wenige, sehr große Schuppen, der Lederkarpfen ist ganz ohne Schuppen. Wildkarpfen sind am ganzen Körper beschuppt. Sie leben in Flüssen und Seen. Die fast zahnlosen Fische fressen Pflanzen, Würmer und ➔ Larven. Karpfen werden bis 50 Jahre alt.

Schleie

Europa, Sibirien ▶ bis 70 cm

Die Schleie nennt man auch Schuster oder Schlie. Wie der Karpfen hat auch sie einen hohen Rücken. Sie ist ein begehrter Speisefisch mit zartem Fleisch. Schleien lieben Seen mit schlammigem Boden. In Karpfenteichen werden sie manchmal als Beifische gezüchtet. In kalten Wintern gräbt sich die Schleie wie der Karpfen in den Schlamm ein.

Karpfenfische

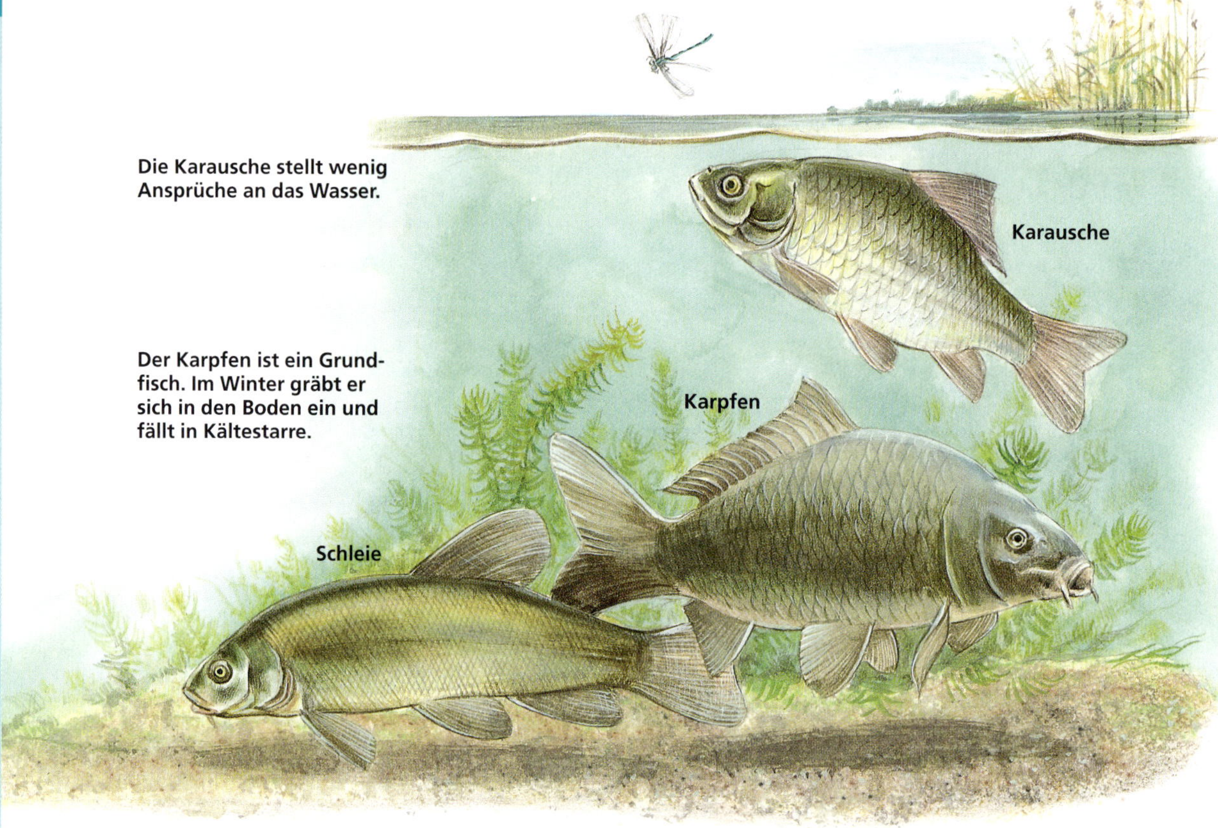

Die Karausche stellt wenig Ansprüche an das Wasser.

Der Karpfen ist ein Grundfisch. Im Winter gräbt er sich in den Boden ein und fällt in Kältestarre.

Karausche

Europa ▶ bis 50 cm

Die Karausche ist eine nahe Verwandte des Karpfens, wird aber nur halb so groß. Sie lebt in schlammigen Teichen und Seen und in moorigen Gewässern. Man nennt sie auch »Moorkarpfen«. Wenn ihr Gewässer austrocknet, kann die Karausche im Schlamm längere Zeit überleben. Sie ernährt sich von Algen, Insektenlarven und Pflanzen.

Piranhas greifen oft in Schwärmen an. Ihre Zähne verraten den Raubfisch. Die Indianer am Amazonas benutzen das Gebiss als Messer.

Piranha

Flüsse Südamerikas ▶ bis 30 cm

Die Piranhas oder Sägesalmler sind gefürchtete kleine Raubfische. Sie besitzen starke Kiefer und sehr scharfe dreieckige Zähne. Piranhas leben in vielen Flüssen Südamerikas und erbeuten vor allem Fische. Sie können aber auch größeren Säugetieren gefährlich werden. Die Piranhas sind allerdings nicht so blutrünstig, wie es oft berichtet wird.

Ährenfischartige

Zu den Ährenfischartigen zählen ganz unterschiedliche Fische. Neben Meeresbewohnern wie den Fliegenden Fischen gehören die Schwertträger und Guppys des Süßwassers dazu. Es sind meist kleine silbrige Fische mit auffallend großen Augen. Viele von ihnen werden in Aquarien gehalten.

Bei manchen Guppymännchen ist die Schwanzflosse fast so groß wie der ganze Körper.

Guppy

Warmes Süßwasser ▶ bis 6 cm
Der Guppy stammt aus Venezuela und der Karibik. Heute ist der Fisch weltweit verbreitet. Der kleine Zahnkärpfling ist der bekannteste Aquarienfisch. Die lebhaften Männchen haben große, prächtig gefärbte Schwanzflossen. Die Weibchen gebären pro Wurf 10 bis 100 lebende Junge. Guppys wurden früher häufig ausgesetzt, damit sie die ➔ Larven der Malariamücken fressen.

Der Schwertträger ist wie der Guppy ein sehr beliebter Fisch im Süßwasseraquarium.

Schwertträger

Warmes Süßwasser ▶ bis 12 cm
Der Schwertträger gehört wie der Guppy zu den Zahnkärpflingen. Die Weibchen bringen in einem Wurf etwa 200 lebende Junge zur Welt. Die Männchen tragen an der Unterkante der Schwanzflosse einen langen Fortsatz. Dieses Schwert ist fast so lang wie der Fisch selbst. Es dient dazu, die Weibchen zu beeindrucken.

Stichlinge

Stichlinge

Die Stichlingsfische umfassen rund 350 Arten. Zu ihnen gehören viele ungewöhnliche Fische wie der Dreistachlige Stichling, der im Salzwasser wie im Süßwasser zu Hause ist. Auch die Seenadeln, die Seepferdchen und die merkwürdigen Fetzenfische zählen zu dieser Gruppe.

Dreistachliger Stichling

Küsten sowie Flüsse und Seen Europas, Nordasiens und Nordamerikas ▸ bis 11 cm
Das Männchen des Dreistachligen Stichlings trägt in der Brutzeit ein buntes Hochzeitskleid: Bauch und Kehle leuchten orange bis tiefrot, der Rücken türkisgrün bis blau. Das Stichlingsmännchen baut ein Nest aus Pflanzenteilen, die es mit Schleim verklebt. Die Eier, die das Weibchen ins Nest legt, bewacht es ebenso wie die geschlüpften Jungen. Bei Gefahr nimmt es die Brut ins Maul und spuckt sie ins Nest zurück.

Seepferdchen

Mittelmeer, Asien ▸ bis 35 cm
Seepferdchen leben im Meer und fressen → Plankton. Mit ihrem Ringelschwanz halten sich diese ungewöhnlichen Fische oft an Algen oder Seegras fest. Das Weibchen legt dem Männchen die Eier in eine Bruttasche am Bauch. Dort bleiben sie, bis die Jungen geschlüpft sind.

Das Männchen treibt das Weibchen ins Nest. Wenn dieses seine Eier gelegt hat, schwimmt es weg. Das Männchen befruchtet nun die Eier.

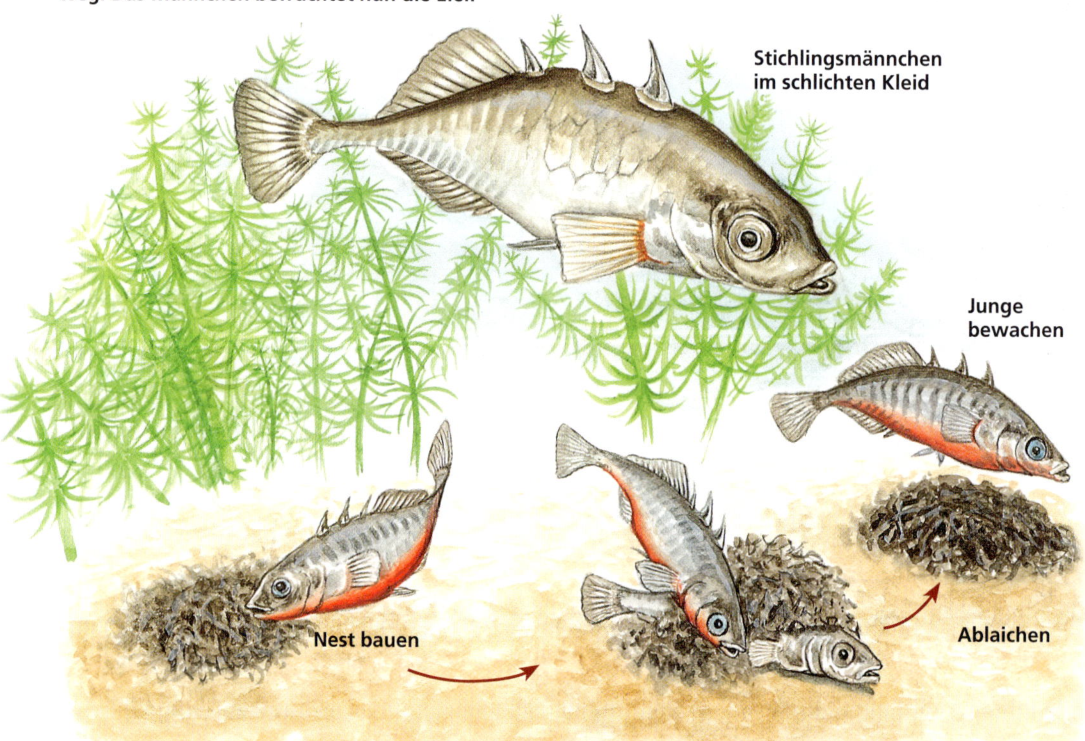

Das Männchen nimmt die Eier auf und befruchtet sie.

Fetzenfisch

Australien ▶ bis 40 cm

Der Fetzenfisch erinnert an ein Seepferdchen. Er lebt in den Seegraswäldern vor der Küste Australiens. Hautlappen lösen die Körperform des Fetzenfischs nahezu auf. Dadurch sieht er aus wie ein treibendes Algenblatt. Wie unter einer Tarnkappe nähert sich der Fisch seiner Beute.

Der Fetzenfisch ernährt sich von Kleinstlebewesen.

Buntbarsche

Die Buntbarsche sind eine Familie barschähnlicher Süßwasserfische. Sie kommen in Südamerika, Afrika und Indien in Seen und langsam fließenden Gewässern vor. Die meisten Buntbarsche sind nicht besonders groß. Es gibt etwa 1300 Arten. Die Fische sind wegen ihres Brutverhaltens interessant. Sehr viele sind Maulbrüter. Buntbarsche gehören zu den beliebtesten Aquarienfischen.

Das Türkisbuntbarsch-Weibchen nimmt etwa 15 Eier ins Maul. Diese Eier sind fast erbsengroß. Bei anderen Maulbrütern werden mehr, aber kleinere Eier im Maul ausgebrütet.

Türkisbuntbarsch

Afrika ▶ bis 8 cm

Der Türkisbuntbarsch ist ein Maulbrüter aus dem afrikanischen Malawisee.

Barschartige

In diesem See gibt es rund 200 Arten von Buntbarschen. Das Weibchen des Türkisbuntbarsches nimmt die Eier ins Maul und brütet sie darin etwa 21 Tage lang aus. Wenn die Jungfische ausgeschlüpft sind, spuckt sie diese aus. Während der Zeit des Brütens kann der Fisch nur wenig Nahrung zu sich nehmen.

Segelflosser sind die beliebtesten Zierfische.

Segelflosser

Südamerika ▶ bis 15 cm
Sein Körper ist sehr flach und sieht wie eine Diskusscheibe aus. Bei uns wird er wegen seiner schönen Färbung in vielen Aquarien gehalten. Die Segelflosser haben eine besondere Form der Brutpflege: Sie nehmen die geschlüpften Jungfische mit dem Maul auf und kleben sie mit hauchdünnen Fäden an Wasserpflanzen fest. Danach bewachen sie die Brut.

Barschartige

Als Barschartige fasst man über ein Drittel aller Fische zusammen. Mehr als 9300 Arten sind barschartige Fische. Dazu zählen nicht nur die Echten Barsche wie der Flussbarsch, sondern auch die Buntbarsche, die kleinen Doktorfische oder die riesigen Schwert- und Thunfische. Alle Barsche haben stachelige Flossen.

Flussbarsch

Europa, Nordasien ▶ bis 45 cm
Der Flussbarsch hat den barschartigen Fischen den Namen gegeben. Er lebt nicht nur in Flüssen, sondern auch in Bächen und Seen. Der Raubfisch jagt Fische, Insektenlarven und andere Wassertiere. Das Weibchen legt bis zu 300 000 Eier, die lange, schleimige Bänder bilden. Die Laichbänder hängt es an Wasserpflanzen oder Steine.

Der Flussbarsch sieht sehr gut und verfolgt seine Beute unerbittlich über lange Strecken.

Barschartige

Das Zanderweibchen legt im Frühjahr etwa 300 000 Eier an Wasserpflanzen oder auf den Kies. Das Männchen bewacht die Eier, bis die Larven ausschlüpfen.

Zander

Flüsse, Seen in Europa und Westasien ▸ bis 1,20 m

Der Zander ist wie der Flussbarsch ein Echter Barsch. Der Raubfisch lebt im trüben Süßwasser. Er besitzt große Fangzähne auf den Kiefern und dazwischen kleinere Zähne. Die beiden stacheligen Rückenflossen sind schwarz gefleckt, der grüne Körper hat dunkle Querstreifen. Der Zander erinnert in seiner Gestalt an einen Hecht und wird deshalb auch Hechtbarsch genannt. Er jagt vorwiegend in der Dämmerung. Zander können 18 Kilogramm schwer werden. Sie sind sehr gute Speisefische. Der Zander ist ein vorsichtiger und scheuer Fisch, der nicht leicht zu fischen ist.

Riesenzackenbarsch

Warme Meere ▸ bis 3 m

Der Riesenzackenbarsch ist ein sehr großer Fisch mit kräftigem Körper und einem breiten Maul. Er wird über

Riesenzackenbarsche sind angriffslustige Einzelgänger.

Barschartige

300 kg schwer. Seine spitzen Zähne haben am Grund ein Gelenk und lassen sich nach hinten umklappen. Der Riesenzackenbarsch lebt in warmen Meeren in etwa 100 m Tiefe. Man findet ihn häufig in ➔ Korallenriffen. Dort jagt er Fische, Krebse und sogar Schildkröten.

Taucher fürchten die Barrakudaschwärme. Die Fische greifen sofort an, wenn sie sich gestört fühlen.

Barrakuda

Alle wärmeren Meere ▸ bis 1,80 m
Die Barrakudas sind sehr schnelle Raubfische. Sie leben im Meer und halten sich meist in Küstennähe auf. Barrakudas haben einen langen, schmalen Körper und eine spitze, hechtähnliche Schnauze. Man nennt sie deshalb auch Pfeilhechte. Die Barrakudas jagen vor allem Schwarmfische. Bei Tauchern sind sie gefürchtet, weil sie mit ihren großen, dolchartigen Zähnen tiefe Wunden reißen. Es gibt etwa 20 Arten von Barrakudas. Sie sind Einzelgänger. In der Laichzeit bilden sie jedoch große Schwärme und können dann sehr gefährlich werden.

Schlammspringer

Warme Meere ▸ bis 23 cm
Die Schlammspringer sind an Land und im Meer zu Hause. Ihre Brustflossen sind so umgebildet, dass sie sich damit auf dem Boden bewegen können. Mithilfe dieser Flossen klettern sie sogar auf Baumwurzeln. An Land atmen sie durch die Haut. Auffallend sind ihre großen Glotzaugen, die weit oben am Kopf sitzen. Es gibt etwa 20 Arten dieser Fische. Schlammspringer bewohnen vor allem ➔ Mangrovensümpfe und jagen an Land kleine Krebse und Insekten. Die Fische selbst werden auf dem Trockenen von Schlangen gejagt.

Der Schlammspringer kann seine Glotzaugen wie ein Frosch in verschiedene Richtungen drehen.

Himmelsgucker

Warme Meere ▸ bis 30 cm

Der Himmelsgucker gräbt sich auf dem Meeresgrund mit den kräftigen Brustflossen in den Sand ein. Nur die Augen, die oben am Kopf sitzen, schauen noch heraus. Das Atemwasser nimmt er durch die Nasenlöcher auf. So lauert er auf Beute. Schwimmt ein Fisch vorbei, dann schießt der Himmelsgucker mit einem Satz hervor.

Die gute Tarnung der Himmelsgucker ist verblüffend.

Schützenfisch

Australien, Südostasien ▸ bis 24 cm

Der Schützenfisch lebt im flachen Wasser der Flussmündungen und → Mangrovensümpfe. Dort jagt er Insekten auf höchst eigentümliche Weise: Wie mit einer Wasserpistole schießt der Schützenfisch durch einen gezielten Wasserstrahl Insekten von Pflanzen und Blättern, die über dem Wasserspiegel hängen. Dazu besitzt er am Gaumen eine Rinne, gegen die er die Zunge drückt. Durch das so gebildete Rohr presst er mit den Kiemendeckeln das Wasser aus dem Maul.

Der Schützenfisch stößt den Wasserstrahl mit großer Treffsicherheit aus dem Maul.

Meerschwalbe

Indischer, Pazifischer Ozean

▸ bis 10 cm

Unter den Lippfischen gibt es eine Reihe Arten, die sich als Putzerfische betätigen. Zu diesen »Putzern«

Meerschwalben putzen der Muräne die Zähne.

gehört die Meerschwalbe. Der kleine blaue Fisch hält sich meist an bestimmten Stellen auf. Fische, die sich putzen lassen wollen, schwimmen zur »Putzstation«. Die Meerschwalbe frisst ihnen dann ➔ Schmarotzer von der Haut und aus den Kiemen. Putzerfische wagen sich sogar in das Maul von Raubfischen, um deren Zähne von Fleischresten zu säubern.

Clownfisch

Korallenmeere ▸ bis 15 cm
Clownfische sind kleine Riffbarsche und heißen auch Anemonenfische. Sie leben stets in ➔ Symbiose mit einer Seeanemone, deren giftige Tentakel sie vor Feinden schützen. Als Gegenleistung fallen für die Seeanemone Reste der Fischmahlzeit ab. Die kleinen Fische greifen sogar Taucher an, die sich ihrer Seeanemone nähern.

Eine Schleimschicht auf seinem Körper schützt den Clownfisch vor dem Nesselgift der Seeanemone.

Blaue Doktorfische bilden Schwärme im Korallenriff. Die Jungfische sind hellgelb.

Doktorfisch

Westatlantik ▸ bis 35 cm
Die Doktorfische haben ihren Namen nach einem Knochenfortsatz an der Schwanzwurzel. Dieser ist scharf wie das Skalpell eines Chirurgen und heißt auch »Doktormesser«. Es ist in einer Grube versenkt und wird zur Verteidigung ausgeklappt. Durch Schläge mit dem Schwanz können Doktorfische damit Angreifer verletzen oder gar töten. Beim Blauen Doktorfisch ist das Messer durch einen weißen oder gelben Fleck markiert. Das ist ein Warnsignal für andere Fische, sich fern zu halten. Es gibt etwa 100 Arten von Doktorfischen.

Fledermausfisch

Pazifik, Rotes Meer ▸ bis 60 cm
Der Fledermausfisch hat eine sehr eigenartige Gestalt. Seine ausgebrei-

tete After- und Rückenflosse gleichen Flügeln. Wenn er in Seitenlage schwimmt, flattert er mit den Flossen. So schützt er sich vor Raubfischen, die ihn mit Plattwürmern verwechseln.

Der Fledermausfisch ähnelt welken Blättern, die im Meer treiben. Er ist dadurch gut getarnt.

Der Fisch ernährt sich von kleinen Krebsen und Pflanzenplankton.

Thunfisch

Warme Meere ▸ bis 4,60 m
Thunfische haben eine ähnliche Körperform wie Makrelen. Ihr Rücken ist blauschwarz, der Bauch ist weiß, die Seiten sind silbern. Thunfische schwimmen sehr schnell. Sie jagen Schwarmfische wie Makrelen und Heringe. Diese verfolgen sie in kleinen Gruppen, so genannten ➔ Schulen, dicht unter der Wasseroberfläche. Zum ➔ Laichen kommen Thunfische an die Küste. Der Thunfisch ist ein beliebter Speisefisch und zum Teil überfischt, was zum Aussterben führen kann.

Der Körper des Thunfisches ist torpedoförmig.

Japanische Makrele

Warme Meere ▸ bis 60 cm
Makrelen sind Raubfische der Hochsee, die in großen Schwärmen dicht unter der Meeresoberfläche schwimmen. Sie haben einen langgestreckten, stromlinienförmigen Körper. Es gibt rund 50 Makrelenarten. Sie gelten als gute Speisefische. Die Japanische Makrele ernährt sich vor allem von Heringen, Sardinen und Sardellen, aber auch von kleinen Krebsen. Der Geschmack der Makrele ist sehr viel intensiver als der des Thunfisches.

Die Makrele ist ein öliger Fisch mit weichem Fleisch.

Fächerfische sind schnelle Schwimmer der Hochsee. Ihren Namen haben sie von der hohen Rückenflosse.

Das über 1 m lange Schwert des Schwertfisches ist Angriffs- und Verteidigungswaffe zugleich.

Schwertfisch

Hochsee, weltweit ▸ bis 5 m

Schwertfische sind schnelle und gewandte Jäger, die vor allem Heringe und Makrelen sowie Tintenfische erbeuten. Ihren Namen verdanken sie dem schwertartig verlängerten Oberkiefer. Sie zerteilen damit Fischschwärme. Oder sie betäuben oder töten mit dem Schwert Beutefische. Man hat die Schwerter von Schwertfischen sogar schon in den Körpern von Walen und Haien gefunden.

Fächerfisch

Alle wärmeren Meere ▸ bis 3,60 m

Der Fächerfisch ist mit dem Schwertfisch nahe verwandt. Er unterscheidet sich von ihm durch seine auffällige Rückenflosse und zwei lange Bauchflossen. Sein Schwert ist viel kürzer als das des Schwertfisches. Obwohl der Fächerfisch bis zu 100 Kilogramm wiegt, macht er im Wasser große Sprünge. Er erreicht Geschwindigkeiten von 100 Kilometern pro Stunde. Wie der Schwertfisch ist er eine begehrte Beute von Hochseeanglern. Es ist nicht leicht, einen solchen Fisch ins Boot zu ziehen.

Kugelfische

Zu den Kugelfischen und ihren Verwandten zählen recht merkwürdige Fischgestalten. Die meisten sind rund wie ein Ball oder viereckig wie eine Schachtel. Viele besitzen scharfe Stacheln, manche sind sehr giftig. Es gibt rund 340 Arten dieser seltsamen Fische.

Kugelfische

Igelfisch

Korallenmeere ▸ bis 50 cm

Es gibt rund 20 Arten von Igelfischen. Ihr Körper ist mit Stacheln bedeckt. Diese liegen in der Ruhe am Körper an und sind nach hinten gerichtet. Wenn der Igelfisch bedroht wird, pumpt er sich mit Wasser zu einer Kugel auf. Dann stellen sich seine Stacheln auf. Der Fisch sieht dann wie ein Igel aus und wirkt größer und gefährlicher. Angreifer nehmen sofort Reißaus.

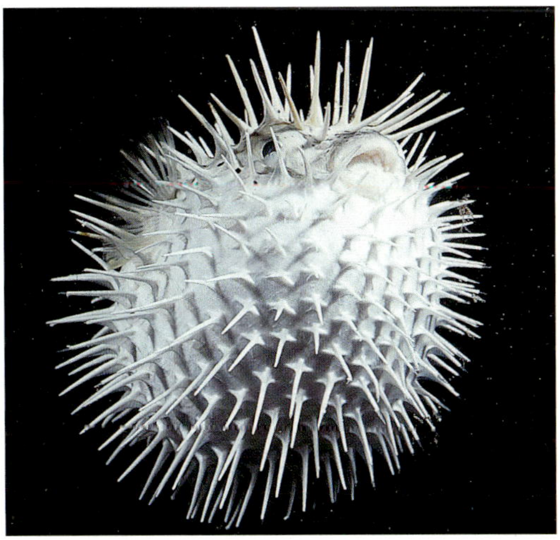

Igelfische blasen sich auf und stellen zur Abwehr ihre Stacheln auf. Trotzdem fand man die Fische schon in den Mägen von Haien.

Mondfisch

Warme Meere ▸ bis 3 m

Der Körper der Mondfische ähnelt einer runden Scheibe, daher haben sie auch ihren Namen. Ihr Kopf macht fast ein Drittel des ganzen Fisches aus. Hinten am flachen Körper sitzen die hohe Rückenflosse und die Afterflosse. Dazwischen liegt die saumartige Schwanzflosse. Mondfische können 1 000 kg schwer werden. Als Bewohner der Hochsee tauchen sie selten an der Küste auf. Sie leben von größeren Planktontieren, Fischen und Tintenfischen, Krebsen und Aal-Larven. Mondfisch-Weibchen legen die meisten Eier: 300 Millionen.

Mondfische lassen sich oft an der Oberfläche treiben.

Kofferfisch !

Korallenriffe des Indopazifik ▸ bis 50 cm

Der Körper der Kofferfische ist fast ganz von Knochenplatten umschlossen. Dieser Panzer hat nur Öffnungen für Maul, Augen, Kiemen, Flossen und After. Zur Nahrungssuche stellen sie sich auf den Kopf und wühlen den Meeresgrund mit einem Wasserstrahl auf, den sie im Maul erzeugen.

Bei Gefahr geben die Kofferfische starkes Gift ab, das Tiere in der Nähe tötet.

Insekten

Rund zwei Drittel aller Tiere sind Insekten. Man kennt über eine Million Arten. Die Insekten waren die ersten Lebewesen, die fliegen konnten. Vor etwa 370 Millionen Jahren eroberten sie die Luft. Seither haben sie sich über alle Lebensräume verbreitet. Sie leben auf dem Land und im Wasser, im Eis und in der Wüste. Sie sind Pflanzenfresser, Räuber oder Schmarotzer. Die meisten Insekten leben einzeln. Einige bilden aber auch die größten aller Tiergemeinschaften.

Eintagsfliegen leben nur ein paar Stunden. In dieser Zeit pflanzen sie sich fort.

Was ist ein Insekt?

Insekten sind wirbellose Tiere. Zu ihnen zählen viele Tierarten, die sich kaum ähnlich sehen: Käfer und Schmetterlinge, Ameisen und Heuschrecken, Wanzen und Libellen. Alle diese Insekten besitzen ein äußeres ➔ Skelett aus hornähnlichem Stoff, dem ➔ Chitin. Ihr Körper besteht aus drei Teilen: Kopf, Brust und Hinterleib. Am Bruststück sitzen drei Beinpaare. Insekten haben also sechs Beine. Darin unterscheiden sie sich von den Spinnen, die acht Beine besitzen. Fast alle Insekten haben auch zwei Paar Flügel. Und sie besitzen Fühler. Damit können sie riechen, schmecken und tasten.

Vom Ei zum fertigen Insekt

Insekten legen Eier. Aus diesen schlüpfen ➔ Larven. Sie sehen meist völlig anders aus als ihre Eltern. Die Larven wachsen, häuten sich und verpuppen sich nach einiger Zeit. In der ➔ Puppe vollzieht sich eine vollkommene ➔ Verwand-

Wie die meisten Insekten macht der Maikäfer eine vollkommene Verwandlung durch: Aus dem Ei schlüpft eine Larve. Sie heißt beim Maikäfer Engerling. Die Larve entwickelt sich im Boden. Nach ein paar Jahren verpuppt sie sich. Aus der Puppe schlüpft schließlich der fertige Maikäfer.

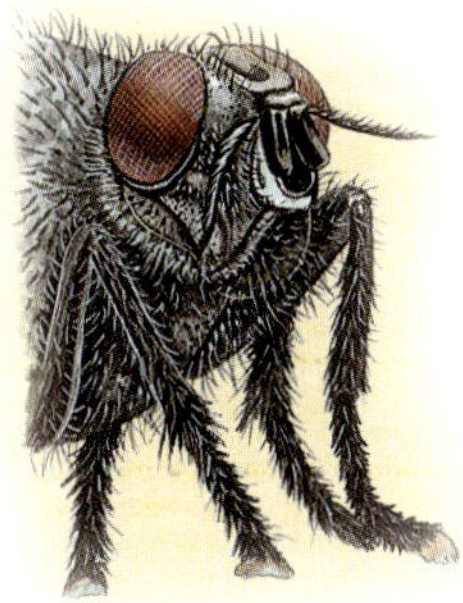

Insekten haben Facettenaugen. Das Auge der Stubenfliege zum Beispiel hat Tausende von Sehkeilen. Diese setzen ein Bild wie ein Mosaik zusammen. Insekten können auch ultraviolettes Licht sehen.

Der Seidenspinner wird wie ein Haustier gezüchtet. Die Raupe des Schmetterlings spinnt sich einen Kokon aus einem 4000 m langen Faden. Dieser Faden liefert uns die reine Seide.

lung, und aus ihr schlüpft das fertige Tier. Manche Insekten wie die Heuschrecken machen eine unvollständige Verwandlung durch. Ihre Larven ähneln bereits dem fertigen Tier. Sie werden von ➔ Häutung zu Häutung größer. Fertige Insekten wachsen nicht mehr weiter.

Vegetarier und Kannibalen

Die Speisekarte der Insekten ist lang. Viele Insekten fressen nur Pflanzen oder nur Fleisch. Unter den Vegetariern gibt es Spezialisten, die nur ganz bestimmte Pflanzen fressen. Einige haben es auf Holz abgesehen wie die Termiten. Andere fressen Wolle wie die Larven der Kleidermotte. Bienen und Schmetterlinge saugen den süßen Saft der Blüten. Wespen jagen andere Insekten, fressen aber auch Süßes. Mistkäfer und viele Fliegen fressen ➔ Aas und Kot. Libellen sind die größten Räuber unter den Insekten. Ihre Larven leben im Wasser und überfallen dort sogar kleine Fische. Wenn sie erwachsen sind, setzen sie ihr räuberisches Leben in der Luft fort. Sie jagen nun andere Insekten. Libellen sind Kannibalen, die sogar Artgenossen fressen.

Insektenstaaten

Unter den Hautflüglern gibt es riesige Tiergesellschaften. Ameisen und Bienen bilden Staaten mit Hunderttausenden von Insekten. Die einzelnen Tiere im Insektenstaat teilen sich die Arbeit: Die Königinnen sorgen für den Nachwuchs und legen Eier. Die Arbeiterinnen beschaffen die Nahrung oder verteidigen das Nest.

Käfer

Käfer

Die Käfer bilden die größte Tiergruppe. Sie stellen fast die Hälfte aller Insekten und ungefähr ein Drittel aller Tiere. Käfer besitzen harte Flügeldecken. Darunter liegen meist dünnhäutige Flügel zum Fliegen. Alle Käfer machen eine vollständige Verwandlung durch: Ihre Entwicklung verläuft vom Ei zur Larve und über die Puppe zum fertigen Käfer.

Lindenprachtkäfer

Europa ▶ bis 1,5 cm

Der Lindenprachtkäfer ist heute bei uns selten geworden. Das Weibchen legt seine Eier in die Rinde des Lindenbaums. Die ➔ Larven leben zwei Jahre im Holz und verpuppen sich dann. Wird eine Linde mehrmals vom Lindenprachtkäfer befallen, stirbt sie ab. Es gibt fast 15 000 Arten von Prachtkäfern. Sie sind im tropischen ➔ Regenwald besonders farbenprächtig.

Der Puppenräuber klettert als einer der wenigen Laufkäfer auf Bäume. Dort jagt er Schmetterlingsraupen.

Wenn der Lindenprachtkäfer die Flügel ausbreitet, glänzt der Hinterleib metallisch blau.

Puppenräuber

Europa, Nordamerika ▶ bis 3 cm

Die Puppenräuber sind schnelle Laufkäfer. Sie können sehr gut klettern. Die Käfer fressen vor allem Raupen und ➔ Puppen von Schmetterlingen. Ihre Beute spüren sie mit ihrem außerordentlich feinen Geruchssinn auf. Sie jagen auch die Raupen des Prozessionsspinners, die ganze Wälder kahlfressen. Deshalb stehen Puppenräuber und ihre ➔ Larven unter ➔ Naturschutz.

Goldschmied

Europa ▸ bis 2 cm

Der Goldschmied ist ein metallisch glänzender Laufkäfer. Er lebt in fauligem Laub und Moos. Er jagt Würmer, Schnecken, Käfer und deren → Larven. Mit seinen kräftigen Kieferzangen ergreift er die Beutetiere. Dann träufelt er dem Opfer einen Verdauungssaft ein und saugt es aus. Auch die Larven des Goldschmieds sind Räuber.

Die tagaktiven Tiere sind flugunfähig und laufen am Boden herum.

Totengräber

Asien, Europa ▸ bis 2,2 cm

Die Totengräber sind eine Art Gesundheitspolizei in der Natur. Sie fressen

Totengräber »beerdigen« eine Maus.

→ Aas und beseitigen damit tote Tiere. Dazu begraben sie eine Tierleiche in einer Grube. Die Leiche pressen sie zu einer Kugel zusammen. Das Weibchen legt nun seine Eier in einen Gang, der zur Grube führt. Sobald die → Larven geschlüpft sind, bereitet es aus dem Fleisch des toten Tieres einen Brei. Damit füttert es die Larven. Man nennt das → Brutpflege.

Gelbrandkäfer

Europa, Asien, Amerika

▸ bis 3,5 cm

Der Gelbrandkäfer lebt die meiste Zeit im Wasser. Er schwimmt sehr gut, kann aber auch gut fliegen. Die Hin-

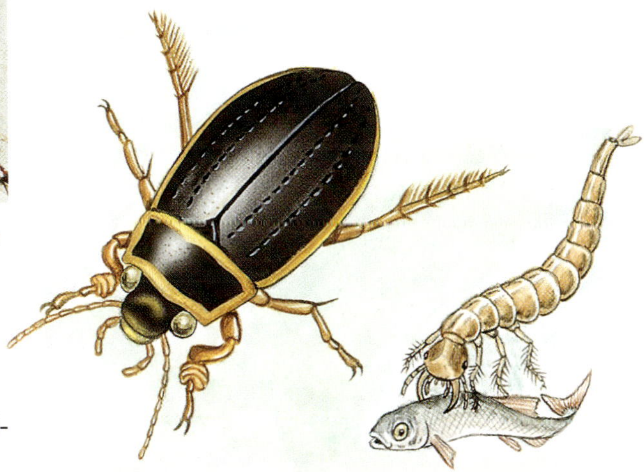

Der Gelbrandkäfer überwältigt selbst kleine Fische und Molche. Noch gefräßiger als er ist seine Larve, die ständig im Wasser lebt.

terbeine sind mit Haaren besetzt und dienen als Paddel. Im Wasser jagt der Käfer Insektenlarven und Fischbrut. Seinen Luftvorrat nimmt er unter den Deckflügeln mit. So kann er ein paar Minuten unter Wasser bleiben. Die

Käfer

Männchen haben an den Vorderbeinen Saugnäpfe. Damit halten sie die Weibchen bei der Paarung fest.

Marienkäfer

Weltweit ▶ bis 8 mm

In Mitteleuropa gibt es über 100 Arten von Marienkäfern. Viele von ihnen vertilgen Blattläuse. Deshalb sind sie nützliche Helfer für Gärtner und Landwirte. Man züchtet sogar Marienkäfer und setzt sie zur Schädlingsbekämpfung ein. Auch ihre ➔ Larven fressen Blattläuse. Sie verzehren etwa 20 Läuse am Tag. Unser häufigster Marienkäfer ist der Siebenpunkt. Er heißt so, weil er sieben schwarze Punkte auf den roten Flügeln hat. Werden Marienkäfer bedroht, dann stellen sie sich tot. Gleichzeitig sondern sie aus den Kniegelenken gelbe Blutströpfchen ab, die übel riechen und Feinde abschrecken.

Marienkäfer gibt es mit roten, gelben und schwarzen Flügeldecken.

Ein Kartoffelkäfer-Weibchen kann in zwei Jahren 8 Millionen Nachkommen haben. Die Larven verwandeln sich nach 23 Tagen in Käfer, die sich sofort wieder vermehren.

Kartoffelkäfer

Weltweit ▶ bis 1,1 cm

Der Kartoffelkäfer wurde vor 170 Jahren in Colorado, einem Bundesstaat der USA, entdeckt. Als man dort Kartoffeln anbaute, bevorzugte der Käfer diese neue Pflanze. Mit dem Kartoffelanbau wurde er über die ganze Welt verbreitet. Die Käfer und ihre ➔ Larven fressen die Blätter der Kartoffelpflanze. Wenn sie in Massen auftreten, richten sie große Schäden an. Das Weibchen wird zwei Jahre alt und legt bis zu 2 400 gelbe Eier. Diese klebt es unter die Blätter. Aus den Eiern schlüpfen rote Larven.

Maikäfer

Europa ▶ bis 3 cm

Maikäfer haben einen dunklen Halsschild, braune Flügeldecken und durchsichtige Hinterflügel. Auffallend sind ihre fächerförmigen Fühler. Das Weibchen hat fünf oder sechs, das Männchen sieben Fühlerblätter. Die Käfer schwärmen im Mai aus. Danach legen die Weibchen ihre Eier in die Erde. Die ➔ Larven des Maikäfers nennt man Engerlinge. Sie leben drei bis vier Jahre im Boden und ernähren sich von kleinen Wurzeln. Früher traten Maikäfer oft in Massen auf. Sie konnten einen Laubbaum über Nacht kahlfressen. Die Engerlinge richteten durch Wurzelfraß schwere Schäden auf Feldern und in Wäldern an.

Maikäfer sind die Lieblingskäfer der Kinder. Sie sind heute aber selten geworden.

Pillendreher

Mittelmeerraum ▸ bis 3,2 cm
Die Pillendreher haben eine besondere Form der ➔ Brutfürsorge entwickelt: Die Käfer formen aus dem Dung von Weidetieren eine Kugel. Diese rollen sie an einen geeigneten Ort und vergraben sie dort in einer Brutkammer. Schließlich legt das Weibchen ein Ei in den Dungball. Nach einiger Zeit schlüpft die ➔ Larve und ernährt

Die Kugel, die der Pillendreher rollt, wiegt bis zu 40 g. Das ist das 20-fache seines Gewichts.

sich von dem Dung, bis sie sich verpuppt. Für jedes Ei drehen Männchen und Weibchen gemeinsam eine solche Brutpille. Für sich selbst fertigen sie Futterpillen aus weniger gutem Dung an.

Nashornkäfer

Asien, Europa, Nordafrika
▸ bis 4 cm
Der Nashornkäfer ist einer unserer größten Käfer. Seine ➔ Larven werden sogar noch größer als der Käfer selbst. Sie können bis zu 12 Zentimeter lang werden. Die Larven entwickelten sich früher fast nur in alten Eichen. Die Käfer brauchen bis zu fünf Jahre zur Entwicklung. Weil es nur noch wenige Eichenwälder gibt, wurden sie bei uns immer seltener. Man hielt sie schon für ausgestorben. Sie fanden schließlich Ersatz in Komposthaufen und

Holzabfällen und legten dort ihre Eier ab. Die Nashornkäfer fliegen an Frühlings- und Sommerabenden umher, um Plätze für die Eiablage zu suchen. Sie stehen unter → Naturschutz.

Beim Nashornkäfer tragen nur die Männchen ein Horn. Sie setzen es bei Kämpfen ein.

Hirschkäfer

Europa ▶ bis 9 cm

Der Hirschkäfer ist der größte Käfer Europas. Die Männchen haben einen vergrößerten Oberkiefer, der wie ein Geweih aussieht. Die Käfer sind aber harmlose Saftlecker. Sie leben vor allem auf Eichen. Die Männchen kämpfen auf den Ästen um die Weibchen. Der Verlierer fällt vom Baum.

Hirschkäfer-Männchen im Kampf.

Alpenbock

Europa, Vorderasien ▶ bis 3,8 cm

Der Alpenbock lebt in Buchenwäldern im Gebirge und im Alpenvorland. Daher stammt auch sein Name. Er fliegt an sonnigen Tagen von Juni bis September. Der Käfer und seine → Larve halten sich im vermodernden Holz alter Buchen auf. Manchmal findet man diesen Bockkäfer auch an Hainbuchen, Ahornen, Eschen oder Obstbäumen. Er fällt durch die feinen graublauen Härchen am Körper sofort auf. Seine Fühler sind fast so lang wie sein Körper. Der Alpenbock ist heute sehr selten und steht unter → Naturschutz.

Es gibt rund 27 000 Arten von Bockkäfern auf der Erde. Der graublaue Alpenbock gehört zu unseren schönsten Bockkäfern.

Außer Weiden sucht der Moschusbock Blüten und gefällte Stämme auf, um Saft zu lecken.

Moschusbock

Europa, Sibirien, Japan ▶ bis 3,4 cm
Beim Moschusbock sind die geschwungenen Fühler etwas länger als der Körper. Alle Bockkäfer verwenden diese langen Fühler als Tast- und Riechorgane. Der Moschusbock ist oft an Weiden zu finden. Auch seine → Larve lebt im Holz alter Weidenbäume. Die Larven fressen Holz. Die Käfer lecken den Saft der Bäume. Der Moschusbock hat seinen Namen von dem starken Moschusgeruch, den er verströmt. Er fliegt von Juni bis August.

Eichenbock

Europa, Afrika ▶ bis 5 cm
Der Eichenbock heißt auch Heldbock. Seine Fühler sind doppelt so lang wie der Körper. Die weißen, fingerdicken → Larven bohren sich in das Holz alter Eichen. Sie werden 9 cm lang. Während ihrer Entwicklung wandern sie von der Rinde ins Holz. Der Eichenbock ernährt sich hauptsächlich vom Saft der Bäume. Er steht bei uns unter → Naturschutz.

Der Eichenbock ist nachtaktiv. Tagsüber versteckt er sich unter loser Rinde.

Buchdrucker

Asien, Europa ▶ bis 5 mm
Der Buchdrucker gehört zur Familie der Borkenkäfer. Der behaarte Käfer

Die Fraßgänge der Buchdruckerlarven sehen wie die gedruckten Zeilen auf einer Buchseite aus. Daher hat der Käfer auch seinen Namen.

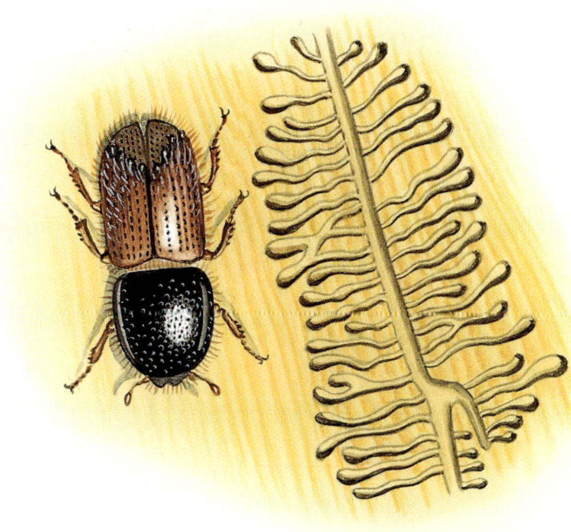

ist ein gefürchteter Schädling im Fichtenwald. Er brütet in der Borke von Fichten oder von Kiefern und Lärchen. Das Männchen baut dort eine Kammer, in der es sich mit zwei bis drei Weibchen paart. Diese bohren senkrechte Muttergänge. In seitliche Nischen legen sie 20 bis 100 Eier ab. Die ➔ Larven fressen Quergänge. Die ausschlüpfenden Käfer bohren sich durch die Borke.

Spanische Fliege **!**

Südeuropa, Asien, Amerika

▸ bis 2,1 cm

Die Spanische Fliege ist ein Ölkäfer. Sie ernährt sich von den Blättern verschiedener Büsche und Bäume, zum Beispiel von Flieder. In Südeuropa befällt dieser Käfer vor allem die Olivenbäume. Die Weibchen legen ihre Eier in der Nähe der Nester von Erdbienen ab. Die geschlüpften ➔ Larven dringen in das Bienennest ein. Dort entwickeln sie sich zu ➔ Puppen und fertigen Käfern. Die Spanische Fliege enthält ein starkes Gift. Es wurde schon im Altertum als Heilmittel genutzt. Man hat damit auch Menschen vergiftet. Dazu wurden die Käfer zu Pulver zerstoßen und in Wasser aufgelöst.

Das Gift der Spanischen Fliege gehört zu den stärksten Insektengiften.

Kornkäfer können nicht fliegen. Sie wurden durch den Getreidehandel weltweit verbreitet.

Kornkäfer

Weltweit ▸ bis 4 mm

Dieser kleine Rüsselkäfer ist ein gefürchteter Getreideschädling. Die Käfer und ihre ➔ Larven fressen vor allem Weizen und Roggen. Die Weibchen bohren mit ihrem Rüssel Getreidekörner an, legen ein Ei hinein und verschließen das Loch mit einer klebrigen Flüssigkeit. Die Larve frisst das Korn dann von innen her leer.

Schmetterlinge

Fast alle Schmetterlinge saugen mit ihrem langen Rüssel Pflanzensäfte. Sie gehören zu den schönsten und farbenprächtigsten Insekten. Ihre Leuchtkraft erhalten sie von

farbigen Schuppen auf den Flügeln. Viele Schmetterlinge bekommen wir kaum zu Gesicht, denn sie fliegen nachts. Die Nachtfalter sind plumper und meist weniger auffällig gefärbt.

Schwalbenschwanz

Afrika, Asien, Europa ◀▶ bis 8 cm
Der Schwalbenschwanz ist einer unserer größten Falter. Er hat eine Flügelspannweite von acht Zentimetern. Auffallend sind die schwanzartigen Fortsätze an den Hinterflügeln, nach denen er seinen Namen hat. Der Schwalbenschwanz besucht Blüten, an denen er → Nektar saugt. Die Raupe lebt an Doldenblütlern wie Kümmel, Dill oder Wilder Möhre. Sie hat am Nacken eine fleischige, rot gefärbte Gabel. Diese stülpt sie bei Gefahr zur Abschreckung aus.

Apollofalter

Europa, Zentralasien ◀▶ bis 7 cm
Der Apollofalter stammt aus den Tälern des Himalajagebirges. Er kommt in 600 bis in 6000 Metern

Der Apollo fliegt am Tag. Er ist sehr wärmebedürftig. Im Gebirge ruht er oft an Felsen in der Sonne, um sich aufzuwärmen.

Der Schwalbenschwanz legt seine Eier an Doldenblütlern ab. Dort findet die grüne Raupe mit den roten Punkten ihre Nahrung, bis sie sich verpuppt.

Schmetterlinge

Höhe vor, in Europa zum Beispiel in den Alpen. Die Apollofalter besuchen Blüten, an denen sie → Nektar saugen. Sie bevorzugen violette Blüten wie Distel und Flockenblume. Die Raupe lebt an der Purpur-Fetthenne und dem Weißen Mauerpfeffer. Der Apollo ist in Deutschland vom Aussterben bedroht und streng geschützt.

Vogelfalter

Südostasien, Australien
◀▶ über 20 cm
Die Vogelfalter nennt man auch Vogelflügler. Sie zählen zu den schönsten und größten Schmetterlingen der Erde. Die Männchen sind wegen ihrer

Die Männchen des Cairn-Vogelfalters sind gelb, grün oder blau. Die Weibchen sind am größten, aber unscheinbar braun.

schillernden Flügel bei Sammlern sehr begehrt. Die Falter fliegen hoch in den Kronen der Urwaldbäume und sind nur schwer zu fangen. Sie werden deshalb heute auch gezüchtet. Die Jagd der Sammler bedroht die Vogelfalter ebenso sehr wie die Zerstörung des → Regenwaldes.

Der Königin-Alexandra-Falter fliegt in Höhen bis zu 30 m und legt seine Eier in die Kronen hoher Urwaldbäume.

Königin-Alexandra-Falter

Neuguinea ◀▶ bis 28 cm
Das Weibchen dieses Vogelfalters gilt mit 28 Zentimetern Flügelspannweite als der größte Schmetterling der Welt. Es wiegt etwa 25 Gramm. Das Männchen ist wie bei allen Vogelfaltern kleiner. Der Falter wurde 1906 entdeckt und nach Königin Alexandra von England benannt.

Tagpfauenauge

Europa, Asien ◀▶ bis 6 cm
Das Tagpfauenauge hat auf jedem der vier Flügel einen großen bunten Augenfleck. Die Unterseite der Flügel ist schwarzgrau. So ist der Falter gut getarnt, wenn er mit gefalteten Flügeln irgendwo sitzt. Das Tagpfauenauge überwintert in Mauerritzen, in

Mäuselöchern oder auf Dachböden. Es fällt dort in ➔ Kältestarre.

Tagpfauenaugen gehören zu den ersten Faltern, die bei uns im Frühjahr fliegen. Die Raupen leben in Brennnesseln und Hopfen.

Großer Schillerfalter

Mitteleuropa, Mittelasien

◆ bis 65 mm

Nur die Männchen dieses Falters haben blau schillernde Flügel. Die

Der Große Schillerfalter ist ein auffälliger Schmetterling.

Farbe soll die Weibchen anlocken. Sie entsteht durch das Sonnenlicht. Es wird an den hauchdünnen Flügelschuppen gebrochen und zurückgeworfen. Die Raupen leben auf Weiden und Pappeln. Die Falter saugen an feuchten Wegstellen Wasser und lecken ausfließenden Baumsaft.

Morphofalter

Mittel- und Südamerika

◆ bis 20 cm

Die Morphofalter sind sehr große Schmetterlinge. Sie sind zwischen Mexiko und Südbrasilien verbreitet. Die Flügel der Männchen schillern

Es gibt etwa 50 Arten von Morphofaltern. Nur die Männchen haben blau schillernde Flügel.

in einem wundervollen Blau. Diese Farbe entsteht durch Brechung des Lichts an den dachziegelartigen Flügelschuppen. Die Indianer verarbeiten die Flügel zu Schmuckstücken. Morphofalter halten sich fast nur in den Kronen der Urwaldriesen auf, in denen auch ihre Raupen leben. Die Raupen vieler Morphoarten tragen zum Schutz winzige Brennhaare, die leicht abbrechen. Sie dringen in die Haut von Feinden ein und jucken unangenehm.

Schmetterlinge

Trauermantel

Weltweit ◀▶ bis 7,5 cm

Der Trauermantel ist ein Waldbewohner. Seine Raupen leben auf Birken und Weiden. Der Falter fliegt im Hochsommer. Er überwintert an geschützten Stellen und erscheint mit blasseren Farben im Frühjahr wieder.

Der Trauermantel ist ein Wanderfalter.

Monarch

Amerika, Australien, Pazifische Inseln ◀▶ bis 10 cm

Dieser Falter hat sich im 19. Jahrhundert von Amerika aus bis nach Australien und Südasien verbreitet. Er taucht manchmal sogar in Europa auf. In Nordamerika fliegen die Monarchfalter im Frühjahr bis nach Kanada. Im Herbst ziehen sie wieder mehrere Tausend Kilometer weit in den wärmeren Süden nach Florida, Kalifornien und Mexiko. Dabei benutzen sie immer die gleichen Zugstraßen.

Der Monarchfalter kann bis zu 300 km pro Tag zurücklegen.

Kohlweißling

Asien, Europa, Nordafrika
◀▶ bis 6,5 cm

Kohlweißlinge sind bei uns recht häufig. Die Falter besuchen Blüten. Die Raupen fressen vor allem Kohlblätter. Daher haben die Schmetterlinge ihren Namen. Wenn die Raupen massenhaft auftreten, richten sie großen Schaden auf Kohlfeldern an. Vor Feinden schützen sie sich durch einen unangeneh-

Das Weibchen des Kohlweißlings legt bis zu 600 Eier. Daraus entwickeln sich in 14 Tagen die gefräßigen Raupen.

men Geruch und ihre Warnfärbung. Die Falter zeigen beim Balzflug kühne Spiralen.

Widderchen

Europa ◀▶ bis 4 cm

Die Widderchen haben Fühler, die wie Widderhörner nach außen gebogen sind. Die Falter werden auch Blutströpfchen genannt, weil sie rote Flecken auf ihren dunklen, metallisch glänzenden Flügeln tragen. Widderchen sind für Vögel und andere Feinde ungenießbar. Das zeigen sie durch ihre Warnfärbung an. Die Raupen leben auf verschiedenen Kleearten. Die Falter besuchen überwiegend violette Blüten wie Disteln und Skabiosen.

Bläulinge und Widderchen sind häufige Gäste auf der Wiese.

Bläuling

Europa, Nordafrika ◀▶ bis 4 cm

Die Bläulinge bilden eine große Familie. In Deutschland gibt es über 20 Arten. Nur die Männchen sind blau gefärbt, die Weibchen sind meist braun. Man sieht diese Falter oft in großer Zahl über eine Blumenwiese gaukeln. Nachts sammeln sie sich zu Schlafgesellschaften. Dann hängen sie kopfüber an Pflanzenstängeln. Die Raupen einiger Arten sondern einen süßen Saft ab und werden deshalb von Ameisen betreut und gemolken.

Abendpfauenauge

Europa ◀▶ bis 8 cm

Dieser große Schmetterling gehört zur Familie der Schwärmer und ist nicht mit dem Tagpfauenauge verwandt. Er fliegt nur nachts. Das Abendpfauenauge

Schmetterlinge

nimmt keinerlei Nahrung auf, sondern lebt von den Vorräten, die es als Raupe im Körper gespeichert hat. Sein Saugrüssel ist daher verkümmert. Die Raupe wird bis zu acht Zentimeter lang. Ihre Futterpflanzen sind Weiden und Pappeln, selten Obstbäume.

Das Abendpfauenauge hat Augenflecke auf den Flügeln. Daher stammt sein Name.

Hornissenschwärmer

Europa ◀▶ bis 4,2 cm

Dieser Schmetterling fliegt am Tag. Er hat einen gelb und schwarz geringelten Körper und schmale, durchsichtige Flügel. Er sieht also einer Hornisse sehr ähnlich, hat aber keinen Giftstachel. Die Ähnlichkeit schützt ihn vor Feinden. Dieses Nachahmen giftiger oder wehrhafter Tiere zum eigenen Schutz nennt man → Mimikry.

Ein Hornissenschwärmer oder Großer Weiden-Glasflügler.

Totenkopfschwärmer

Afrika, Europa ◀▶ bis 14 cm

Der Totenkopfschwärmer ist ein sehr guter Flieger. Der große Nachtfalter wandert jedes Jahr von Nordafrika nach Mitteleuropa ein. Seinen Namen hat er von der totenkopfähnlichen Zeichnung am Brustschild. Der Falter saugt Säfte von Bäumen und Früchten und sucht Honig in Bienenwaben. Die Raupe lebt an Nachtschattengewächsen wie Kartoffel oder Tollkirsche.

Der Totenkopfschwärmer gibt bei Berührung ein Pfeifen von sich.

Großes Nachtpfauenauge

Südeuropa ◀▶ bis 12 cm

Die Männchen des Nachtpfauenauges haben kammartige, breite Fühler. Damit nehmen sie die Geruchsspur der Weibchen auf und folgen ihnen. Sie können schon winzigste Mengen von Lockstoffen der Weibchen riechen. Die Männchen fliegen am Tag. Diese Schmetterlinge nehmen keine Nahrung auf. Sie haben als Raupen Nahrungsvorrat gespeichert. Man findet die grünen Raupen an Sträuchern und auf Laubbäumen.

Das Große Nachtpfauenauge ist der größte Schmetterling Europas. Seine Raupen geben schnarrende Laute von sich.

Forleule

Asien, Europa ◀▶ bis 3,5 cm

Die Forleule oder Kieferneule bewohnt Kiefern- und Fichtenwälder.

Die nackten grünen Raupen der Forleule sind zwischen den Kiefernnadeln gut getarnt.

Sie gehört zu einer großen Gruppe von Schmetterlingen, die oft gewaltige Schäden anrichten. Die Weibchen der Forleule legen ihre Eier in Reihen auf die einjährigen Nadeln der Bäume. Nach einer Woche schlüpfen die Raupen und beginnen, die Nadeln abzufressen. In manchen Jahren treten die Raupen massenhaft auf und können einen Kiefern- oder Fichtenwald in kurzer Zeit kahlfressen. Die ausgewachsene Raupe kriecht am Baum hinab zum Boden oder lässt sich an einer Faser herab. In der Nadelstreu verpuppt sie sich. Im April schlüpft ein Falter aus. Er beginnt schon bald wieder Eier zu legen.

Die Raupe des Gabelschwanzes hat an der Brust eine Drüse, aus der sie einen übel riechenden Saft bis zu 20 cm weit verspritzt.

Gabelschwanz

Europa ◀▶ bis 7 cm

Der Große Gabelschwanz ist ➔ nachtaktiv. Er lebt in kühler und feuchter

Umgebung und fliegt von April bis August. Seine grünen Raupen fressen an Weiden, Pappeln und Espen. Ihr letztes Beinpaar ist zu Stäbchen umgewandelt, die eine Gabel bilden. Bei Gefahr presst die Raupe aus den Enden der Gabel Schläuche, die einen übel riechenden Drüsensaft absondern.

Ameisen

Ameisen zählen zu den Hautflüglern. Diese haben zwei Paar durchsichtige Flügel. Bei den Ameisen wachsen nur den Männchen und den fruchtbaren Weibchen Flügel. Es gibt rund 10 000 Arten von Ameisen. Manche werden nur millimetergroß, andere erreichen vier Zentimeter Länge. Fast alle Ameisen bilden einen Insektenstaat.

Die Arbeiterinnen verteidigen das Nest gegen Angreifer: Sie beißen heftig zu und versprühen ätzende Ameisensäure.

Rote Waldameise

Asien, Europa, Nordamerika
▶ bis 1,1 cm

Die Roten Waldameisen zählen zu unseren größten Ameisen. Sie bauen Nester aus Fichten- oder Tannennadeln und kleinen Zweigen. Darin leben zwischen 100 000 und einer Million Tiere. In dem ➔ Insektenstaat leben mehrere Eier legende Königinnen und ein paar Hundert Männchen. Die übrigen Tiere sind geschlechtslose Arbeiterinnen. Diese halten das Nest instand. Sie tragen Nahrung ein und versorgen die Brut. Das sind die Eier, ➔ Larven und ➔ Puppen, die in unterirdischen Kammern ruhen. Rote Waldameisen ernähren sich von Pflanzensaft, ➔ Pollen, Samen und Insekten. Da zu ihrer Beute viele Waldschädlinge gehören, sind sie sehr nützlich.

Bei den Amazonenameisen sind die Kiefer zu Säbeln umgewandelt. Damit bekriegen sie andere Ameisenarten, können aber keine Nahrung zerkleinern.

Amazonenameise

Europa ▶ bis 1 cm

Amazonenameisen besitzen säbelförmige Oberkiefer und haben sich ganz auf Raub und Kampf eingestellt. Die Arbeiterinnen überfallen die Nester anderer

Ameisenarten, rauben ➔ Larven und ➔ Puppen und bringen sie ins eigene Nest. Wenn die geraubten Ameisen ausgewachsen sind, müssen sie die Amazonenameisen füttern, da diese sich selbst nicht ernähren können. Ihre Kiefer sind zu Waffen umgebildet. Die Königin der Amazonen baut kein Nest. Sie dringt in das Nest einer anderen Ameisenart ein, tötet die Königin und herrscht über deren Volk. Aus ihren Eiern schlüpfen wieder Amazonenameisen.

Ein Volk von Treiberameisen mit Millionen von Mäulern.

Treiberameise

Amerika, Afrika, Asien ▶ bis 1 cm
Es gibt rund 200 Arten von Treiberameisen. Sie leben fast alle in den heißen tropischen Ländern. Bei den Treiberameisen geht der ganze Staat von Zeit zu Zeit auf Wanderschaft. Der Zug der Ameisen treibt dann alles vor sich her, was ihm in den Weg kommt. Daher stammt der Name dieser Ameisen. Alle Lebewesen, die nicht rechtzeitig fliehen können, werden zur Beute der Treiberameisen.

Wespen

Wespen sind wie die Ameisen Hautflügler. Am bekanntesten sind die schwarz-gelben Faltenwespen, von denen es rund 4000 Arten gibt. Etwa die Hälfte von ihnen lebt sozial. So nennt man Insekten, die einen Staat bilden. Alle Faltenwespen haben einen Giftstachel.

Deutsche Wespe !

Asien, Europa, Nordamerika
▶ bis 1,9 cm
Die Deutsche Wespe ist bei uns sehr häufig. Sie baut ein kugelförmiges Nest aus einem papierartigen Stoff. Diesen stellt sie aus zerkautem Holz und Speichel her. In einem Staat leben bis zu 5500 Tiere. Die Wespe erbeutet Fliegen, Raupen und andere Tiere und verfüttert sie an ihre ➔ Larven. Für die eigene Ernährung sammelt sie ➔ Nektar und leckt süße Säfte.

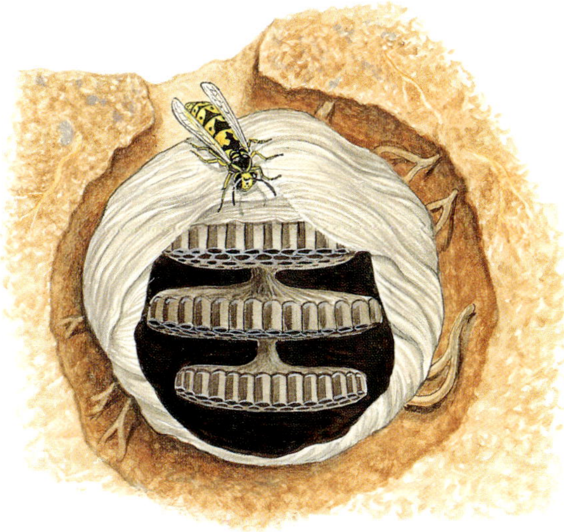

Ein Wespennest kann so groß wie ein Fußball sein. Es besteht aus der äußeren papierartigen Hülle. Auch die Waben sind aus Holzpapier.

Hautflügler

Hornisse !

Asien, Europa, Nordafrika, Nordamerika ▶ bis 3,5 cm
Hornissen bauen ihr Nest in hohlen Bäumen, in der Erde oder unter einem Dach. Bis zu 1 500 Tiere leben im Hornissenstaat. Sie greifen nur an, wenn sie bedroht werden. Obwohl Hornissen unsere größten Wespen sind, haben sie nicht mehr Gift als andere Wespenarten. Sie sind auch viel weniger angriffslustig als zum Beispiel Bienen. Hornissen erbeuten Insekten, darunter auch kleinere Wespen und Bienen. Die Hornissen stehen unter → Naturschutz.

Hornissennester sind an der Unterseite offen.

Das Weibchen der Schlupfwespe wird mit Legestachel und Fühler doppelt so lang.

Schlupfwespe

Europa ▶ bis 5 cm
Die Schlupfwespen bilden eine eigene Wespenfamilie. Es gibt in Europa 6 000 Arten. Die Weibchen haben einen langen Legebohrer. Damit bohren sie ein Loch in Pflanzenstängel und legen ihre Eier hinein. Andere bringen die Eier in den Körper eines Tieres, das sie zuvor mit Gift gelähmt haben.

Bienen

Die Bienen bilden eine große Gruppe unter den Hautflüglern. Es gibt über 20 000 Arten. Zu ihnen gehören auch die Hummeln. Am höchsten entwickelt ist die Honigbiene. Viele Bienenarten bilden Staaten, andere leben allein. Fast alle Bienen besitzen einen Giftstachel, mit dem sie sich zur Wehr setzen.

Honigbiene !

Alle Erdteile ▸ bis 2 cm

Die Honigbiene sammelt → Pollen und den → Nektar der Blüten, aus dem sie Honig herstellt. Das ist Aufgabe der Arbeitsbienen. Die Arbeiterinnen bilden die größte Gruppe im Bienenvolk, das 50 000 bis 100 000 Tiere umfasst. Außer den Arbeitsbienen

Königin 2 cm **Drohne 1,7 cm** **Arbeiterin 1,4 cm**

gibt es in einem Bienenstaat ein paar Hundert Männchen, die Drohnen, sowie eine Königin. Die Königin ist die Mutter aller Bienen im Stock. Sie legt täglich bis zu 3 000 Eier. Aus den Eiern schlüpfen → Larven, von denen die meisten Arbeiterinnen werden. Diese bauen das Nest und halten es sauber. Sie füttern die Larven und die Königin. Das Nest der Honigbienen besteht aus Waben mit sechseckigen Zellen aus Wachs. Das Wachs für die Waben schwitzen die Arbeitsbienen aus ihrem Hinterleib. Die Arbeiterinnen besitzen auch als Einzige einen Giftstachel. Damit greifen sie nur an, wenn der Bienenstock bedroht wird. Die Drohnen haben nur eine Aufgabe: eine Königin zu befruchten. Ist dies geschehen, so sterben die Drohnen.

Wenn aus einem Ei eine neue Königin schlüpft, verlässt die alte mit einem Teil ihres Volkes den Stock. Dann »schwärmen« die Bienen.

Hummel

Weltweit ▸ bis 2,5 cm

Hummeln sind mit den Bienen verwandt. Sie haben einen plumpen Körper und ein dichtes Haarkleid. Die meisten Hummelarten bauen ihr Nest in ein Erdloch. Im Hummelnest leben etwa 200 bis 500 Tiere. Im Herbst stirbt das Hummelvolk. Nur die jungen Königinnen überwintern. Sie legen im Frühjahr Eier, aus denen ein neues Hummelvolk schlüpft.

Die Hummel baut Brutzellen aus Wachs und Harz. Dann trägt sie Pollen ein, legt Eier und schließt jede Zelle mit einem Deckel.

Hautflügler

Wie entsteht der Honig?

Ein mittelstarkes Bienenvolk erzeugt etwa 30 kg Honig pro Jahr. Dazu sind die Arbeiterinnen in ihrem kurzen Sommerleben am Tag unterwegs. Nur die Bienen, die im Herbst ausschlüpfen, überleben den Winter. Die Sommerbienen sammeln den Zuckersaft der Blüten. Das ist der Nektar. Sie saugen ihn in ihren Honigmagen. Im Bienenstock würgen sie den Nektar sofort in eine Vorratszelle. Durch die Wärme im Stock dickt er ein und reift zu Honig. Dann wird die Zelle mit Wachs verschlossen. Wenn eine Biene eine ergiebige Futterquelle entdeckt hat, zeigt sie es anderen Sammlerinnen durch den Schwänzeltanz an. Sie tanzt auf den Waben und gibt damit die Richtung und Entfernung zur Futterquelle an.

Schwänzeltanz

Mohn-Mauerbiene

Europa ▶ bis 1,5 cm

Die Mohn-Mauerbiene lebt einzeln. Sie baut für ihre ➔ Larven Nistzellen in den Boden. Das Material für die Wände aus Erde und Drüsensaft wird sehr hart. Das Nest tapeziert die Biene mit Blütenblättern von Klatschmohn. Die Mohn-Mauerbiene sammelt ➔ Pollen, den sie mit einer Bürste unter dem Hinterleib abstreift.

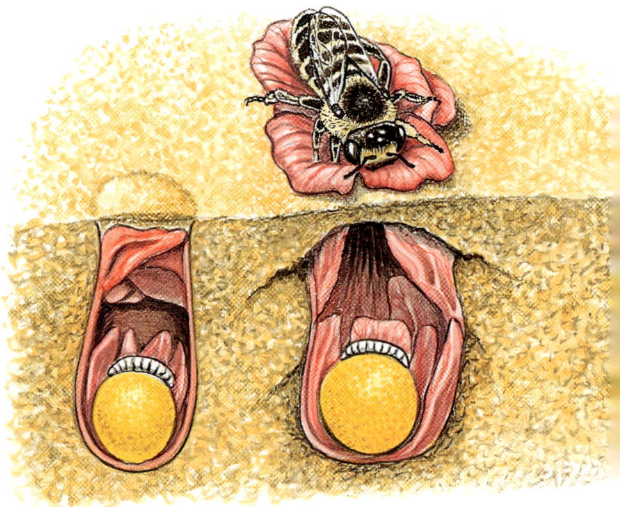

Als Nahrung für die Larve trägt die Mohn-Mauerbiene Blütenpollen in die Nistzelle.

Blattschneiderbiene

Europa, Asien ▶ bis 1,5 cm

Blattschneiderbienen leben nicht in einem Staat, sondern allein. Sie ernähren sich von ➔ Pollen. Ihre Brutzellen bauen sie meist in Holz, aber auch in hohle Pflanzenstängel oder in die Erde. Mit ihren scharfen Kiefern schneiden sie Teile von Rosenblättern aus und bringen diese in die Brutzelle. Dort formen sie einen Blattfingerhut als Wiege für die ➔ Larve.

Zum Bau ihrer Brutzellen sucht die Biene Laubblätter zusammen.

Schaben und Termiten

Schaben und Termiten gehören zu den ältesten Insekten der Erde. Sie sind miteinander verwandt, denn sie stammen mit den Fangschrecken von gemeinsamen Urschaben ab. Alle besitzen beißende Mundwerkzeuge.

Küchenschabe

Alle Erdteile ▸ bis 3 cm

Die Küchenschabe ist ein Wärme liebendes Tier. Man findet sie deshalb unter anderem in Bäckereien, Brauereien und Küchen, wo sie genügend Nahrung findet. Die Schabe hat einen abgeflachten Körper, lange Fühler und kräftige Beine, mit denen sie sehr schnell laufen kann. Schaben sind → nachtaktiv und leben von Abfällen und Lebensmitteln. Da sie Nahrungsmittel mit Kot verunreinigen und Krankheiten übertragen, werden sie streng verfolgt.

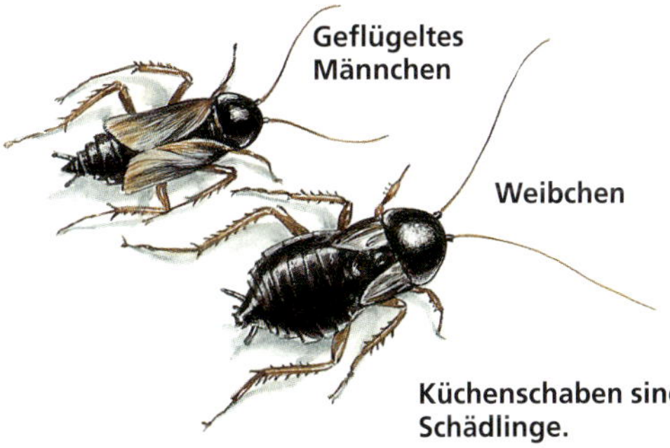

Küchenschaben sind Schädlinge.

Gottesanbeterin

Alle Erdteile ▸ bis 7,5 cm

Diese Fangschrecke wird bis 7,5 cm groß. Sie lauert mit angewinkelten Vorderbeinen auf Beute. Die Hal-

Gottesanbeterin in typischer Haltung.

Heuschrecken

tung ähnelt einem betenden Menschen, daher hat sie ihren Namen. Kommt ihr ein Insekt oder eine kleine Eidechse zu nahe, schnellt sie ihre dornenbewehrten Fangbeine nach vorn und packt zu.

Termite

Alle warmen Erdteile ▸ bis 2 cm
Es gibt über 2 000 Termitenarten in den heißen Ländern. Man nennt sie auch »Weiße Ameisen«. Manche Termiten sind Allesfresser, andere ernähren sich nur von Holz. Die Holzfresser sind gefürchtet, denn sie zerstören fast unbemerkt Holzhäuser oder Möbel. Nur eine papierdünne Außenhaut lassen sie stehen. Schließlich stürzt alles zusammen. Die Termiten bilden große ➔ Insektenstaaten mit oft Millionen Tieren. Einige bauen bis zu sechs Meter hohe Kegel mit Kammern, Straßen und Tunneln. Das Volk besteht aus Soldaten und Arbeitern sowie dem Königspaar.

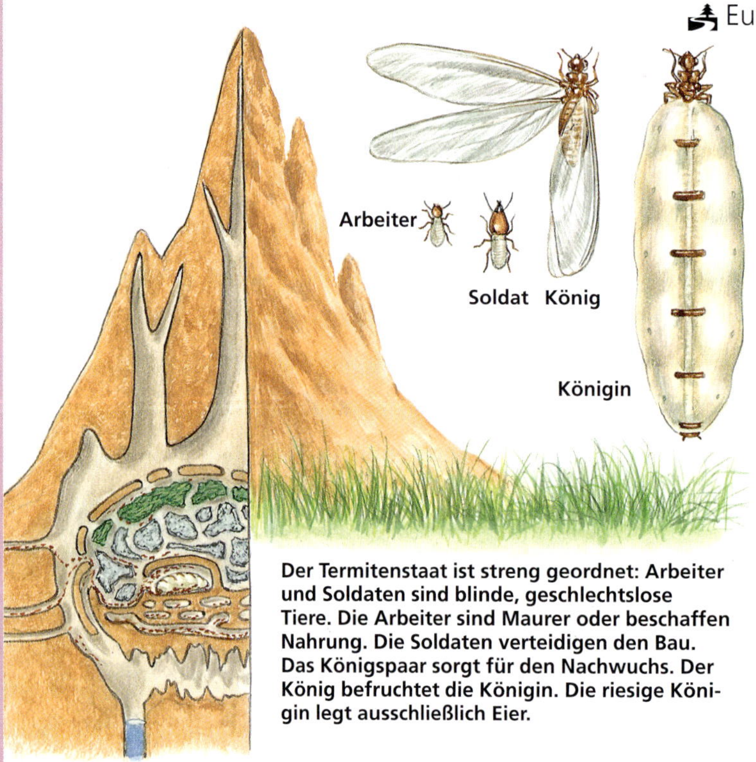

Der Termitenstaat ist streng geordnet: Arbeiter und Soldaten sind blinde, geschlechtslose Tiere. Die Arbeiter sind Maurer oder beschaffen Nahrung. Die Soldaten verteidigen den Bau. Das Königspaar sorgt für den Nachwuchs. Der König befruchtet die Königin. Die riesige Königin legt ausschließlich Eier.

Heuschrecken

Man unterscheidet Laubheuschrecken und Feldheuschrecken sowie Grillen. Die Laubheuschrecken haben lange Fühler, Feldheuschrecken kurze. Der Name »Schrecke« bedeutet so viel wie »Springer«. Denn die Heuschrecken können mit ihren langen Hinterbeinen weite Sprünge vollführen.

Grünes Heupferd

Europa, Kleinasien, Sibirien, Nordafrika ▸ bis 3,6 cm
Das Grüne oder Große Heupferd kann man im Sommer von Mittag bis tief in die Nacht zirpen hören. Den Gesang erzeugt es mit Schrillleisten an den Deckflügeln, die es aneinanderreibt. Die Gehörorgane der Heuschrecke liegen in den Vorderbeinen. Am Tag sitzt das Grüne Heupferd im Gebüsch oder an Wiesenpflanzen, nachts klettert es in die Baumwipfel. Es frisst Insekten, aber auch saftige Pflanzenteile.

Heuschrecken

Auf dieser roten Blüte sieht man das Grüne Heupferd besonders gut.

Wanderheuschrecke

Afrika, Asien ▶ bis 8 cm

Wanderheuschrecken haben kurze Fühler. Sie leben meist einzeln. Aber manchmal finden sie sich zu riesigen

Eine Wanderheuschrecke.

Schwärmen zusammen, die Tausende von Kilometern zurücklegen. Auf ihren Wanderzügen fressen sie Äcker, Felder und Gärten kahl und zerstören die Ernten. Die größten Schwärme bestehen aus mehreren Milliarden Heuschrecken und bedecken viele Quadratkilometer Land.

Schon die Bibel berichtet von Heuschreckenplagen. Schwärme der Wanderheuschrecke richten in Afrika und Asien große Schäden an.

Maulwurfsgrille

Weltweit ▶ bis 60 mm

Maulwurfsgrillen leben wie Maulwürfe in unterirdischen Gängen. Daher haben sie auch ihren Namen. Ihre Vorderbeine sind zu Grabschaufeln umgeformt. Sie fressen Wurzeln und Stängel, aber auch kleine Tiere wie Engerlinge und Regenwürmer. Das Weibchen legt in einer Kammer 200 bis 300 Eier.

Maulwurfsgrillen leben bereits seit über 35 Millionen Jahren.

Zweiflügler

Fliegen und Mücken

Fliegen und Mücken werden in der Gruppe der Zweiflügler zusammengefasst. Sie besitzen im Gegensatz zu anderen fliegenden Insekten nur ein Paar Flügel. Fliegen haben einen Tupfrüssel, mit dem sie flüssige Nahrung aufsaugen. Die meisten Mücken besitzen einen Stechrüssel.

Die Stubenfliege vermehrt sich rasend schnell: Nach einem Tag kriecht aus dem Ei die Made. Am siebten Tag schlüpft die Fliege aus der Puppe und beginnt sofort, Eier zu legen.

Gemeine Stechmücke

Weltweit ▸ bis 5 mm

Stechmücken haben einen schlanken Körper, schmale Flügel und lange, dünne Beine. Die Männchen besitzen einen Saugrüssel und leben von → Nektar. Die Weibchen saugen mit ihrem Stechrüssel Blut von Tieren und Menschen. Ihre Stiche jucken unangenehm. Einige Arten in warmen Ländern können beim Stich gefährliche Krankheiten wie Malaria übertragen.

Die Stechmückenlarven atmen durch ein Rohr an der Wasseroberfläche.

Nur die Weibchen der Stechmücke saugen Blut. Ihre Eier legen sie in stehende Gewässer.

Stubenfliege

Weltweit ▸ bis 9 mm

Jeder kennt die Stubenfliege. Man trifft sie überall. Sie kann zwar nicht stechen, aber sie überträgt Krankheitskeime durch ihren Kot oder mit ihrem Körper. Stubenfliegen schmecken mit ihren Füßen und können mit den Fühlern auch gut riechen. Das Weibchen legt seine Eier mit einer Legeröhre in schmale Ritzen. Die → Larven leben in Kot und Abfällen. Man nennt sie Maden. Die → Puppen heißen Tönnchen.

Blaue Schmeißfliege

Weltweit ▸ bis 14 mm

Die Schmeißfliege glänzt blaugrün metallisch und besitzt kräftige Beißwerkzeuge. Die Weibchen legen ihre Eier in Fleisch, → Aas und Abfall. Aus den Eiern schlüpfen weiße Maden.

Der Name der Schmeißfliege hängt mit der Vorliebe für organische Stoffe zuammen.

Rinderbremse

Weltweit ▶ bis 2,5 cm

Diese Fliegen findet man auf Viehweiden. Die Weibchen saugen das Blut von Weidetieren wie Rindern und Pferden. Sie fallen ihre Opfer oft in großer Zahl an. Ihre Bisse verursachen blutende Wunden. Oft werden dabei auch Krankheiten übertragen. Die gefräßigen Larven leben am Uferschlamm.

Die Rinderbremse ist meistens in der Mittagszeit aktiv.

Die Gebänderte Prachtlibelle ist durch die Wasserverschmutzung heute stark bedroht.

Libellen

Die Libellen gelten als die schönsten und schnellsten Insekten. Sie haben lange, schmale Flügel. Den Kopf mit den riesigen Facettenaugen können sie nach allen Seiten drehen. Großlibellen breiten ihre Flügel in der Ruhe waagerecht aus, Kleinlibellen falten sie zusammen. Alle Libellen sind gewandte Räuber.

Gebänderte Prachtlibelle

Europa, Vorderasien, Nordafrika ▶ bis 5 cm

Die Gebänderte Prachtlibelle ist eine Kleinlibelle. Sie hat nur eine Flügelspannweite von sieben Zentimetern. Deshalb fliegt sie nicht so elegant wie die Großlibellen. Ihre Beute verzehrt sie im Sitzen. Nach der Paarung legen die Weibchen die Eier mit dem Legebohrer einzeln in Wasserpflanzen. Die schlüpfenden ➔ Larven leben zwei Jahre im Wasser. Dort jagen sie Wasserflöhe, später auch Kaulquappen und Fischbrut. Erst kurz vor ihrer ➔ Verwandlung hören sie auf zu fressen.

Große Königslibelle

Europa, Asien, Nordafrika
bis 8 cm
Die Königslibelle ist einer der besten Flieger unter den Insekten. Ihre Flügel schlagen wie bei allen Großlibellen beim Geradeausflug genau im Gegentakt, beim Kurvenflug dagegen nicht. Sie erreicht Geschwindigkeiten von über 30 Kilometern pro Stunde.

Königslibellen sind wendige Jäger. Sie verschlingen im Flug kleine und große Insekten.

Die Mosaikjungfer jagt Insekten.

Blaugrüne Mosaikjungfer

Europa bis 10,5 cm
Die Blaugrüne Mosaikjungfer gehört zu den Großlibellen. Wie alle Großlibellen verspeist sie ihre Beute im Flug. Auch die Paarung erfolgt im Flug. Männchen und Weibchen bilden dabei ein Paarungsrad.

Flöhe und Läuse

Flöhe und Läuse sind nicht miteinander verwandt. Beide Insektengruppen sind aber Schmarotzer. Sie leben auf Kosten von Menschen, Tieren oder Pflanzen. Flöhe sind vorwiegend Blutsauger an Tieren oder Menschen. Die meisten Läuse saugen Pflanzensäfte.

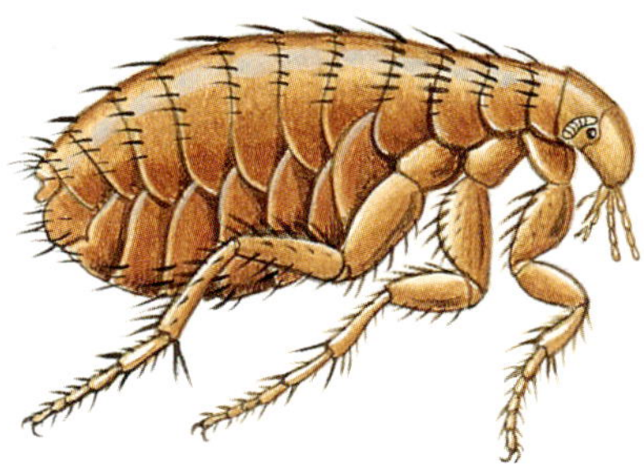

Beim Menschenfloh sind die Flügel zurückgebildet. Dafür besitzt er kräftige Sprungbeine.

Menschenfloh

Weltweit bis 2,5 mm
Menschenflöhe stechen nicht nur Menschen, sondern auch Hunde und andere Säugetiere. Die flügellosen Insekten saugen das Blut ihrer Wirte. Flöhe haben eine gewaltige Sprungkraft. Sie machen bis zu 60 Zentimeter weite Sätze. Das ist das 200-fache

Flöhe und Läuse

ihrer Körperlänge. Mit ihrem Stich können Flöhe gefährliche Krankheiten verbreiten. Im Mittelalter wurde die Pest von Rattenflöhen übertragen. Durch bessere Hygiene sind die Blutsauger heute seltener.

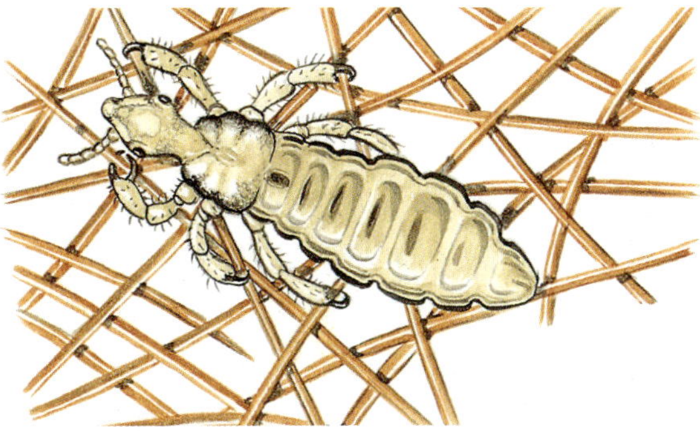

Die Kopflaus klebt ihre winzigen Eier meist an den Haaren fest. Die Läuseeier nennt man Nissen.

Katzenfloh

Weltweit ▶ bis 5 mm

Der Katzenfloh ist vorwiegend bei Katzen zu finden. Der Floh, der ursprünglich aus Nordafrika und Vorderasien stammt, befällt auch häufig Hunde, Ratten und Mäuse, und manchmal auch Menschen. Bei unhygienischer Haltung kann es zu Massenvermehrungen kommen. Weibchen legen bis zu 50 Eier in die Umgebung ihrer Wirtstiere ab.

Katzenfloh, mikroskopisch vergrößert.

Kopflaus

Weltweit ▶ bis 3 mm

Diese kleinen Insekten leben in den Kopfhaaren von Menschen. Mit ihren Stechborsten bohren sie sich durch die Haut, um Blut zu saugen. Die Stiche der Kopflaus jucken stark. Daher kratzen sich Befallene oft blutig. Kopfläuse werden häufig über Mützen oder Hüte an Kleiderhaken oder durch den direkten Kontakt mit befallenen Haaren übertragen.

Die Blattläuse geben einen klebrigen Zuckersaft ab, den Ameisen mögen. Die Ameisen »melken« deshalb die Blattläuse, indem sie sie mit ihren Fühlern betrillern.

Blattlaus

Weltweit ▶ bis 2,5 mm

Blattläuse saugen Pflanzensäfte. Es gibt rund 2 500 Arten. Sie legen Eier,

Wanzen

können sich aber auch ohne Männchen vermehren. Dann bringen sie lebende Junge zur Welt. Man nennt das ➔ Jungfernzeugung. Wenn sie sich verbreiten, schlüpfen aus den Eiern geflügelte Blattläuse. Feinde der Blattläuse sind Schlupfwespen und Marienkäfer.

Wanzen

Wanzen sind ziemlich flache Insekten mit einem Stechrüssel. Sie schmarotzen meistens an Pflanzen, deren Saft sie saugen. Einige sind auch Blutsauger oder jagen kleine Insekten. Alle Wanzen besitzen Stinkdrüsen und scheiden unangenehme Gerüche aus.

Der Stech-Saugrüssel der Bettwanze ist 500-mal feiner als die Nadel einer Spritze.

Bettwanze

Weltweit ▸ bis 5 mm

Die Bettwanze hat einen flachen Körper und besitzt keine Flügel. Tagsüber versteckt sie sich in Ritzen, hinter Tapeten, Bildern oder Leisten und kommt nachts hervor. Sie saugt vor allem Menschenblut, befällt aber auch Fledermäuse, Mäuse, Hühner und andere Tiere. Die Stiche verursachen Quaddeln, die stark jucken. Beim Saugen nimmt die Wanze so viel Blut auf, dass sie deutlich größer wird.

Die Raubwanze ist in Europa nur mit 15 Arten bekannt.

Raubwanze

Europa, Tropen ▸ bis 20 mm

Raubwanzen sind Insekten und es gibt weltweit etwa 3 000 Arten. Sie besitzen einen kräftigen und gebogenen Rüssel und können zirpende Laute erzeugen. Die einzelnen Arten sind in ihrer Körpergröße und Färbung recht unterschiedlich. Raubwanzen ernähren sich überwiegend räuberisch, wie ihr Name schon sagt. Südamerikanische Arten treten auch als Blutsauger am Menschen auf und übertragen über ihren Kot die gefürchtete Chagas-Krankheit.

Die Feuerwanze hat ihren Namen von der rot-schwarzen Farbe ihrer Flügel. Sie bildet oft große Kolonien.

Feuerwanze

Europa, Asien, Nordafrika, Mittelamerika ▶ bis 1,1 cm

Die Feuerwanze saugt an Pflanzen und Samen, aber auch an toten Insekten und Insekteneiern. Sie hat meist kurze Flügel. Bei manchen Tieren sind die Flügel jedoch lang oder fehlen ganz. Feuerwanzen sind an vielen Pflanzenarten anzutreffen. Sie legen ihre Eier im Frühjahr in rissige Baumrinden oder in kleine Erdgruben.

Wasserläufer

Europa, Vorderasien, Nordafrika ▶ bis 1,1 cm

Diese Wanzenart fängt Insekten, die auf die Wasseroberfläche gefallen sind. Nur die Unterseite der Vorderbeine berührt beim Laufen das Wasser. Die Oberflächenspannung verhindert, dass das federleichte Insekt versinkt. Einige Arten leben sogar als einzige Insekten auf hoher See. Sie ernähren sich von toten Meerestieren.

Der Wasserläufer jagt zwar auf dem Wasser, gehört aber zu den Landwanzen.

Krebse

Die ersten Krebse lebten schon im Erdaltertum in den Meeren. Das war vor über 500 Millionen Jahren. Im Laufe der langen Zeit bis heute sind viele Krebsarten ausgestorben, aber auch neue entstanden. Manche urtümlichen Arten erinnern noch an die ersten Krebstiere. Heute leben Krebse im Meer und im Süßwasser. Einige haben sogar das Land erobert. Man kennt rund 40 000 Arten dieser Gliederfüßer. Sie sind die nächsten Verwandten der Insekten.

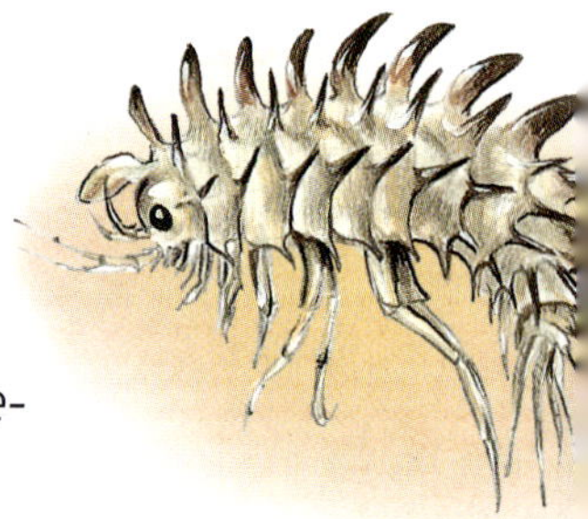

Die kleinen Flohkrebse leben in Salz- oder Süßwasser. Viele Arten haben Stacheln.

Wassertiere

Die Krebse sind leicht von den sechsbeinigen Insekten und den achtbeinigen Spinnen zu unterscheiden: Die meisten besitzen fünf Paar Schreitbeine. Das vordere Beinpaar ist bei vielen Krebsen zu kräftigen Scheren umgebildet. Die Krebse haben auch noch eine Reihe kleiner Schwimmfüße. Auffällig an den Krebstieren sind ihre Antennen. Sie erinnern an die Fühler der Insekten. Krebse haben zwei Paar Antennen. Das zweite Antennenpaar ist oft sehr lang wie beim Hummer oder der Languste. Als Wassertiere atmen Krebse mit ➔ Kiemen. Auch Krebse, die an Land leben, haben die Kiemenatmung beibehalten.

Gepanzerte Ritter

Das Auffälligste an den großen Krebsen ist ihr Panzer. Er besteht aus ➔ Chitin wie das Körpergerüst der Insekten. In diesen Panzer sind noch Kalkteilchen eingelagert, sodass er ganz starr ist. Deshalb heißen die Krebse auch Krustentiere. Der Panzer schützt den Krebs vor Feinden. Er wird ihm aber auch immer wieder zum Gefäng-

Langusten ziehen oft im Gänsemarsch über den Meeresboden auf der Suche nach neuen Jagdgründen.

Die Japanische Riesenkrabbe erscheint wie ein Ungeheuer vom Mars.

nis. Wenn ein Krebs wächst und größer wird, wächst sein Panzer nicht mit. Dann muss er die alte Hülle verlassen. Der Krebs ➔ häutet sich. Es dauert eine Weile, bis der neue Panzer fest und hart geworden ist.

Große und kleine Krebse

Man unterscheidet die Krebse nach der Länge ihres Hinterteils. Danach unterteilt man sie in Langschwanzkrebse, Mittelkrebse und Kurzschwanzkrebse. Die großen Krebse wie der Flusskrebs, der Hummer oder die Strandkrabbe sind den meisten bekannt. Es gibt aber eine fast unvorstellbare Zahl von kleinen Krebsen. Manche von ihnen werden kaum einen Millimeter groß wie der Wasserfloh. Die Japanische Riesenkrabbe dagegen wird mit ihren 1,50 Meter langen Beinen so hoch wie ein Pony! Und auch der Hummer gehört mit einem halben Meter Länge nicht gerade zu den Zwergen unter den Krebsen.

Ei – Larve – Krebs

Krebse entstehen aus Eiern. Die höher entwickelten Krebse legen nur ein paar Hundert Eier. Diese kleben sie an ihren Schwimmbeinen unterhalb des Schwanzes fest und tragen sie mit sich herum. Bei einigen Arten schlüpfen daraus sofort die jungen Krebschen. Sie klammern sich oft noch ein bis zwei Wochen an den Beinen der Mutter fest. Meist schlüpfen aus den Krebseiern aber zuerst ➔ Larven. Diese schwimmen im Wasser umher. Die Larven entwickeln sich nach mehreren Häutungen zu fertigen Jungkrebsen. Sehr viele Larven werden von Fischen und anderen Tieren gefressen. Deshalb legen viele Krebsweibchen bis zu 100 000 Eier.

Soldatenkrabben marschieren oft in Gruppen von mehreren Hundert Tieren über den Schlick.

Krabben

Krabben

Die Krabben sind von allen Krebstieren am höchsten entwickelt. Sie besitzen keinen Schwanz, und ihr kurzer Hinterleib ist unter das Kopf-Brust-Teil geschlagen. Man nennt sie auch Kurzschwanzkrebse. Sie haben einen flachen, meist runden Panzer. An der Brust sitzen fünf Beinpaare. Die vorderen sind zu kräftigen Scheren umgebildet.

Strandkrabbe

Atlantischer Ozean, Mittelmeer, Nordsee ▶ bis 8 cm breit
Die Strandkrabbe kommt in flachen Küstengewässern vor. An der Nordseeküste ist sie recht häufig. Bei Ebbe sieht man sie über den Sand laufen. Sie bewegt sich dabei seitwärts voran. Im Wasser ist die Strandkrabbe kein besonders guter Schwimmer. Die Männchen haben meist grünliche Panzer. Die etwas kleineren Weibchen sind eher orangerot gefärbt. Strandkrabben werden bis zu vier Jahre alt. In dieser Zeit ➔ häuten sie sich mehrmals. Die Krabben knacken mit ihren kräftigen Scheren auch Austern.

Strandkrabben können in salzarmen Gewässern nicht überleben. Die Ostsee mit ihrem salzarmen Wasser bildet die natürliche Grenze.

Die Meerspinne ernährt sich von Algen. Sie wird im Mittelmeer viel gefangen und gegessen.

Meerspinne

Alle Meere ▶ bis 12 cm breit
Es gibt 800 Arten von Seespinnen. Sie kommen in allen Meeren vor. Man erkennt sie an ihren langen Beinen und ihrem stacheligen Panzer. Im Mittelmeer ist die Meerspinne recht häufig. Man nennt sie auch Teufelskrabbe. Sie ist die größte Krabbe im Mittelmeer. Wie die meisten Seespin-

nen maskiert sie sich. Dazu schneidet sie mit ihren Scheren Stücke von Schwämmen oder Algen ab. Diese befestigt sie auf ihrem Panzer, wo sie festwachsen. Die Teufelskrabbe ist dadurch gut getarnt.

Taschenkrebs

Atlantischer Ozean
▶ bis 30 cm breit

Der Taschenkrebs ist eine Krabbe, die besonders an felsigen Küsten vorkommt. Er ist auch in der Nordsee häufig und wird dort gefangen. Ein ausgewachsenes Männchen wird über sechs Kilogramm schwer. Diese Krabbe ist ein gewaltiger Räuber, der nicht nur andere Krebse, sondern auch Fische und Muscheln überfällt. Mit seinen mächtigen Scheren kann der Taschenkrebs selbst dicke Muschelschalen aufknacken. Bei Gefahr rennt der Krebs meist seitwärts im Zickzack davon. Er setzt sich aber auch mit seinen Scheren heftig zur Wehr.

Der Taschenkrebs ist sehr begehrt, denn er hat ein wohlschmeckendes Fleisch. Man fängt ihn bei uns in der Nordsee.

Wollhandkrabben pflanzen sich nach etwa fünf Jahren fort.

Wollhandkrabbe

Asien, Europa ▶ bis 7,5 cm breit

Die Wollhandkrabbe stammt aus China. Ihren Namen hat sie von dem dichten Haarpelz auf den Scheren des Männchens. Die Krabbe lebt im ➔ Brackwasser und im Süßwasser. Sie wurde vor hundert Jahren durch Schiffe bei uns eingeschleppt. Von der Nordsee aus hat sie sich in die Flüsse ausgebreitet. Bei Fischern ist sie nicht gern gesehen. Die Wollhandkrabbe frisst nicht nur viele Jungfische, sie zerstört auch die Netze. Sie hat sich so ungeheuer vermehrt, dass jährlich Millionen Tiere aus den Flüssen ins Meer wandern. In den Flussmündungen ➔ begatten die Männchen die Weibchen. Diese legen dann ihre Eier im Meer ab und sterben.

Winkerkrabbe

Warme Meere ▶ bis 3 cm breit

Die Winkerkrabben leben am Strand und halten sich häufig an Land auf. Sie graben sich im Boden ein und kommen bei Ebbe hervor, um Nahrung

Langschwanzkrebse

zu suchen. Dann sind Scharen von Winkerkrabben unterwegs. Eine Schere der Männchen ist besonders groß. Damit winken sie in bestimmten Abständen, um die Weibchen auf sich aufmerksam zu machen.

Winkerkrabben sammeln sich oft in Massen am Strand. Die verschiedenen Arten haben ganz unterschiedliche Winkzeichen.

Langschwanzkrebse

Die Langschwanzkrebse werden auch Panzerkrebse genannt. Ihr Hinterleib ist lang wie zum Beispiel beim Flusskrebs. Der Schwanz endet in einem Fächer, der als Flosse dient. Alle Panzerkrebse haben zehn Beine und Fressscheren. Sie zählen zu den größten Krebsen. Die meisten fängt man wegen ihres köstlichen Fleisches.

Flusskrebs

Europa, Nordamerika ▸ bis 25 cm
Die Flusskrebse kommen nur in sauberen Bächen und Flüssen vor. Tagsüber

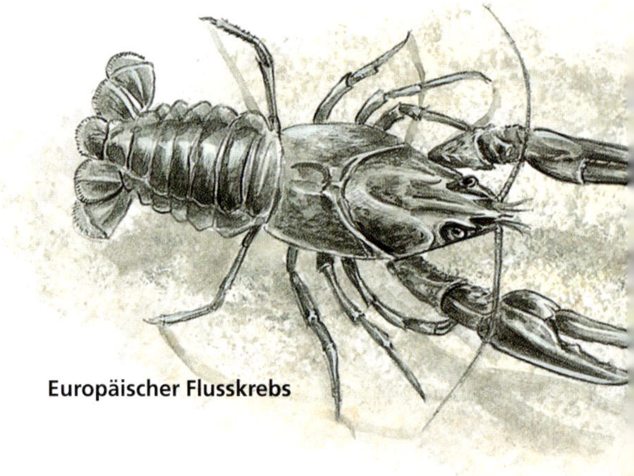

Europäischer Flusskrebs

halten sie sich unter Steinen oder in einer Uferhöhle verborgen. Wenn es dunkel wird, gehen sie auf Jagd. Wie alle großen Krebse gehört auch der Flusskrebs zu den Zehnfüßern. Das heißt, dass er fünf Beinpaare besitzt. Sein erstes Beinpaar besteht aus kräftigen Scheren. Damit packt er seine Beutetiere. Das sind vor allem Wasserinsekten und Schnecken, die er zerknackt. Der Flusskrebs frisst aber auch Wasserpflanzen und ➔ Aas. Der ganze Krebs steckt in einem starren Kalkpanzer. Wenn der Krebs wächst, wird ihm irgendwann sein Panzer zu klein. Deshalb ➔ häutet er sich zweimal im Jahr. Dazu schlüpft er schnell aus der alten Hülle. Nun ist sein Körper ungeschützt. Er ist jetzt ein »Butterkrebs« und sehr empfindlich. Bis sein neuer Panzer hart geworden ist, muss er sich verstecken. Bei uns gibt es kaum noch Flusskrebse, da viele Gewässer verschmutzt sind. Man hat schon vor über 100 Jahren den nur zehn Zentimeter großen amerikanischen Flusskrebs eingeführt. Ihm macht schmutziges Wasser weniger aus.

Langschwanzkrebse

Der amerikanische Flusskrebs ist in unseren Gewässern heimisch geworden.

Hummer

Europa, Nordamerika ▶ bis 60 cm
Der Hummer wird mehr als doppelt so groß wie der Europäische Flusskrebs. Er lebt nur im Meer. Hummer bewohnen hauptsächlich die Felsküsten. Mit einem amerikanischen Wort nennt man sie auch Lobster. Die amerikanischen Hummer sind bei Feinschmeckern begehrt, weil sie am größten werden. Ein ausgewachsenes Tier wiegt bis zu fünf Kilogramm. Hummer leben von anderen Krebsen, Muscheln und Tintenfischen. Sie haben zweierlei Scheren, eine kleinere zum Greifen und eine große zum Aufknacken der Beute.

Hummer gelten als besonders wohlschmeckend. Man isst das Muskelfleisch aus den Scheren und dem Schwanz.

Languste

Alle Meere ▶ bis 45 cm
Die Langusten sind Langschwanzkrebse wie die Flusskrebse und die Hummer. Wie diese haben sie zehn Beine. Man nennt sie auch Ritterkrebse.
Im Unterschied zu den Hummern

Die Langusten lassen sich vom Hummer leicht an ihren viel längeren Antennen unterscheiden.

Krebse

Garnelen

besitzen Langusten aber keine Scheren. Sie schützen sich durch ihren stacheligen Panzer. Mit ihren langen Antennen schlagen sie aber auch wie mit Peitschen zu. Langusten sind oft sehr bunt gefärbt. Die Farbe dient als → Tarnung. Die amerikanische Languste ist ein Wanderer unter Wasser. Die Tiere legen auf dem Meeresboden oft weite Strecken zurück. Dabei laufen alle Langusten im Gänsemarsch. Sie gehen auf Wanderschaft, wenn in ihrem → Revier das Futter knapp wird.

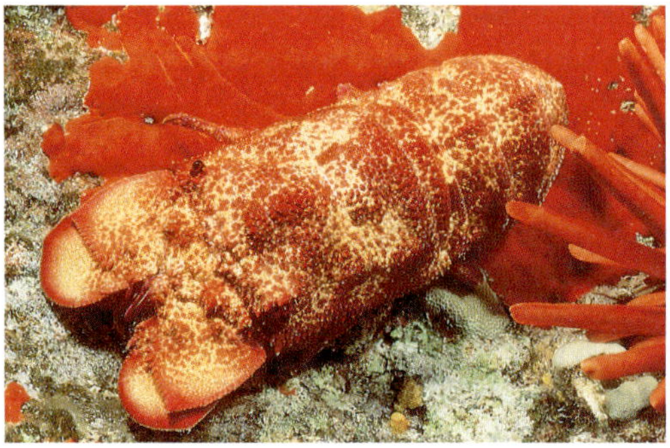

Die nachtaktiven Bärenkrebse leben in allen tropischen und subtropischen Meeren.

Bärenkrebs

Warme Meere ▸ bis 12 cm
Der Bärenkrebs lebt an den Felsenküsten des Mittelmeeres, kommt aber auch in anderen warmen Meeren vor. Er hält sich meist am Meeresgrund auf. Dieser Krebs hat kurze, breite Antennen mit Stacheln. Man kennt rund 60 Arten von Bärenkrebsen. Der größte wird 50 cm lang. Sie haben einen abgeplatteten, breiten Körper und am Kopf schaufelartige Fortsätze, mit denen sie im schlammigen Boden graben.

Garnelen

Garnelen sind Zehnfußkrebse wie Hummer und Langusten. Wie diese schreiten sie auf ihren zehn Gehbeinen gern am Boden umher. Manche Garnelen leben in der Tiefsee und kommen nie an die Oberfläche. Andere vergraben sich tagsüber im Sand und gehen erst nachts im Meer auf Nahrungssuche. Die meisten Garnelen sind Räuber. Sie fressen Würmer und andere Tiere. Einige überwältigen sogar kleine Fische.

Putzergarnele

Warme Meere ▸ bis 3 cm
Putzergarnelen sind kleine, oft recht bunte Krebse. Man findet sie oft in → Korallenriffen. Ihr Name kommt daher, dass sie Fischen oder Nesseltieren Nahrungsteilchen von der Haut abfressen. Sie »putzen« die Tiere

Die bunte Farbe der Putzergarnele dient als Tarnung. Der kleine Krebs kann seine Farbe ändern und sich jeweils seiner Umgebung anpassen. So wird er von Feinden kaum erkannt.

nach der Mahlzeit. Manche betätigen sich auch als »Zahnärzte« und reinigen die Mundhöhle der Fische. Eine Art lebt in Seerosen. Sie winkt mit ihren Antennen die Fische herbei, um sie von ➔ Schmarotzern zu befreien. Solche Gemeinschaften nennt man ➔ Symbiose.

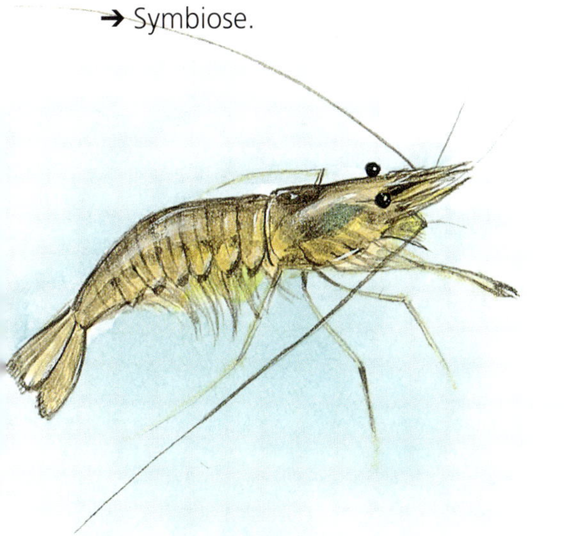

Die Nordseegarnele ist durch Verschmutzung der Flüsse an der Küste stark zurückgegangen.

Nordseegarnele

Nordsee ▸ bis 5 cm

Diese kleine Garnele kam früher in Massen an der Nordseeküste vor. Man nennt sie fälschlich Nordseekrabbe. Die Fischer fangen sie mit besonderen Netzen. Wenn man die Garnele kocht, bekommt sie wie viele Krebse eine rote Farbe. Das Muskelfleisch des etwa drei Zentimeter langen Krebsschwanzes wird gegessen.

Krill

Alle Meere ▸ bis 5 mm

In den Meeren bilden Milliarden etwa 5 mm großer Krebschen riesige Schwärme. Das ist der Krill, den die Meeresströmungen hin und her tragen. Die garnelenartigen Krebse haben Leuchtorgane, mit denen sie gelbgrünes oder bläuliches Licht ausstrahlen. Das nach unten gerichtete Licht dient als Sichtschutz gegen Räuber. Bartenwale fressen Unmengen dieser Leuchtkrebse.

Krill ist ein norwegisches Wort und bedeutet Walnahrung.

Mittelkrebse

Die Mittelkrebse haben kürzere Schwänze als etwa Hummer und Langusten. Wie diese besitzen auch sie zehn Laufbeine. Unter den Mittelkrebsen gibt es einige, die keine Panzer haben. Sie schützen ihren weichen Hinterleib deshalb in einem Schneckenhaus.

Einsiedlerkrebs

Alle Meere ▸ bis 12 cm

Der Einsiedlerkrebs presst seinen weichen Hinterleib in ein leeres Schneckenhaus. Mit seinen Klauen

Mittelkrebse

am Hinterende hält sich der Krebs darin fest. Eine seiner Scheren ist stark vergrößert. Sie dient als Deckel für das Schneckenhaus. Meist pflanzt sich auch eine Seerose auf sein Heim. Sie hält mit ihren Nesselfäden mögliche Feinde ab. Dafür bekommt sie Abfälle von der Krebsmahlzeit. Man nennt diese Gemeinschaft eine

Einsiedlerkrebse sind ständig auf Wohnungssuche. Wenn sie wachsen, wird ihnen ihr Haus bald zu klein. Beim Umzug veranlassen sie oft auch die Seerose umzusiedeln.

→ Symbiose. Es gibt über 300 Arten von Einsiedlerkrebsen. Einige leben auch an Land. Sie haben alle keinen Panzer und müssen ihren weichen Hinterleib schützen.

Palmendieb

Südostasien ▶ bis 30 cm
Der Palmendieb ist ein Einsiedlerkrebs, der auf dem Land lebt. Nur wenn er

Der Palmendieb ist ein Landkrebs. Seine Larven entwickeln sich im Wasser. Der fertige Krebs kehrt nie mehr ins Wasser zurück.

jung ist, steckt er den Hinterleib in ein Schneckenhaus. Später benötigt er diesen Schutz aber nicht mehr. Der Krebs klettert auf 20 Meter hohe Palmen. Dort trennt er mit seinen kräftigen Scheren Kokosnüsse ab, die er am Boden verzehrt.

Können Krebse nur rückwärtsgehen?

Es ist ein altes Märchen, dass ein Krebs nur rückwärtsläuft. Natürlich kann er rückwärtsgehen, so wie andere Tiere auch. Gewöhnlich schreitet er aber vorwärts und schwimmt auch in diese Richtung. Nur wenn er erschreckt wird, weicht er zurück. Dann geht ein Krebs rückwärts. Die Krabben bewegen sich allerdings meistens seitwärts voran.

Kleinkrebse

Rund die Hälfte aller Krebstiere sind Kleinkrebse. Diese Tiere werden mit wenigen Ausnahmen nur einen Millimeter bis einen Zentimeter groß. Viele erkennt man nicht gleich als Krebse. Sie sehen oft recht absonderlich aus. Die meisten besitzen keinen Panzer oder haben nur schwache Schalen.

Entenmuschel

Alle Meere ▸ bis 5 cm

Entenmuscheln sind Krebse »am Stiel«. Sie treiben als → Larven im Wasser, bis sie einen geeigneten Platz zum Niederlassen finden. Das kann ein Fels, eine Muschelschale oder ein Schiffsboden sein. Mit Hilfe ihres langen Stiels heften sie sich darauf fest. Ihre Beine verwandeln sich nun in rankenartige Gliedmaßen. Der Krebs streckt sie aus der muschelförmigen Schale hervor und strudelt damit Wasser und Nahrungsteilchen in seinen Körper.

Entenmuscheln setzen sich wie Seepocken auch an Schiffsrümpfen fest. Da sie große Kolonien bilden, nimmt die Reibung im Wasser zu, und das Schiff wird langsamer.

Seepocken können eine Zeit lang im Trockenen überleben. Dann schließen sie ihr Gehäuse.

Seepocke

Alle Meere ▸ bis 1,5 cm

Seepocken sind Rankenfußkrebse. Sie erscheinen auf den ersten Blick nicht als Tiere. Lediglich kleine weiße Kegel sind sichtbar, die sich nicht von der Stelle rühren können. Sie überziehen Steine und Felsen in der → Brandungszone. Dort setzen sich oft Hunderttausende dieser

Kleinkrebse

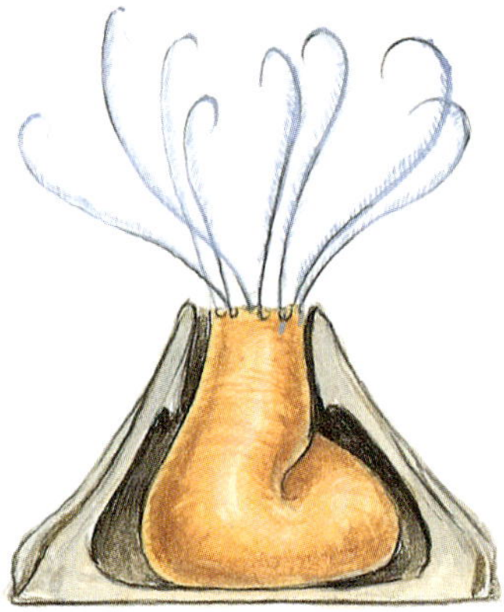

Tiere fest und bilden eine Kruste. Jede einzelne Seepocke besteht aus einem Kalkgehäuse, das oben eine Öffnung hat. Sie kann ihr Haus mit Platten verschließen. Im Inneren sitzt der Krebs. Er ernährt sich von Schwebeteilchen, die er mit seinen Rankenfüßen einstrudelt. Seepocken sind Zwitter, die sich jedoch nicht selbst befruchten. Nur der sich in unmittelbarer Nähe befindliche Partner kann mit seinem vergleichsweise langen Begattungsorgan die Befruchtung vornehmen. Die Eier verbleiben im Kalkpanzer des anderen Tieres.

Flohkrebse halten das Wasser sauber, da sie faulende Stoffe fressen.

Bachflohkrebs

Süßwasser ▸ bis 2 cm

Flohkrebse sehen wie winzige Garnelen aus. Sie ernähren sich von faulenden Stoffen. Der Bachflohkrebs kommt bei uns in fließendem Wasser vor. Er hält sich meist am Grund der Gewässer auf, kann aber auch gut schwimmen. Der Körperbau ist bogenförmig und hell- bis graubraun gezeichnet. Durch kräftiges Schlagen mit dem Hinterleib bewegt sich der Bachflohkrebs fort und kann auch gegen den Strom schwimmen.

Wasserfloh

Alle Gewässer ▸ bis 3 mm

Es gibt ein paar Hundert Arten von Wasserflöhen. Sie haben alle vier bis sechs Beinpaare. Die meisten Wasserflöhe leben von mikroskopisch kleinen Schwebeteilchen im Wasser. Einige sind auch Räuber, die Jagd auf winzige Tiere machen. Dabei ist ein Wasserfloh selbst nur millimetergroß. Wasserflöhe sind durchsichtig. Man kann unter dem Mikroskop sogar ihr Herz schlagen sehen. Sie haben Schwimmfüße mit Borsten und scheinen beim Schwimmen wie Flöhe zu hüpfen. Daher haben sie auch ihren Namen. Merkwürdig an den Wasserflöhen ist, dass die Weibchen auch Eier legen, ohne dass sie vorher von einem Männchen befruchtet wurden. Man nennt das → Jungfernzeugung.

Wasserfloh unter dem Mikroskop

Hüpferlinge

Alle Gewässer ▶ bis 2 mm

Hüpferlinge sind kleine Krebschen, die sich wie Wasserflöhe hüpfend durch das Wasser bewegen. Sie gehören zu den Ruderfußkrebsen. Viele machen Jagd auf Tiere, die so groß sind wie sie selbst.

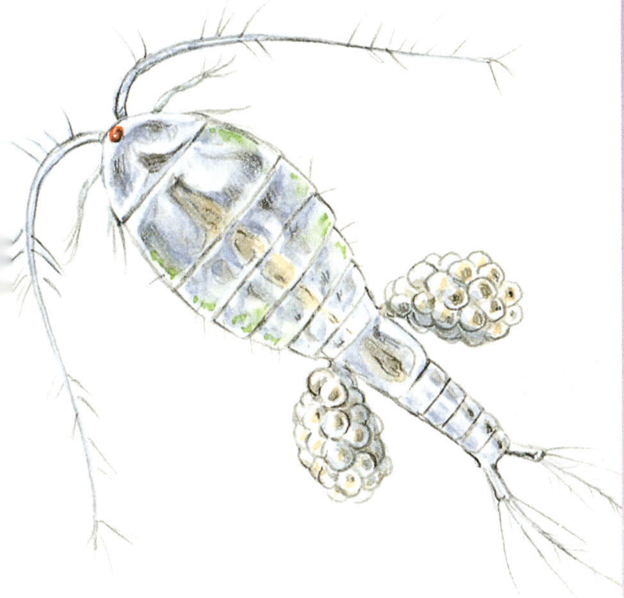

Der meist langgestreckte Körper der Hüpferlinge hat am Kopfende zwei lange Antennen.

Sind Landasseln und Wasserasseln Krebse?

Fast jeder kennt die Kellerassel. Und fast jeder hält sie für einen Käfer. Das Tier ist aber ein Krebs. Man kann das schon an der Anzahl seiner Beine feststellen: Kellerasseln haben sieben Paar Beine, Käfer nur drei Paar. Die Kellerassel wird bis zu 1,4 cm lang. Sie liebt feuchte Stellen und ist unter Steinen oder in feuchten Kellern zu Hause. Asseln ernähren sich von faulenden Pflanzenteilen. Eine Art, die Rollassel, rollt sich bei Gefahr zu einer Kugel zusammen. Es gibt über 8.000 Arten von Asseln. Die größten werden bis zu 40 cm lang. Wasserasseln leben in Tümpeln und Teichen. Die Krebse werden bis zu 1,2 cm lang und haben sehr lange Fühler. Sie ernähren sich wie die Landasseln von Pflanzenstoffen. Im Winter können die Wasserasseln sogar im Eis eingefroren sein, ohne Schaden zu nehmen.

Kellerassel

Spinnentiere

Wie viele Spinnentiere es auf der Erde gibt, weiß niemand genau. Man schätzt ihre Zahl zwischen 50 000 und 100 000 Arten. Die ersten Spinnen waren schon vor 500 Millionen Jahren Bewohner der Erde. Zu den Spinnentieren zählen auch die Skorpione und die Milben. Alle Spinnen und Skorpione sind Räuber, die sich von kleinen Tieren ernähren, vor allem von Insekten. Um diese zu fangen, haben besonders die Spinnen raffinierte Techniken entwickelt. Sie setzen bei der Jagd auch Gift ein.

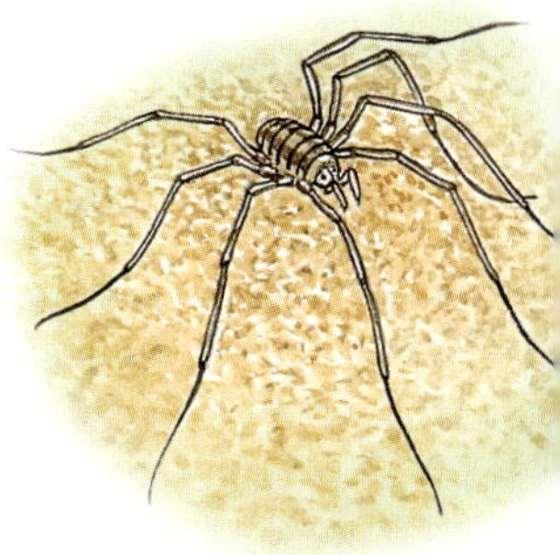

Weberknecht

Vieräuglein, Sechsäuglein, Achtäuglein

Spinnen haben einen zweigeteilten Körper: Kopf und Brust sind miteinander verwachsen. Daran schließt sich der Hinterleib an. Das Kopf-Brust-Stück trägt bis zu acht Augen, zwei Paar Mundwerkzeuge und acht Beine. Trotz ihrer vielen Augen können die meisten Spinnen höchstens Hell und Dunkel unterscheiden. Nur die so genannten Jagdspinnen, die ihre Beute anspringen, sehen etwas besser. Die Waffen der Spinnen sind ihre beiden beweglichen Kieferklauen. Sie stehen mit Giftdrüsen in Verbindung. Wenn eine Spinne zubeißt, fließt gleichzeitig Gift in ihr Opfer.

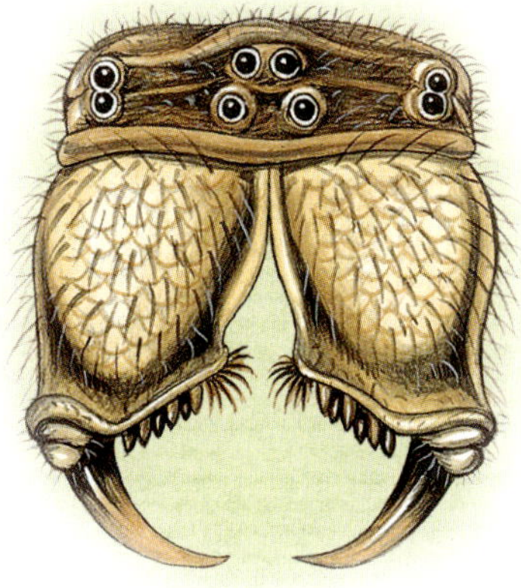

Der vergrößerte Kopf der Kreuzspinne sieht aus wie der eines Ungeheuers.

Am seidenen Faden

Die meisten Spinnen sind Webspinnen. Sie besitzen Spinnwarzen, aus denen sie verschiedenartige Spinnfäden pressen. Die Spinnflüssigkeit

Spinnenweibchen sind viel größer als die Männchen. Das wird diesen manchmal zum Verhängnis: Das Weibchen frisst das Männchen nach der Paarung kurzerhand auf.

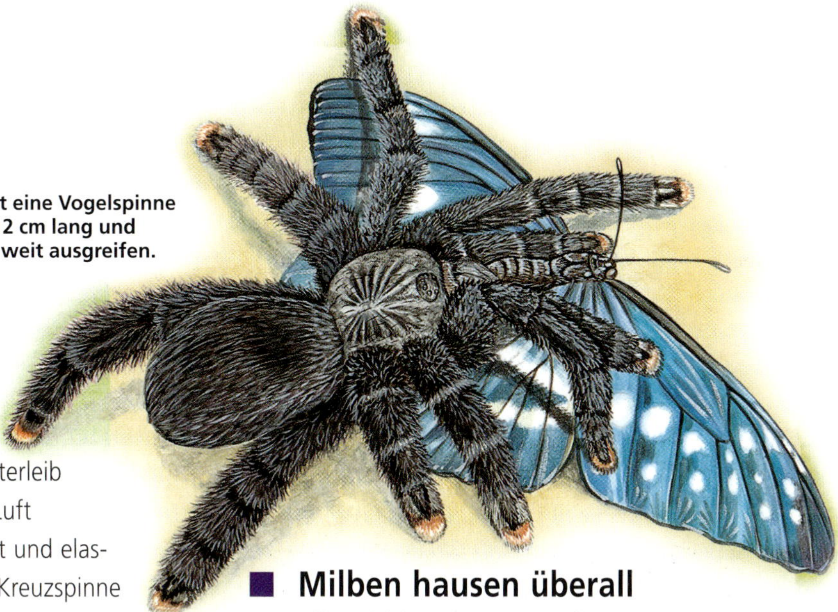

Die größte lebende Spinne ist eine Vogelspinne aus Mittelamerika. Sie wird 12 cm lang und kann mit ihren Beinen 17 cm weit ausgreifen.

wird von Spinndrüsen im Hinterleib erzeugt. Sobald diese in die Luft geschossen wird, wird sie fest und elastisch. Der Seidenfaden einer Kreuzspinne ist viermal dünner als ein Haar. Er ist aber doppelt so reißfest wie ein gleich dünner Stahlfaden. Walzenspinnen erzeugen sogar tausendmal dünnere Spinnfäden. Netzspinnen weben mit den Fäden ihre Fangnetze und spinnen die Beutetiere ein. Andere Webspinnen bauen sich Wohnröhren. Fast alle spinnen einen ➔ Kokon aus Fäden um ihre Eier. Die Weberknechte besitzen keine Spinnwarzen.

■ Giftige Verwandtschaft

Die größten Spinnentiere sind die Skorpione. Sie leben alle in warmen Ländern und haben kaum Ähnlichkeit mit Spinnen. Skorpione sind giftiger als die meisten Spinnen. Sie besitzen einen Giftstachel, den sie über den Körper nach vorne biegen. Im Unterschied zu den Spinnen legen sie keine Eier. Sie bringen lebende Junge zur Welt.

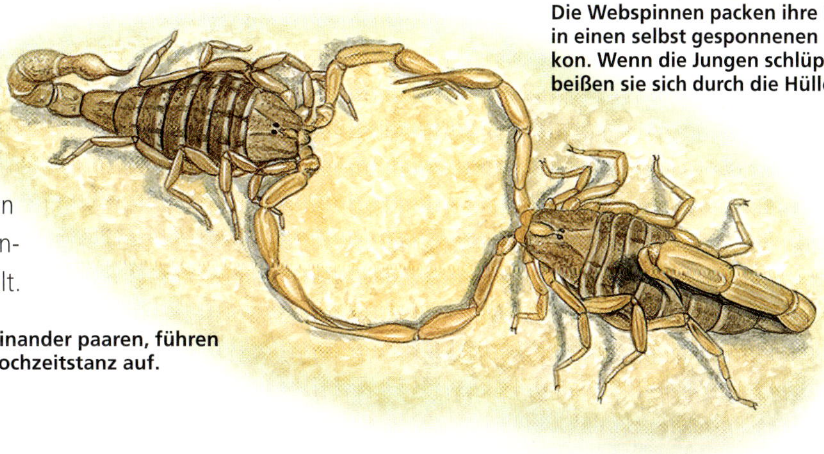

Bevor sich Skorpione miteinander paaren, führen sie einen ausgedehnten Hochzeitstanz auf.

■ Milben hausen überall

Die Milben bilden die dritte große Gruppe der Spinnentiere. Viele von ihnen sind nur unter dem Mikroskop genau zu erkennen. Sie leben im Wasser, auf der Erde und fliegen in der Luft. Man hat schon Milben in der Antarktis und in heißen Quellen gefunden. Täglich werden neue Arten entdeckt. Die Milben sind größtenteils ➔ Schmarotzer, die auf Kosten anderer Tiere leben. Aus Milbeneiern schlüpfen zuerst ➔ Larven. Diese verwandeln sich in die fertige Milbe.

Die Webspinnen packen ihre Eier in einen selbst gesponnenen Kokon. Wenn die Jungen schlüpfen, beißen sie sich durch die Hülle.

Spinnen

Spinnen

Wer von Spinnen spricht, denkt sofort an ein Spinnennetz. Doch nicht alle Spinnen fangen ihre Beute mit Hilfe solch kunstvoller Gebilde. Nur die Webspinnen haben Spinnwarzen. Sie machen allerdings den größten Teil der Spinnen aus. Es gibt über 30 000 Arten von Webspinnen. Die meisten von ihnen spinnen ein Fangnetz.

Die Kreuzspinne erkennt man deutlich an dem hellen Kreuz auf ihrem dicken Hinterleib.

Kreuzspinne

Europa ▸ bis 2 cm

Die Kreuzspinne ist unsere bekannteste Spinnenart. Früh am Morgen, wenn die Tautropfen am Netz in der Sonne glitzern, entdeckt man die Spinnerin am ehesten. Sie sitzt in ihrem radförmigen Fangnetz und wartet auf Beute. Manchmal lauert sie auch in einem Mauerspalt in der Nähe. Dann hält sie einen Signalfaden an einem Vorderbein wie ein Angler seine Rute. Bei der leisesten Erschütterung eilt die Kreuzspinne herbei. Hat sich eine Fliege im klebrigen Netz gefangen, dann umspinnt sie die Beute zu einem Paket. Nun schlägt sie ihre Giftklauen in das wehrlose Opfer und tötet es. Danach spuckt sie ihren Verdauungssaft über die Beute. Sobald sich die Fliege zersetzt hat, schlürft sie diese in sich hinein. Im Anschluss daran wird das Netz für das nächste Opfer hergerichtet.

Trichterspinne

Alle Erdteile ▸ bis 2 cm

Trichterspinnen finden sich allerorten. Bei uns spinnt die Hausspinne in den Ecken der Zimmer ihre einfachen Segelnetze. Wir sagen dazu »Spinnweben«. Auch auf Wiesen und Feldern spannen die Trichterspinnen

Das Netz der Trichterspinne hat in der Mitte eine trichterförmige Öffnung mit einer Röhre. Die Spinne verlässt ihre Röhre kaum.

ihre Netze aus. Die Netze haben seitlich oder unten eine trichterförmige Röhre. Hier wohnt die Spinne. Sie lauert am Röhreneingang auf Beute. Sobald sich ein Insekt im Netz gefangen hat, rennt die Spinne hin, tötet das Opfer und schleppt es in ihre Röhre. Dort saugt sie es aus.

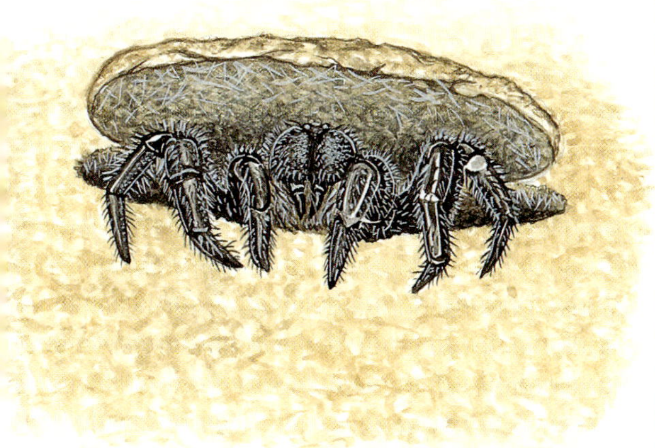

Nachts hebt die Falltürspinne den Deckel auf ihrer Erdröhre leicht an und streckt ihre Klauen heraus. Sobald ein Insekt vorüberläuft, zieht sie es in die Röhre hinein.

Falltürspinne

Warme Erdteile ▶ bis 3 cm
Falltürspinnen haben eine besondere Fangtechnik entwickelt: Die Spinnen bewohnen Erdröhren, die sie kunstvoll mit Gespinst austapezieren. Der Eingang zur Röhre hat einen Deckel. Er kann wie eine Tür auf- und zugeklappt werden. In der Röhre lauert die Spinne auf ein Opfer. Hier sind auch ihre Jungen sicher. Der ➔ Kokon mit den Eiern befindet sich tief unten am Grund der Röhre. Wenn sich die Spinne häutet, webt sie den Deckel zuvor fest zu. Dann ist sie bei der ➔ Häutung ungestört.

Wie webt die Kreuzspinne ihr Netz?

Die Kreuzspinne ist eine Künstlerin. Sie webt in knapp einer Stunde ein Netz von etwa 20 cm Durchmesser. Dafür verbraucht sie rund 20 m Faden. Diesen stellt die Kreuzspinne in Spinndrüsen im Hinterleib her und presst ihn durch ihre sechs Spinnwarzen. Sie kann dicke oder dünne, klebrige oder trockene Fäden erzeugen.

Zuerst schießt die Spinne einen Faden in die Luft. Wenn er an zwei Seiten haftet, steigt sie auf das Seil.

Von der Mitte aus lässt sie sich fallen. Dabei zieht sie einen neuen Faden mit und macht ihn irgendwo fest.

Nun zieht die Spinne einen Rahmen und verbindet ihn vom Mittelpunkt aus mit Speichen.

Aus trockenen Fäden webt die Spinne eine weite Spirale, auf der sie läuft. Danach spinnt sie von außen her die Fangspirale aus klebrigen Fäden. Zum Schluss frisst sie die trockene Hilfsspirale auf.

Spinnentiere

Spinnen

Baldachinspinne

Alle Erdteile ▶ bis 5 mm
Baldachinspinnen leben in allen Erdteilen. Es gibt etwa 850 Arten. Das waagerechte Netz einer solchen Spinne hängt wie ein Zelt an Halte- und Stolperfäden. Die Spinne webt es in Büschen oder zwischen Gräsern. Sie hängt mit dem Bauch nach oben darunter. Verfängt sich ein Insekt in den Stolperfäden und fällt ins Netz, zieht es die Spinne zu sich hinunter.

Bei der Wasserspinne ist das Männchen größer als das Weibchen. Sonst ist es bei Spinnen umgekehrt.

Die Baldachinspinne erkennt man deutlich an der gezackten Zeichnung auf ihrem dicken Hinterleib.

Wasserspinne

Asien, Europa ▶ bis 1,5 cm
Diese Spinne hält sich ständig unter Wasser auf. Sie zählt zu den Trichterspinnen, denn auch sie spinnt ein trichterähnliches Netz. Zunächst wird eine Decke zwischen den Wasserpflanzen gewebt. Dann taucht die Spinne an die Oberfläche, um Luft einzusammeln. Dazu nimmt sie zwischen den Haaren ihres Körpers Luftblasen auf. Damit schwimmt sie unter das Gespinst und streift die Blasen ab. Schließlich wölbt sich die Decke durch die Luft wie eine Taucherglocke hoch. Das Netz ist fertig, und die Spinne zieht ein. Sie fängt von hier aus Wasserasseln und Wasserinsekten. In die Glocke hängt die Spinne auch ihre ➔ Kokons mit etwa 100 Eiern.

Krabbenspinnen sind bräunlich, grün oder bunt gefärbt. Sie sitzen meist gut getarnt auf der Erde oder auf Blüten und lauern dort den Insekten auf.

Krabbenspinne

Alle Erdteile ▶ bis 1 cm

Die Krabbenspinnen bilden eine Gruppe von Spinnen mit rund 1 600 Arten. Das Auffälligste an ihnen sind ihre langen Beine. Ihren Namen haben sie daher, dass sie wie Meereskrabben seitwärtslaufen. Krabbenspinnen sind mit einigen Ausnahmen nur einen Zentimeter groß. Sie spinnen auch keine Netze. Junge Krabbenspinnen lassen sich im Spätsommer an einem Faden durch die Luft treiben. Man spricht dann vom »Altweibersommer«.

Die Schwarze Witwe spinnt um ihre Eier einen kugeligen Kokon.

Schwarze Witwe !

Amerika ▶ bis 1 cm

Die Schwarze Witwe gehört zu den so genannten Kugelspinnen. Sie webt ein Netz, das sie knapp über dem Boden ausspannt. Damit erbeutet sie vor allem Käfer, Heuschrecken und andere Insekten. Dazu sitzt sie im Netz und wirft Leimfäden wie ein Lasso nach ihren Opfern. Die Schwarze Witwe hat ihren Namen zum einen von ihrer schwarzen Farbe. »Witwe« heißt sie, weil sie das viel kleinere Männchen unmittelbar nach der Paarung verspeist. Das tun übrigens einige Spinnen. Die Schwarze Witwe trägt auf dem Hinterleib leuchtend rote Flecken. Man kann diese als Warnzeichen deuten. Die Spinne ist nämlich außerordentlich giftig. Angeblich soll ihr Gift 15-mal so stark sein wie das einer Klapperschlange. Da immer nur sehr wenig davon in das Opfer fließt, besteht für den Menschen kaum Lebensgefahr. Eine Art der Schwarzen Witwe, die Malmignatte, lebt auch in Südeuropa.

Springspinne

Alle Erdteile ▶ bis 2 cm

Spring- oder Hüpfspinnen bilden die größte Familie unter den Webspinnen. Sie schleichen sich an ihre Opfer heran und springen dann zu. Einige

Die Harlekinhüpfspinne ist bei uns recht häufig. Diese Springspinne lauert meist an Wänden auf ihre Opfer.

spinnen sich einen Sack, in dem sie übernachten. Wenn sie abspringen, ziehen sie zur Sicherheit immer einen Faden nach sich. Die meisten Springspinnen sind sehr farbenprächtig. Die Männchen sind häufig auffälliger und bunter gefärbt als die Weibchen.

Weberknecht

Weltweit ▸ bis 22 mm
Weberknechte kommen überall auf der Erde vor. Sie sind seltsame Spinnentiere mit sehr langen Beinen. Bei manchen sind die Beine 20-mal so

Die Weberknechte gehören zu den Kieferklauenträgern und sind eine Ordnung der Spinnentiere.

lang wie der Körper. Im Unterschied zu echten Spinnen besitzen Weberknechte keine Spinnwarzen. Und sie sind nicht giftig. Außerdem haben Weberknechte nur zwei Punktaugen, Spinnen meist acht. Weberknechte sind völlig harmlos. Sie laufen auf der Suche nach Nahrung wie auf Stelzen umher und fressen tote Pflanzen und Tiere. Da sie wehrlos sind, opfern sie häufig ein Bein, um sich zu retten und dem Feind zu entkommen. Manche stellen sich tot. Alle haben Drüsen, mit denen sie eine stinkende Flüssigkeit versprühen. Man nennt Weberknechte auch Kanker. Es gibt rund 3 700 Arten.

Die Tarantel sieht gefährlicher aus, als sie ist. Sie hat nur kleine Giftdrüsen. Ihr Biss ist für den Menschen nicht gefährlich.

Tarantel !

Südeuropa ▸ bis 3 cm
Wenn sich jemand recht wütend aufführt, sagt man, er sei von der Tarantel gebissen. Früher glaubte man, dass Menschen nach einem Biss dieser Spinne zu tanzen anfangen und schließlich tot umfallen. Das ist jedoch Aberglaube. Die Tarantel zählt zu den Wolfsspinnen. Sie hat zwar Spinndrüsen, webt aber kein Fangnetz, sondern ist eine Jagdspinne. Nur für die Eier spinnt sie einen → Kokon. Diesen trägt sie mit sich herum, bis die Jungen schlüpfen.

Rotfußvogelspinne !

Südamerika ▸ bis 10 cm
Vogelspinnen gehören zu den größten lebenden Spinnen. Man nennt sie auch Buschspinnen. Die Rotfüßige Vogelspinne ist wie alle Vogelspinnen dicht behaart. Sie trägt ihre Kieferklauen drohend vor sich her. Wie die meisten Artgenossen ist sie nur schwach giftig. Einige wenige Arten besitzen aber ein starkes Gift, das auch für Menschen gefährlich sein kann. Alle großen Vogelspinnen sind Jäger, die ihre Beute im Sprung fangen. Tagsüber verstecken sie sich in selbst gegrabenen Erdröhren oder unter Steinen. Nachts jagen sie. Sie ernähren sich von Insekten. Selten überwältigen sie ein Tier von der Größe einer Maus. Vögel fressen diese Spinnen kaum. Vogelspinnen können über 15 Jahre alt werden. Sie häuten sich auch noch als erwachsene Tiere. Die ➔ Häutung dauert etwa eineinhalb Stunden.

Die Rotfußvogelspinne jagt auf Bäumen. Sie springt einen halben Meter weit von Ast zu Ast und lässt sich auch im Gleitflug zu Boden sinken.

Walzenspinnen verbringen den Großteil des Tages in selbst gegrabenen Röhren unter Steinen.

Walzenspinne

Wüsten und Steppen ▸ bis 7 cm
Walzenspinnen sind meist dicht behaart. Sie besitzen keine Giftdrüsen. Dafür haben sie gewaltige Mundwerkzeuge, mit denen sie auch

Skorpione

Eidechsen und Frösche töten. Meist ernähren sie sich von Käfern und Heuschrecken, die sie nachts jagen. Der Biss einer Walzenspinne ist für Menschen zwar nicht gefährlich, aber sehr schmerzhaft.

Skorpione

Die Skorpione zählen zu den urtümlichsten Landtieren. Sie lebten schon vor über 400 Millionen Jahren auf der Erde. Wie die Spinnen besitzen sie acht Beine. Am Schwanzende haben sie einen Giftstachel. Alle Skorpione biegen den Schwanz nach vorn und drohen mit ihrem Stachel wie mit einem Dolch.

Dickschwanzskorpion **!**

Warme Erdteile ▶ bis 10 cm
Der Dickschwanzskorpion kommt in den Wüstengebieten Nordafrikas und Asiens vor. Er gehört zu einer Gruppe von Skorpionen, deren Gift auch für den Menschen gefährlich sein kann. Es soll so wirkungsvoll sein wie das einer Kobra und einen Hund in wenigen Minuten töten. Der Dickschwanzskorpion jagt meist Insekten. Diese sticht er nicht. Er packt sie mit den gewaltigen Scheren und zerreißt sie. Er ist ein nachtaktives Tier und verbringt den Tag in Erdspalten oder vergräbt sich im Sand.

Der Dickschwanzskorpion setzt seinen Giftstachel nur ein, wenn er sich bedroht fühlt.

Ein Skorpion in Büchern?

Wenn man ein altes Buch aufschlägt, fällt einem vielleicht ein toter Bücherskorpion entgegen. Das Tier ist etwa 4 mm lang. Es lebt auf den bedruckten Seiten und jagt dort nach Milben und Staubläusen. Bücherskorpione können vorwärts- und rückwärtslaufen. Einen Giftstachel besitzen sie nicht.

Auch der Kaiserskorpion hat einen Giftstachel. Sein Gift ist aber nicht lebensgefährlich.

Kaiserskorpion !

Afrika ▸ bis 18 cm
Der Kaiserskorpion ist der größte Skorpion. Wie alle Skorpione bringt er lebende Junge zur Welt. Sie klettern nach der Geburt auf den Rücken der Mutter und halten sich mit Hilfe von Saugscheiben fest. Dort sitzen sie bis zur ersten → Häutung. Alle Skorpione sind Einzelgänger. Sie verbergen sich tagsüber unter Steinen oder in Höhlen und kommen erst nachts hervor.

Milben

Rund 40 000 Arten von Milben sind bisher bekannt. Wahrscheinlich gibt es aber noch viel mehr. Die meisten Milben sind so klein, dass man sie mit bloßem Auge kaum sieht. Wie alle Spinnentiere haben sie acht Beine und zwei Kieferklauen. Viele Milben sind Schmarotzer.

Holzbock

Alle Erdteile ▸ bis 4 mm, vollgesogen 11 mm
Der Holzbock ist eine der größten Milben. Er wird auch Zecke genannt und ist ein → Schmarotzer. Die Zecke sitzt oft wochenlang im Unterholz, an Sträuchern oder hochgewachsenen Gräsern und lauert auf ein Opfer. Streift ein Tier oder ein Mensch an ihr vorbei, klammert sie sich an ihren Wirt. Sie sucht sich eine warme Stelle am Körper, bohrt sich mit ihren Mundwerkzeugen durch die Haut und beginnt, Blut zu saugen. Oft fällt sie erst nach Tagen ab. Dann ist die Zecke so groß wie eine Erbse. Ein Zeckenbiss juckt nicht nur, die Milbe überträgt auch gefährliche Krankheiten wie FSME und Borreliose.

Larve

Zecke vor und nach der Mahlzeit. Das Blut sammelt sie in ihrem dehnbaren Hautsack.

vor dem Saugen

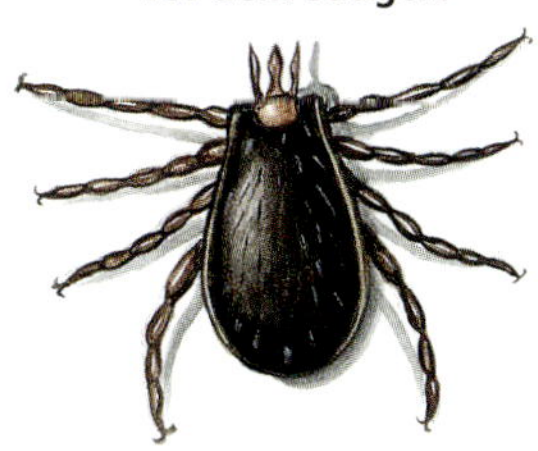

nach dem Saugen

Hausstaubmilbe

Überall ▸ bis 0,35 mm
Hausstaubmilben erkennt man nur unter dem Mikroskop. Viele sind

kleiner als einen halben Millimeter. Sie finden sogar in engsten Ritzen noch Nahrung. Milben leben vor allem in Betten und Matratzen. Dort fressen sie die Hautschuppen, die jeder Mensch ständig abschilfert. Diese Milben sind nicht gefährlich. Ihre Ausscheidungen reizen bei empfindlichen Menschen aber die Atemwege.

Die Hausstaubmilbe zeigt in der Vergrößerung kräftige Mundwerkzeuge.

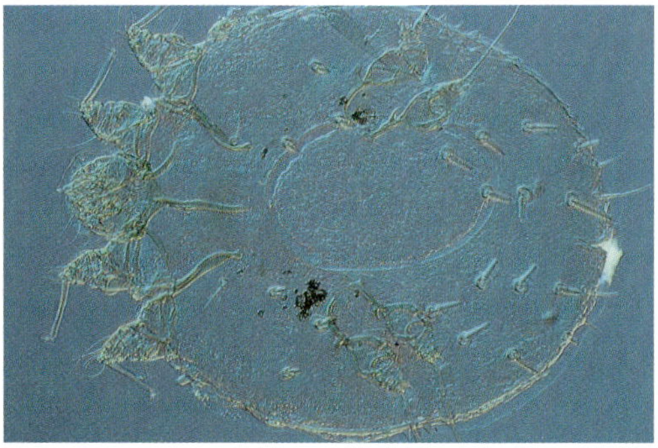

Krätzmilben ernähren sich von Hautpartikeln.

Krätzmilbe

Überall ▸ bis 0,35 mm

Die Krätzmilbe, hier ein Mikrobild, ist ein unangenehmer Schmarotzer. Sie frisst sich durch die Haut ihres Wirts. Damit beginnt sie an besonders dünnen Hautstellen, zum Beispiel zwischen den Fingern und Zehen. Die Milben graben dann Gänge in die Haut, in die sie Kot und Eier ablegen. Sobald die Jungen ausgeschlüpft sind, entsteht ein heftiger Juckreiz: Man hat dann die Krätze.

Tausendfüßer

Die Tausendfüßer bilden eine eigene Tiergruppe mit rund 10 000 Arten. Sie sind mit den Insekten verwandt. Der Begriff »Tausendfüßer« ist stark übertrieben. Auf tausend Beine bringt es keine Art. Mehr als 200 Beinpaare hat kein Tausendfüßer. Auch die rund 3 000 Hundertfüßerarten haben keine hundert Beine. Sie sind im Gegensatz zu den Tausendfüßern Räuber.

Riesenschnurfüßer !

Afrika ▸ bis 30 cm

Die Schnurfüßer zählen zu den Tausendfüßern. Diese haben an jedem Körperring zwei Beinpaare, weil jeweils zwei Ringe miteinander verwachsen sind. Das ist auch beim Riesenschnurfüßer der Fall. Er wird etwa daumendick und besitzt 139 Beinpaare. Wenn er angegriffen wird, rennt er nicht etwa auf seinen vielen Beinen davon. Vielmehr zieht er diese ein und rollt sich schneckenförmig zusammen. Gleichzeitig scheidet er einen Wehrsaft aus, der einen giftigen Stoff enthält. Der Riesenschnurfüßer ernährt sich von Pflanzen. Die aus den Eiern schlüpfenden ➔ Larven haben nur wenige Körperringe und damit wenige Beinpaare. Bei jeder ➔ Häutung werden es aber mehr, bis die endgültige Zahl erreicht ist.

Der Riesenschnurfüßer frißt tote Insekten.

Saftkugler

Europa ▸ bis 2 cm

Der Saftkugler zählt zu den Tausendfüßern. Er kann sich zu einer Kugel zusammenrollen. Das Tier gleicht mit seinem Panzer einer Kellerassel. Das Männchen hat 19, das Weibchen 17 Beinpaare. Saftkugler halten sich im Falllaub auf und legen ihre Eier in die Erde. Sie sind wie alle Tausendfüßer sehr lichtscheu und suchen immer eine feuchte Umgebung auf. Wenn es zu trocken ist, verdunsten sie schnell Körperflüssigkeit und gehen zugrunde.

Riesenskolopender !

Heiße Länder ▸ bis 20 cm

Riesenskolopender leben in heißen Ländern. Das abgebildete Tier kommt in Thailand vor. Es hat 23 Beinpaare. Der Riesenskolopender zählt zu den Hundertfüßern, die alle räuberisch leben. Er besitzt Giftdrüsen. Das Gift bringt er mit den Kieferzangen in das Beutetier ein. Sein Biss ist auch für Menschen schmerzhaft.

Saftkugler sind wie alle Tausendfüßer harmlose Pflanzenfresser.

Weichtiere

Die bekanntesten Weichtiere sind die Schnecken, Muscheln und Tintenfische. Sie gehören zu den wirbellosen Tieren. Schon vor über 550 Millionen Jahren lebten sie in den Meeren. Nach den Insekten bilden sie die größte Gruppe im Tierreich. Die meisten Weichtiere leben im Meer, einige auch im Süßwasser. Nur einer kleinen Anzahl von Schnecken ist es gelungen, das Festland zu erobern.

Weiches Fleisch

Weichtiere haben keine weicheren Körper als andere Tierarten. Sie besitzen Haut und Muskeln wie diese. Aber es fehlt ihnen ein inneres Skelett, das ihrem Körper Form und Festigkeit verleiht. Wirbeltiere haben ein Skelett aus Knochen und Knorpel. An diesem → Skelett sitzen die Gliedmaßen. Da Muscheln und Schnecken kein Skelett haben, fehlen ihnen auch Arme und Beine. Ihr Körper besteht aus dem Mantel und dem Fuß. Der Mantel ist ein Hautlappen. Er umgibt die Körperhöhle mit dem Eingeweidesack. Der Fuß ist ein Muskel, an dem auch der Kopf sitzt.

Mit dem Haus unterwegs

Fast alle Schnecken bauen aufwändige Häuser aus Kalk. Der Baustoff wird vom Mantel ausgeschieden. Das Gehäuse ist innen meist spiralig gewunden wie eine Wendeltreppe. Bei Gefahr

Zu den Landschnecken zählen:
1 Hain-Bänderschnecke,
2 Große Vielfraßschnecke,
3 Große Egelschnecke,
4 Eingerollte Zahnschnecke.

Käferschnecken haben eine Rückenschale aus acht Kalkplatten. Sie leben im Meer und weiden Algen ab.

Viele Tintenfische sind giftig. Das Gift des kleinen Blaufleckenkraken kann sogar einen Menschen töten.

Stachelaustern sind prächtig gefärbte Muscheln. Ihr Fleisch wird wie das der echten Auster sehr geschätzt.

Turmschnecke

Kegelschnecke

Stachelschnecke

Kreiselschnecke

Nabelschnecke

Viele Meeresschnecken haben wunderschöne Gehäuse. Diese sind bei Sammlern sehr begehrt.

oder wenn die Schnecke ruht, zieht sie sich in ihr Haus zurück. Im Meer leben altertümliche Schnecken, die als Haus nur eine flache Schale haben. Nacktschnecken haben gar kein Gehäuse.

Körper zwischen Schalen

Das Haus einer Muschel besteht aus zwei Schalen. Diese sind wie bei einer Tür durch ein Scharnier miteinander verbunden. Muscheln können ihre beiden Schalen mit großer Kraft zuhalten. Manche Muscheln schwimmen, indem sie die Schalen auf- und zuklappen. Gewöhnlich sitzen die Tiere aber im Sand oder heften sich mit Fäden auf Felsen an. Wenn sie sich bewegen, strecken sie ihren Fuß aus der Schale. Einige Muscheln bohren sich auch in Holz. Als Wassertiere atmen sie mit ➔ Kiemen. Damit filtern sie auch Nahrungsteilchen aus dem einströmenden Wasser.

Mit den Füßen voran

Tintenfische nennt man auch Kopffüßer. Bei ihnen stehen um den Mund herum acht, zehn oder mehr Gliedmaßen. Man nennt sie Füße oder Arme. Mit diesen ➔ Tentakeln jagen und greifen Tintenfische ihre Beute. Ihre Arme tragen Saugnäpfe, mit denen sie ihre Beutetiere festhalten. Ihr Kiefer sieht aus wie der Schnabel eines Papageis. Damit beißen Tintenfische etwa einem Krebs ein Loch in den Panzer und spritzen ihren giftigen Speichel ein. Dann saugen sie das Tier aus.

Kalmare

Wenn Tintenfische wie Kalmare oder Kraken verfolgt werden, stoßen sie aus ihrem Tintenbeutel eine dunkle Farbe aus. Das Wasser wird dann so trüb, dass ein Feind nichts mehr sieht.

Krake

Schnecken

Schnecken

Wir sehen Schnecken meist nur im Garten oder auf der Wiese. Diese Landschnecken atmen mit lungenähnlichen Organen. Weit mehr Schnecken leben im Wasser. Sie haben Kiemen zum Atmen, ähnlich wie Fische. Landschnecken sind meist Pflanzenfresser. Unter den Meeresschnecken gibt es viele Räuber, die andere Tiere fressen. Bei den Landschnecken schlüpfen aus den Eiern junge Schnecken. Wasserschnecken entwickeln sich dagegen über Larven.

Weinbergschnecke

Mittel- und Südosteuropa
▶ bis 5 cm
Das Gehäuse der Weinbergschnecke wird etwa 5 cm groß. Die Schnecke lebt in Weinbergen, lichten Wäldern und Hecken. Tagsüber versteckt sie sich unter Laub. Nachts, wenn es feucht ist, wird sie munter und raspelt mit ihrer rauen Zunge die Pflanzen ab. Dabei stülpt sie ihre langen Fühler aus. An deren Enden sitzen die Augen. Die zwei kurzen Fühler dienen zum Riechen und Tasten. Die Schnecke kriecht mühelos auf sandigem oder rauem Boden. Dazu sondert sie ein Schleimband ab. Darauf gleitet sie im Schneckentempo vorwärts.

Die Weinbergschnecke legt bis zu 80 etwa 3 mm große Eier. Daraus schlüpfen die Jungschnecken.

Bei Trockenheit verschließt die Gartenschnecke ihr Haus mit einem Kalkdeckel.

Gartenschnecke

Europa ▶ bis 2,2 cm
Die Gartenschnecke ist die kleinere Verwandte der Weinbergschnecke. Sie kommt in verschiedenen Gehäusefarben vor. Man findet sie auch häufig in Laubwäldern, wo sie auf Bäume und Büsche klettert.

Große Wegschnecke

Europa ▶ bis 15 cm
Die Große Wegschnecke kann schwarz, grün, braun oder hellrot sein. Die Nacktschnecke hat kein Haus. Wie alle Landschnecken liebt

Gartenliebhabern ist die Große Wegschnecke als Schädling bekannt. Sie kann in einer Nacht große Mengen Salat fressen.

sie die Feuchtigkeit und kommt bei Regen aus ihrem Versteck. Das Schleimband, auf dem sie gleitet, rollt sie in einer Grube hinten an der Sohle wieder zusammen. Von Zeit zu Zeit frisst sie den Schleimballen auf und spart so Material. Sie ernährt sich von Pflanzen, geht aber auch an ➔ Aas und Kot. Ihre Raspelzunge hat 20 000 Zähnchen.

Sumpfdeckelschnecke

Europa ▶ bis 3 cm
Die Sumpfdeckelschnecke kommt in Seen und Teichen vor. Sie besitzt ➔ Kiemen, mit denen sie den Sauerstoff aus dem Wasser holt. Damit ist sie eine der wenigen Kiemenschnecken im Süßwasser. Die anderen Süßwasserschnecken besitzen meist Lungen und müssen zum Atmen auftauchen. Die Flussdeckelschnecke kann ihr Gehäuse mit einer Klappe aus hornähnlichem Stoff verschließen. Flussdeckelschnecken leben von Algen, die sie mit ihrer Raspelzunge abweiden. Sie filtern aber auch Schwebstoffe aus dem Wasser. Oft bleiben sie wochenlang an einer Stelle sitzen und fressen. Diese Wasserschnecken bringen fertige Jungschnecken mitsamt Schneckenhaus zur Welt.

Die Larven der Sumpfdeckelschnecke entwickeln sich in der Leibeshöhle des Weibchens zu Jungschnecken.

Posthornschnecke

Europa, Nordamerika ▶ bis 4 cm
Posthornschnecken leben in stehenden Gewässern. Die Form

Die Posthornschnecke hat ein nach links gewundenes Schneckenhaus. Bei den meisten Schnecken ist das Haus rechts gewunden.

Schnecken

ihres flachen Hauses ähnelt einem Posthorn. Die Posthornschnecke gehört zu den Lungenschnecken. Sie kommt zum Atmen immer wieder an die Wasseroberfläche. Zudem hat sie eine Art ➔ Kieme in der Atemhöhle. So kann sie auch im Winter in einem gefrorenen See unter der Eisdecke atmen.

Ist die Schnecke das langsamste Tier?

Langsam wie eine Schnecke sagt man zu jemandem, der nicht besonders schnell ist. Doch die Schnecke steht erst auf Platz drei der Langsamkeit. Sie wird noch vom Seestern und vom Faultier übertroffen. Wie langsam oder schnell Tiere auf dem Boden sind, zeigt die Tabelle:

Tier	Geschwindigkeit
Seestern	0,72 m/h
Faultier	1,80 m/h
Weinbergschnecke	3,60 m/h
Gartenschnecke	5,80 m/h
Regenwurm	200 m/h
Riesenschildkröte	378 m/h
Hundertfüßer	1,8 km/h
Maulwurf	4,0 km/h
Schabe	5,0 km/h
Mensch gehend	5,0 km/h
Gepard, schnellstes Landtier	110 km/h

m/h = Meter/Stunde
km/h = Kilometer/Stunde

Kaurischnecke

Pazifik, Indischer Ozean
▶ bis 2,5 cm
Kaurischnecken werden meist Kaurimuscheln genannt, doch das ist falsch. Es sind Meeresschnecken. Ihre schönen, porzellanartigen Gehäuse werden seit Jahrtausenden als Schmuck verwendet. In China, Japan, Indien und Teilen der Südsee wurden sie bis ins 19. Jahrhundert sogar als Geld benutzt.

Die Gehäuse der Kaurischnecken erinnern an Muschelschalen.

Tritonshorn

Pazifik, Atlantik, Mittelmeer
▶ bis 40 cm
Tritonshörner sind große Meeresschnecken, die als Räuber leben. Ihre Beute sind vor allem Seesterne und Seeigel. Die Gehäuse der Tritonshörner wurden früher in der Südsee als Kriegstrompeten verwendet. Schon die Römer setzten diese Schneckenhäuser als Signaltrompeten ein. Um Töne zu erzeugen, wurde in das

Das Tritonshorn ist so groß, dass es eine kleine Seegurke im Ganzen verschlingen kann.

Gehäuse ein Blasloch geschliffen. Das Loch musste man beim Blasen mit einem Finger zuhalten.

Wellhornschnecke

Atlantik, Nordsee, Mittelmeer
▶ bis 11 cm

Die Wellhornschnecke kommt in Tiefen bis zu 200 Meter vor. Sie lebt auf Schlamm, Sand und Felsboden und frisst vorwiegend → Aas, das sie mit ihrem ausgezeichneten Geruchssinn aufspürt. Sie ist also eine Art Gesundheitspolizei des Meeres. Die Wellhornschnecke verpackt ihre Eier in gelben Kapseln. Früher benutzten Fischer die leeren Kapseln, um ihre Hände zu säubern. Das war die »Seeseife«.

Kegelschnecke !

Indischer Ozean, Pazifischer Ozean, Mittelmeer ▶ bis 12 cm

Kegelschnecken sind Jäger, die im Meer leben. Bei den meisten dieser Schnecken ist die Raspelzunge zu einer gefährlichen Waffe umgeformt: Sie trägt hohle Zähnchen, aus denen die Schnecke Gift in ihre Beute spritzen kann. Kegelschnecken jagen meist im Sand. Sie graben sich ein und schieben ihren langen Rüssel an das Opfer heran. Dann lähmen sie es blitzschnell mit einem Giftstich. Ihre Beute sind kleine Fische und andere Meerestiere. Das Gift einiger Arten kann sogar Menschen töten.

Auch diese Landkartenkegelschnecke aus dem Indischen Ozean ist ein gefährlicher Räuber.

Napfschnecke

Atlantik, Mittelmeer ▶ bis 6 cm

Die Napfschnecke lebt in der rauen → Brandungszone des Meeres. Ihr Gehäuse hat die Form eines flachen Kegels. Oft ätzt die Schnecke mit

Durch ihr flaches Gehäuse wird die Napfschnecke auf dem Fels auch von starken Brandungswellen nicht losgerissen.

Muscheln

Säure eine Vertiefung in einen Stein oder Fels und wohnt darin. Sie weidet nachts die Algenrasen auf Steinen und Felsen ab. Dabei legt sie eine Schleimspur, auf der sie immer wieder genau zu ihrem Ausgangspunkt zurückkehrt.

Ein besonderes Merkmal der Seehasen ist, zur Verteidigung eine lilafarbene Tintenwolke zu erzeugen.

Seehase

Warme Meere ▶ bis 30 cm
Der Seehase ist eine Meeresschnecke. Ihr Gehäuse ist stark zurückgebildet. Am Kopf trägt der Seehase vier Fühler. Das hintere Fühlerpaar sieht zurückgelegten Hasenohren ähnlich. Daher hat diese Schnecke auch ihren Namen. Sie frisst vor allem Algen. Seehasen schwimmen, indem sie einen Wasserstrahl ausstoßen, der sie vorantreibt.

Muscheln

Die Muscheln leben im Wasser und atmen mit Kiemen. Sie stecken mit ihrem Muskelfuß im Boden des Meeres oder eines Sees. Mit dem Fuß können sie sich auch ruckartig bewegen. Muscheln haben einen Eingeweidesack ohne Kopf. Sie strudeln Wasser in ihren Körper. Dem Wasser entnehmen sie Schwebeteilchen, von denen sie sich ernähren.

Flussperlmuschel

Europa ▶ bis 14 cm
Die Flussperlmuschel lebt in klaren, schnell fließenden Bächen. Sie ist heute bei uns fast ausgestorben und steht unter → Naturschutz. Ihren Namen hat diese Muschel von den Perlen, die sich manchmal zwischen Körper und Schale bilden. Sie sind viel seltener als die Perlen der Meerperlmuschel und daher viel wertvoller. Nur in einer von 3000 Flussperlmuscheln findet sich eine Perle.

Diese Muschelart kann nach neuesten Erkenntnissen bis zu 280 Jahre alt werden.

Meerperlmuschel

Indischer Ozean, Pazifik
▶ bis 25 cm
Die Echte Perlmuschel kommt in warmen Meeren vor. Sie sitzt meist fest am Meeresgrund in bis zu 40 Metern

Auch heute noch holen Taucher die Perlmuscheln aus den Tiefen des Meeres und suchen darin nach Perlen.

Tiefe und kann bis zu einem Kilogramm wiegen. Die dicke Schale der Perlmuschel ist außen blättrig und rau. Innen ist sie mit glänzendem Perlmutt ausgekleidet. Die Muschel liefert schimmernde Perlen, die schon seit Jahrtausenden als Schmuck begehrt sind. Es dauert etwa zehn Jahre, bis eine natürliche Perle entstanden ist.

Teichmuschel

Europa ▶ bis 26 cm

Die Teichmuschel hat große ovale Schalen. Da sie in Seen und Teichen lebt, wo es keine starken Wellen gibt, sind die Schalen nicht sehr dick. Auf der Suche nach Nahrung durchpflügt die Muschel mit ihrem Fuß den Schlamm am Teichgrund. Dabei wirbelt sie Schwebstoffe und kleine Tierchen auf, die sie aus dem Wasser filtert. Im Frühjahr gibt die Teichmuschel 200 000 bis 600 000 ➔ Larven ins Wasser ab. Diese heften sich als ➔ Schmarotzer an die Haut oder die Kiemen von Fischen, wo sie sich abkapseln. In der Hautkapsel verwandeln sich die Larven in kleine Muscheln.

Die Teichmuschel lebt am Grund ruhiger Gewässer.

Muscheln

Miesmuschel

Alle Meere ▶ bis 10 cm

Miesmuscheln leben in der Gezeitenzone der Meere. Sie können viele Tage im Trockenen überleben. Mit Haftfäden halten sie sich an Steinen, Felsen oder Pfählen fest. Auch auf Schiffsrümpfen siedeln sie sich an. Die Miesmuschel hat ein wohlschmeckendes orangerotes Fleisch. In manchen Ländern ist sie ein wichtiges Nahrungsmittel. Heute züchtet man diese Muscheln meist in großen Muschelkulturen. In Europa werden jedes Jahr über 100 000 Tonnen Miesmuscheln gegessen.

Miesmuscheln sitzen manchmal sogar in mehreren Schichten übereinander.

Europäische Auster

Europa ▶ bis 12 cm

Die Auster kommt an allen Küsten Europas vor. Sie ist eiförmig. Ihre blättrigen Schalen sind stark gewellt. Mit einem sehr harten Kitt heftet sie sich mit der unteren Schale am Untergrund fest. Austern gelten als Delika-

Auster

tesse und werden roh gegessen. Man züchtet sie in Austernkulturen. Dort wachsen die ➔ Larven bis zum Alter von einem Jahr auf Ziegeln. Dann wer-

Austerngärten in Frankreich. Austern werden im flachen Meerwasser gezüchtet.

den sie abgeschabt und in »Austerngärten« weiter aufgezogen. Das sind riesige Becken, die vom Meer durch einen Damm getrennt sind. Durch Schleusen fließt stets Meerwasser nach. Mit drei bis vier Jahren kommen die reifen Austern in den Handel.

Schiffsbohrwurm

Atlantik, Nordsee, Mittelmeer ▶ bis 20 cm

Der Schiffsbohrwurm zählt zu den Bohrmuscheln. Diese Meeresmuscheln

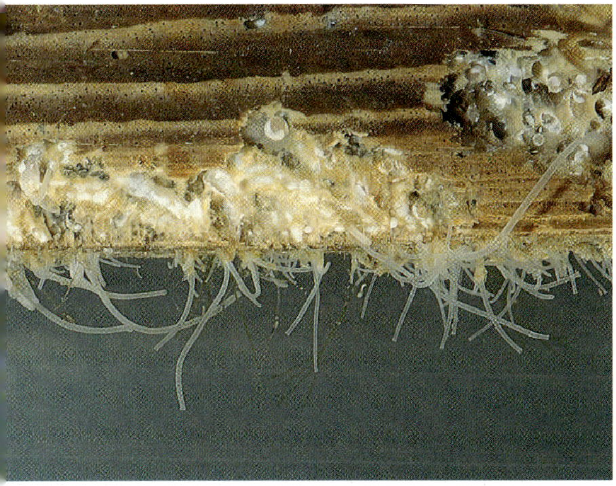

Schiffsbohrwürmer richten an Schiffen und Holzpfählen beträchtliche Schäden an. Aus dem Holz ragen ihre Atemröhren ins Wasser.

bohren Löcher in Holz oder Stein und leben darin. Einige Arten ätzen sogar Löcher mit Säure in den Fels. Der Schiffsbohrwurm hat seine Schalen zu einer Art Bohrkopf umgeformt. Zum Bohren saugt er sich fest und dreht sich langsam um die eigene Achse. Dabei raspeln seine winzigen Schalen die Bohrgänge aus. Schiffsbohrwürmer können das Holz sogar verdauen. Hauptsächlich ernähren sie sich aber von ➔ Plankton.

Riesen-Mördermuschel

Pazifik, Indischer Ozean
▶ bis 1,35 m
Die Mördermuscheln sind die größten Muscheln der Erde. Sie können über 200 Kilogramm wiegen. Ihre riesigen Schalen wurden früher als Wasch- und Taufbecken verwendet.

Ein Taucher nähert sich einer Riesen-Mördermuschel. Ihre gewellten Schalenränder ragen aus dem Grund.

Wie entsteht eine Perle?

Perlen entstehen aus Fremdkörpern, die in eine Muschel eingedrungen sind, etwa einem Sandkorn. Der Muschelkörper wird dadurch gereizt, und der Mantel bildet einen Perlensack. Die äußere Hautschicht umhüllt den Fremdkörper und lagert immer mehr Perlmutter an. Nur wenn der Fremdkörper völlig vom Mantel umschlossen ist, wird daraus eine schöne runde Perle. Heute züchtet man Perlen. Dazu pflanzt man Perlmuscheln einen Fremdkörper mit Mantelgewebe zwischen Schale und Mantel. Nach drei Jahren ist die Perle reif.

Tintenfische

Mördermuscheln sind keine Jäger, sondern filtern kleine Meerestierchen aus dem Wasser. Bei Gefahr verschließen sie blitzschnell ihre Schalen. Der Schließmuskel hat gewaltige Kraft. Gerät ein Taucher zwischen die Schalen, wird er eingeklemmt und festgehalten. Das hat schon manchem das Leben gekostet. Daher stammt auch der Name dieser Muschel.

Jakobsmuschel

Atlantik, Mittelmeer ▶ bis 15 cm
Die Jakobsmuschel hat zwei flache, runde Schalen mit Längsrippen. Durch Auf- und Zuklappen der Schalen kann sie sogar schwimmen. Am Rand des Mantels sitzen zahlreiche kleine Augen. Die Jakobsmuschel nimmt damit Hell und Dunkel sowie Bewegungen wahr. Ihren Namen hat sie von den Pilgern zum Grab des heiligen Jakob in Spanien. Sie benutzten die Muschelschalen als Trinkgefäß.

Tintenfische

Unter den Tintenfischen finden sich die größten und höchstentwickelten Weichtiere. Man unterscheidet Tintenfische mit acht und mit zehn Armen. Achtarmige Tintenfische nennt man auch Oktopusse. Dazu zählt der Krake. Zehnarmige Tintenfische sind die Sepia und der Kalmar. Alle Tintenfische sind Räuber, die Jagd auf Krebse, Muscheln und andere Meerestiere machen.

Die Tinte des Gemeinen Tintenfischs liefert die Künstlermalfarbe »Sepia«. Auch das Tier selbst nennt man Sepia.

Gemeiner Tintenfisch

Mittelmeer, Atlantik, Nordsee
▶ bis 65 cm
Der Gemeine Tintenfisch hat acht kurze Arme mit je vier Reihen von Saugnäpfen sowie zwei lange ➔ Tentakel. Diese sind am Ende verdickt. Sie können in Taschen unter den Augen eingezogen werden. Den Antrieb zum langsamen Schwimmen liefert ein Flossensaum. Durch ➔ Rückstoß kann der Tintenfisch blitzschnell fliehen. Tagsüber gräbt er sich im Meeresboden ein. Nachts geht er auf Jagd. Zu seiner Beute zählen Muscheln, Krebse und Fische. Sein Fleisch wird in vielen Ländern geschätzt.

Perlboot

Warme Meere ▶ bis 25 cm
Perlboote sind sehr altertümliche Tintenfische. Es gibt sechs Arten. Im Gegensatz zu anderen Tintenfischen haben sie eine äußere Schale. Diese

ist wie bei Schnecken gewunden. An ihrem Kopffuß sitzen bis zu 90 Arme, die aber keine Saugnäpfe tragen. Perlboote haben auch keinen Tintenbeutel. Sie jagen nachts Krebse.

Die Perlboote leben in den pazifischen Korallenriffen.

Krake

Warme, gemäßigte Meere
▶ bis 3 m
Die acht Arme des Kraken sind jeweils mit zwei Reihen von Saugnäpten besetzt. Der Krake kriecht oder stelzt auf dem Meeresboden umher und jagt Krebse, Muscheln und Fische. Seine Beute ergreift er blitzschnell und lähmt oder tötet sie mit Gift aus den Speicheldrüsen. Der nächtliche Jäger lebt an Felsenküsten in Spalten und Höhlen. Seine Farbe passt er zur
→ Tarnung an den Untergrund an.

Fliegender Kalmar

Wärmere Meere ▶ bis 1 m
Dieser Tintenfisch lebt im offenen Meer meist nahe der Wasseroberfläche. Wie alle Kalmare ist er ein

Der Fliegende Kalmar ist blaurot gefärbt und heißt deshalb auch Blauer Kalmar.

Der Krake stößt bei Gefahr eine Tintenwolke aus. In ihrem Schutz schwimmt er durch Rückstoß rasch davon.

Tintenfische

ausgezeichneter Schwimmer. Wenn er verfolgt wird und schnell schwimmt, kann er wie eine Rakete aus dem Wasser schießen und bis zu 50 Meter weit durch die Luft gleiten. Der Körper des Fliegenden Kalmars ist stromlinienförmig wie bei einem Fisch. Wenn er rückwärts durch das Wasser schießt, hat er die Fangarme über dem Kopf zusammengelegt. Der Fliegende Kalmar jagt vor allem Fische.

Feuerkalmar

Südatlantik ▸ bis 11 cm

Der Feuerkalmar ist ein zehnarmiger Tintenfisch. Er lebt in der Tiefsee. Tagsüber steigt er bis auf 100 Meter empor. Der fingerlange Kalmar ist wegen seiner 22 Leuchtorgane bemerkenswert. Sie leuchten in verschiedenen Farben und können an- und ausgeknipst werden wie eine Lampe.

Wegen seines bunten Lichts nennt man den Feuerkalmar auch »Wunderlampe«.

Riesenkalmar

Atlantik, Pazifik, Indischer Ozean ▸ über 20 m

Der Riesenkalmar hält drei Rekorde: Er ist der größte Tintenfisch, das größte

Weichtier und das größte wirbellose Tier. Das größte je gefundene Exemplar war mit ➔ Tentakeln 22 Meter lang. Über die Riesenkalmare ist noch wenig bekannt, weil sie in der Tiefsee leben und nur ganz selten an die Meeresoberfläche kommen. Wie groß diese Tiere wirklich werden, weiß man bis heute nicht. Die Riesenkalmare haben die größten Augen im Tierreich. Mit 40 Zentimetern Durchmesser sind sie größer als ein Suppenteller. Damit können die Tiere in der lichtarmen Tiefsee noch sehen. Riesenkalmare jagen Fische und Tintenfische. Sie fangen sie mit ihren über zwölf Meter langen Tentakeln. Die Beute zerkleinern sie mit ihren scharfen Kiefern, die einem Papageienschnabel ähneln. Die Pottwale sind die ärgsten Feinde der Riesenkalmare. Sie machen in der Tiefsee Jagd auf sie. Es kommt dabei zu einem Kampf auf Leben und Tod. Der Pottwal trägt von den Saugnäpfen oft handtellergroße Narben davon.

Tiefseevampir

Warme Meere ▸ bis 28 cm

Der Tiefseevampir lebt in Meerestiefen von 300 bis 3000 Meter. Er

Wie riesig der Riesenkalmar ist, zeigt dieser Vergleich mit dem Taucher.

hat acht Fangarme. Sie sind durch Häute miteinander verbunden und bilden eine Art Schirm. Seine beiden großen Augen leuchten rot. Dieser Tiefseebewohner besitzt mehrere Leuchtorgane, die Beute anlocken.

Der Tiefseevampir hat außer acht Fangarmen noch zwei fadenähnliche Arme. Diese verbirgt er in Taschen.

Gibt es den Riesenkalmar?

Seit Jahrhunderten geistern geheimnisvolle riesige Tintenfische durch Mythen und Seefahrergeschichten. Lange sah man diese Tiere als Schiffe versenkende und Menschen verschlingende Ungeheuer an. Erst in der Mitte des 19. Jahrhunderts fand der Riesenkalmar als »Architeuthis dux« Eingang in den Katalog wissenschaftlich beschriebener Tierarten. Bis heute ist nur sehr wenig über diese seltsamen, gigantischen Lebewesen aus den Tiefen der Meere bekannt, denn alles, was man bisher über Riesenkalmare weiß, stammt von toten oder sterbenden Exemplaren, die in Fischernetzen gefangen, am Strand angespült oder in Mägen toter Pottwale gefunden wurde. 2004 gelang es japanischen Forschern erstmals, den sagenumwobenen Riesentintenfisch lebendig, in seinem natürlichen Lebensraum zu fotografieren. Die Aufnahmen zeigen, dass der beobachtete Riesenkalmar ein aktiver Jäger ist, der seine Beute von der Seite attackiert und mit seinen Tentakeln fest umklammert, ähnlich wie ein Python sich um seine Beute ballt.

Stachelhäuter

Die Stachelhäuter sind Meeresbewohner. Über 6 000 Arten dieser Tiere leben auf dem Meeresgrund. Die frühesten Stachelhäuter entwickelten sich vor über 550 Millionen Jahren. Viele sind als Versteinerungen erhalten. Wir unterscheiden verschiedene Formen von Stachelhäutern. Fast alle haben eine Haut mit mehr oder weniger spitzen Stacheln. Am bekanntesten sind die Seeigel und Seesterne.

Herzseeigel sind nicht kugelrund. Ihre Stacheln liegen wie bei einem echten Igel am Körper an.

Eine Haut aus Kalk und Stacheln

Seeigel und Seesterne sind kugelrund oder sternförmig. Es ist nicht möglich, bei diesen Tieren links und rechts zu bestimmen. Der Mund liegt unten, der After oben. Auf der Haut sitzen Höcker oder Stacheln. In die Haut sind Kalkplatten eingelagert. Beim Seeigel sind diese starr und fest. Beim Seestern sind die Platten beweglich. Deshalb kann ein Seestern seine Arme verbiegen und sie einrollen.

Auf Saugfüßchen unterwegs

Alle Stachelhäuter besitzen ein so genanntes Wassergefäßsystem. Ihr Körper ist von Kanälen durchzogen. Darin wird mit Hilfe von Druckbläschen Wasser wie in einem Pumpwerk bewegt. An den Seitenkanälen sitzen Saugfüßchen. Ziehen sich die Druckbläschen zusammen, dann strecken sich die Saugfüßchen aus. Sie haften bei vielen Stachelhäutern wie ein Gummisaugnapf am Untergrund. Wenn die Druckbläschen erschlaffen, ziehen sich die Saugfüßchen zurück. Auf diese Weise bewegen sich die meisten Seeigel und Seesterne langsam über den Boden. Manche schreiten auch mit Hilfe ihrer Stacheln voran.

Bei Seesternen kann sich aus einem abgebrochenen Arm ein neues Tier entwickeln. Dann wachsen ihm vier kleinere Arme nach, und der neue Seestern sieht aus wie ein Komet.

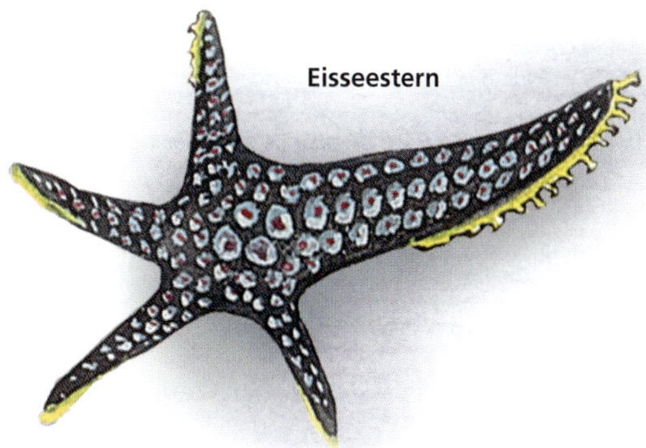

Eisseestern

Seewalzen

Seewalzen oder Seegurken sind besonders merkwürdige Stachelhäuter. Sie leben am Meeresboden und sehen aus wie Würste. Die Tiere besitzen keine Stacheln, sondern eine dicke, ledrige Haut. Außerdem steht um den Mund ein Kranz von ➔ Tentakeln. Die meisten Seewalzen haben fünf Reihen Saugfüßchen. Mit drei Reihen kriechen sie ähnlich wie ein Regenwurm. Zwei Reihen Füße ziehen sich über den Rücken. Damit laufen sie natürlich nicht. Einige Arten können auch schlängelnd schwimmen.

Stachelhäuter am Stiel

Die meisten Stachelhäuter bewegen sich frei am Meeresgrund. Einige können auch schwimmen oder lassen sich von den Wellen treiben. Es gibt aber auch Arten, die am Boden festgewachsen sind. Sie haben einen langen Stiel, an dessen Ende das sternförmige Tier sitzt. Man nennt sie Seelilien. Sie stellen eine Entwicklungsstufe der Haarsterne dar. Denn nach einiger Zeit löst sich ein ungemein zarter Stern vom Stiel und schwimmt davon. Haarsterne haben lange, dünne Arme mit feinen Stacheln. Sie können bis zu fünf Arme verlieren und diese wieder ersetzen. Eine solche ➔ Regeneration findet sich auch bei den Seesternen. So kann sich aus einem einzigen Arm ein neuer Seestern bilden. Ihm wachsen kleinere Arme nach. Man spricht dann von einem Kometenstern.

Auf dem Meeresboden leben in verschiedenen Tiefen alle Arten von Stachelhäutern:

1. **Eisseestern, Kometenform**
2. **Fadenförmiger Schlangenstern**
3. **Schwarzer Seeigel**
4. **Seelilie**
5. **Blauer Seestern**
6. **Steinseeigel**
7. **Schwarze Seegurke**
8. **Lederseeigel**
9. **Gorgonenhaupt**
10. **Seegurke**
11. **Riesenseegurke**
12. **Gemeiner Seestern**
13. **Gänsefußstern**
14. **Kletterholothurie**

Seeigel

Seeigel

Die Seeigel besitzen ein festes Kalkskelett, das den ganzen Körper umhüllt. Darauf sitzen die Stacheln. Diese sind beweglich und dienen der Verteidigung wie der Fortbewegung. Auch mit Hilfe ihrer Saugfüßchen können sich Seeigel fortbewegen. Außerdem haben Seeigel kleine gestielte Zangen. Damit können sie Beute greifen, sich verteidigen oder sich putzen. Der Mund mit fünf kräftigen Zähnen liegt auf der Unterseite des Tieres.

Strandseeigel

Nordsee, Ostsee, Atlantik
▶ bis 15 cm
Der Strandseeigel ist einer der häufigsten Seeigel der Nordsee. Er hält sich am Boden nahe der Küste auf und geht selten tiefer als 30 Meter. Strandseeigel haben die Angewohnheit, sich in den Untergrund zu bohren. Selbst in Steine schaben sie mit den Zähnen eine Vertiefung, in der sie sich aufhalten. Diese Seeigel sind Allesfresser und Räuber. Sie setzen sich auf Muscheln oder Schnecken, um sie zu verspeisen, und weiden auch Algen ab.

Die Strandseeigel sind stachelige, meist kugelrunde Meerestiere.

Diademseeigel !

Korallenriffe ▶ bis 9 cm
Diademseeigel zeichnen sich durch besonders lange, dünne Stacheln aus. Der Seeigel kann damit gezielte Bewegungen ausführen. Er dreht sie zum Beispiel nach dem Schatten eines sich nähernden Tieres. Die bis zu 25 Zentimeter langen Stacheln brechen leicht ab. Auch Taucher fürchten diese Waffen des Diademseeigels. Die Stacheln geben außerdem Giftstoffe ab.

Trotz ihrer gefährlichen Stacheln werden Diademseeigel von vielen Fischen gefressen. Diese versuchen den Seeigel unten an der Mundseite zu packen. Dazu kippen sie ihn um.

Der Sanddollar bewegt sich mit seinen kurzen Stacheln auf der Unterseite vorwärts. Er legt dabei in der Minute 1 cm zurück.

Sanddollar

Pazifik, Westatlantik ▶ bis 8 cm
Der Sanddollar sieht aus wie eine Scheibe. Er wird nur etwa einen Zentimeter hoch. Seine Stacheln sind so klein und dicht, dass er sich fast samtig anfühlt. Dieser Seeigel ist eine wichtige Nahrung für Fische. Vor allem beim Kabeljau steht er auf dem Speisezettel. Sanddollars graben sich meist in den Sand ein. Daher kommt ihr Name.

Der Essbare Seeigel bewegt sich nur mit seinen Saugfüßchen über den Meeresboden.

Essbarer Seeigel

Nordatlantik, Nordsee ▶ bis 17 cm
Der Essbare Seeigel ist rot oder grün gefärbt und hat Stacheln mit violetten Spitzen. Dieser Seeigel kommt bis in 1 200 Meter Tiefe vor. Seeigel sind getrenntgeschlechtige Tiere. Das heißt, dass es Männchen und Weibchen gibt. Die Keimdrüsen sind die größten Körperteile der Seeigel. Sie erzeugen Samen oder Eier. Die Essbaren Seeigel pflanzen sich im Frühjahr fort. Sie kommen dann in Scharen aus tieferen Wasserschichten in die flachen Küstengewässer. Die Weibchen geben ihre Eier und die Männchen ihren Samen ins Wasser. Dort werden die Eier befruchtet. In manchen Ländern gelten die Keimdrüsen des Essbaren Seeigels als Leckerbissen. Man beträufelt sie mit Zitrone und isst sie roh. Oder man röstet sie in einer Schalenhälfte.

Schlangensterne und Seesterne

Alle Seesterne haben einen scheibenförmigen Körper. An der Körperscheibe sitzen meist fünf, manchmal auch sieben Arme. Einige wenige Arten haben 15 und sogar 50 Arme. Seesterne sind Räuber. Sie fressen Muscheln, Schnecken oder andere Seesterne. Von den Seesternen unterscheiden sich die Schlangensterne. Davon gibt es 2 000 Arten.

Schlangensterne und Seesterne

Zerbrechlicher Schlangenstern

Atlantik, Mittelmeer ▶ bis 22 cm
Der Zerbrechliche Schlangenstern tritt im Mittelmeer oft massenhaft auf. Er nimmt die unterschiedlichsten Farben an. An der kleinen Körperscheibe sitzen fünf bis zu 10 Zentimeter lange Arme. Damit rudert der Schlangenstern im Wasser. Wenn er am Boden kriecht, hält er sich mit einem Arm fest. Dann windet er den Arm wie eine Schlange und zieht den Körper nach.

Gegen den Roten Kammseestern hat die Muschel keine Chance.

Schlangensterne in einem Gewirr aus Armen

Roter Kammseestern

Atlantik, Mittelmeer ▶ bis 55 cm
Die Arme des Roten Kammseesterns können bis zu 25 Zentimeter lang werden. An jedem Arm sitzen kleine Stacheln wie die Zähne eines Kammes. Man findet diesen Seestern oft schon einen Meter unter dem Wasserspiegel. Häufig hält er sich auf Sandboden auf. Dort gräbt er sich mit seinen Füßchen in den Sand ein. Der gefräßige Räuber jagt Muscheln, Krebse, Schnecken und kleine Fische. Um eine Muschel zu fressen, setzt er sich auf sie. Dann versucht er mit seinen Armen die Schalen zu öffnen. Sobald die Muschel ihre Schalen aufmacht, stülpt der Kammseestern seinen Magen über das Weichtier. Nun wird die Beute außerhalb des Körpers verdaut und dann eingesogen.

Sonnensterne sind oft gelb oder rot. Dieser hier lebt im Pazifik vor der Küste Kaliforniens.

Schlangensterne und Seesterne

Sonnenstern

Atlantik, Pazifik ▸ bis 40 cm

Es gibt verschiedene Arten von Sonnensternen. Die größten können eine Spannweite von 40 Zentimetern erreichen. Viele Sonnensterne haben 8 bis 15 kurze Arme. Die Körperscheibe ist ziemlich breit, sodass die Arme wie ein Strahlenkranz der Sonne aussehen. Die Sonnensterne ernähren sich überwiegend von anderen Seesternen und Seeigeln und greifen auch größere Arten an.

Dornenkronen richten in den Korallenriffen große Schäden an. Um die Korallen zu retten, muss man diese Stachelseesterne bekämpfen.

Dornenkrone !

Indopazifik ▸ bis 60 cm

Die Dornenkrone lebt im Korallenriff. Sie hat bis zu 21 kurze Arme mit sechs Zentimeter langen Stacheln. Diese sind mit Giftdrüsen verbunden. Wenn man sich an den Stacheln sticht, führt das zu Erbrechen, in schlimmen Fällen zu Lähmungen. Die Dornenkrone frisst vor allem Steinkorallen. Dazu setzt sie sich auf das Korallentier und stülpt zum Verdauen ihren Magen aus.

Kissenstern

Atlantik, Pazifik, Indischer Ozean ▸ bis 25 cm

Die Kissensterne fallen durch ihre Farbigkeit auf. Es gibt viele verschiedene Arten. Man erkennt den fünfstrahligen Körperbau, den auch andere Seesterne und Seeigel aufweisen. Da Kissensterne keine sichtbaren Arme haben, erinnern sie auch stark an Seeigel.

Kissenstern

Sind Seegurken wirklich Gurken?

Seegurken sind keine Pflanzen. Sie heißen auch Seewalzen und sind eine eigene Gruppe der Stachelhäuter. Viele der 10 cm bis 2 m langen Tiere sehen wie Gurken aus und leben am Meeresgrund. Dort schaufeln sie Sand und Schlamm in sich hinein und durchsieben ihn nach essbaren Kleinlebewesen. Sie selbst werden von vielen Tieren gefressen. Manche Seegurken stoßen bei Bedrohung klebrige Schläuche aus. Auf diese Weise verkleben sie Seevögeln die Schnäbel.

Nesseltiere und Schwämme

Nesseltiere und Schwämme lebten schon vor rund 550 Millionen Jahren in allen Meeren. Einige Arten gibt es auch im Süßwasser. Die Schwämme sind wie Pflanzen am Boden festgewachsen und sehr einfach gebaut. Sie ernähren sich von Schwebeteilchen, die sie aus dem Wasser filtern. Die Nesseltiere umfassen die Quallen und Hydratiere sowie die Seerosen und Korallen. Letztere nennt man wegen ihres Aussehens und ihrer Farbenpracht auch Blumentiere.

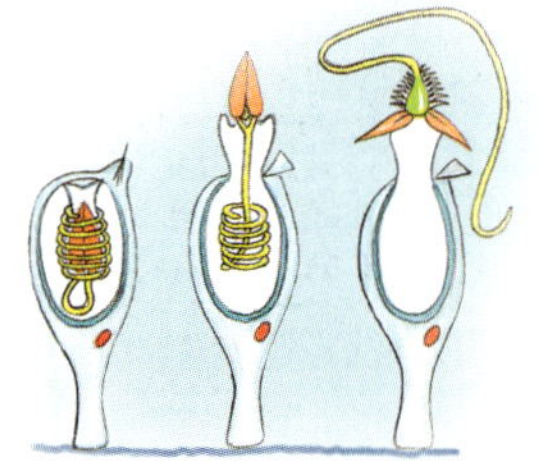

Der aufgerollte Faden in der Nesselkapsel wird bei Berührung hervorgeschleudert.

Nesseltiere besitzen Giftwaffen

Alle Nesseltiere haben Waffen, mit denen sie sich verteidigen oder Beute fangen. Das sind besondere Nesselkapseln. In der Kapsel ist ein dünner Schlauch aufgewickelt. Im Schlauch sitzen scharfe Stacheln wie Klappmesser oder Stilette. Stößt ein Tier an den Auslöser der Kapsel, dann springt der Kapseldeckel auf. Der Schlauch schnellt heraus, und die Stilette bohren sich in die Haut. Durch das Loch stülpt sich der Schlauch in das Opfer, und es fließt Gift. Dadurch wird die Beute gelähmt. Vor allem die Feuerquallen besitzen oft so viele Nesselkapseln, dass sie damit sogar Menschen gefährlich werden können.

In allen Meeren leben Blumentiere, Quallen und Schwämme.
1 Edelkoralle
2 Brotkrumenschwamm
3 Erdbeerrose
4 Aiptasie
5 Hornschwamm
6 Orgelkoralle
7 Edelsteinrose
8 Seenelke

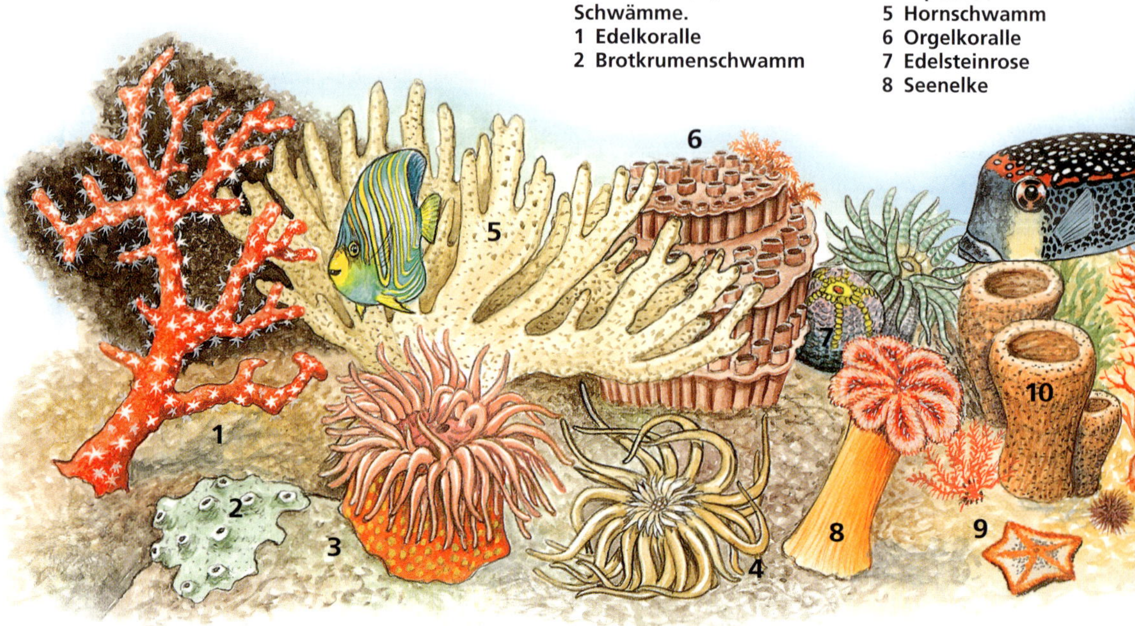

Polypen und Quallen sind wechselnde Generationen einer Art. Die Polypen bilden durch Knospung neue Polypen oder kleine Quallen. Diese bringen Eier und Samenzellen hervor. Aus den befruchteten Eizellen entstehen wieder neue Polypen.

Die Arktische Riesenqualle kann einen Schirmdurchmesser von 2,50 m erreichen. Sie streckt ihre Tentakel bis zu 20 m weit aus.

Sitzend oder schwimmend

Bei den Hydratieren und Quallen unterscheidet man zwei Lebensformen: fest sitzende ➔ Polypen und frei schwimmende ➔ Medusen. Die Polypen haben eine Fußscheibe, mit der sie am Boden haften. Beide Formen enthalten nur einen Hohlraum, der als Magen und Darm dient. Es gibt auch nur eine Körperöffnung. Sie ist Mund und After zugleich. Um diese Öffnung stehen die Fangarme oder ➔ Tentakel. Sie sind mit Nesselzellen bestückt.

9 Kurzarmiger Seestern
10 Becherschwamm
11 Fächerkoralle
12 Geweihkoralle

Seltsame Fortpflanzung

Viele Nesseltiere pflanzen sich auf zweierlei Weise fort: Sie vermehren sich ungeschlechtlich durch ➔ Knospung wie die Korallen und Seerosen. Dabei schnürt sich ein neues Tier vom Muttertier ab. Quallen vermehren sich auch noch durch befruchtete Eier. Daraus entsteht eine ➔ Larve. Sie setzt sich irgendwo fest und wächst zu einem Becherpolypen heran. Dieser teilt sich mehrmals quer und sieht schließlich wie ein Stapel Teller aus. Die Scheiben lösen sich dann ab und schwimmen als kleine neue Quallen davon. Die Nesseltiere können auch aus Teilen ihres Körpers ein vollständiges neues Tier bilden.

Schwämme brauchen Wasser

Schwämme sind nach den ➔ Einzellern die einfachsten Tiere. Sie besitzen zwar viele ➔ Zellen, haben aber keine ➔ Organe. Ihr Körpergerüst besteht aus weichem Horn oder hartem Kalk mit vielen Hohlräumen. Darin sitzen die Schwammzellen. Durch Poren strömt ständig Wasser in die Körperhöhlen. Der Schwamm entnimmt dem Wasser Sauerstoff und Nahrungsteilchen.

Korallen

Korallen

Die Korallen bezeichnet man auch als Blumentiere. Es gibt harte und weiche Korallen. Sie sind festsitzende Polypen, die als Einzeltiere leben oder Korallenstöcke bilden. Ein Polyp setzt sich fest und scheidet Kalk aus. Er baut sich damit ein Skelett. Durch Knospung entstehen weitere Polypen, die ebenfalls Kalkgerüste bauen. So entwickeln sich Kolonien mit Millionen von Tieren.

Edelkoralle

Mittelmeer ▸ bis 40 cm
Die rote Edelkoralle lebt bis in 300 Meter Tiefe. Sie bildet auf dem Meeresboden verzweigte Bäumchen aus Kalk. Aus der Rinde des Korallenstocks ragen die schneeweißen → Polypen mit ihren → Tentakeln hervor.

Die Edelkoralle ist stark gefährdet, da man ihre Kalkskelette aus dem Meer holt.

Jeder Polyp besitzt acht Fangarme. Die Tiere sind durch Kanäle miteinander verbunden. Die Korallengerüste werden von Tauchern oder mit Schleppnetzen vom Untergrund abgelöst und zu Schmuck verarbeitet.

Die Seemannshand setzt sich auf Felsen oder auf großen Muscheln fest.

Seemannshand

Atlantik, Nordsee ▸ bis 20 cm
Die Seemannshand heißt auch Tote Mannshand. Sie ist eine weiche Lederkoralle. Ihr Stock sieht aus wie eine fleischige Hand, aus der die → Polypen herausragen. Die Tiere ernähren sich von Kleinkrebsen im → Plankton. Die Seemannshand bläht sich bei Flut oft stark mit Wasser auf.

Seefeder

Warme Meere ▸ bis 30 cm
Die Seefeder oder Federkoralle ist eine weiche Koralle aus hornartigem Stoff.

Sie steckt nur lose im Sand. Auch dieses Gebilde ist ein Korallenstock und stellt eine Kolonie mit vielen ➔ Polypen dar. Durch Drehungen kann sich die Seefeder bewegen und tiefer eingraben. Es gibt verschiedene Arten, deren Stöcke bis zu einem Meter hoch werden.

Die Seefeder ist eine seltsame Kolonie von Polypen, die aufrecht im Schlamm stehen.

Venusfächer

Warme Meere ▶ bis 2 m

Der Venusfächer ist eine Hornkoralle. Die ➔ Polypen dieser Korallen bilden eine Art Fächer aus biegsamem Material. Sie stellen den Fächer wie ein Sieb in die Meeresströmung. Das Wasser fließt so ständig hindurch und strudelt dabei winzige Lebewesen aus dem ➔ Plankton heran. Diese dienen den Polypen des Korallenstocks als Nahrung. Manche Arten dieser fächer-

Den Venusfächer stellen sich Fischer oft als Schmuck ins Zimmer. Diese Korallen bilden manchmal ganze Wälder unter Wasser.

förmigen Korallen haben recht bunte Farben. Der Venusfächer ist meist gelb oder violett. Die Farbe bleibt auch bei der abgestorbenen Koralle erhalten.

Hirnkoralle

Warme Meere ▶ bis 50 cm

Die Hirnkoralle zählt zu den so genannten Steinkorallen. Die Koralle hat ihren Namen von dem seltsam

Die Hirnkorallen wachsen sehr langsam. Ein 50 cm großer Stock kann 100 Jahre alt sein.

Wie entsteht ein Korallenriff?

Die Steinkorallen bauen vor der Küste warmer Meere die Korallenriffe auf. Sie siedeln sich im flachen Wasser an und entnehmen ihm neben Sauerstoff den Kalk für die Korallenstöcke: Diese reichen bis kurz unter den Meeresspiegel (1).

Ein Riff nimmt zwar nur wenige Zentimeter im Jahr an Höhe zu. Doch allmählich entsteht um eine Insel herum ein Korallenring (2).

Wenn die Insel im Meer versinkt oder der Meeresspiegel steigt, bleiben die Korallenbauten als ringförmiges Atoll stehen. In der Mitte dieses Korallenriffs liegt eine Lagune. Das ist ein Meeressee (3).

geformten Korallenstock. Er sieht aus wie ein riesiges Gehirn mit vielen Furchen. Das Furchenmuster kommt dadurch zustande, dass viele Einzelpolypen hintereinandersitzen und miteinander verschmelzen. Die einzelnen Tiere sind nicht sehr groß. Trotzdem ist die Hirnkoralle wie alle Steinkorallen am Aufbau von Korallenriffen und Atollen beteiligt. Man nennt sie deshalb auch Riffkorallen. Die meisten Steinkorallen leben in warmen, tropischen Meeren.

Seerosen

Seerosen sind sesshafte Polypen. Sie sind oft auffallend bunt und gehören zu den Korallentieren. Um ihre Mundöffnung haben sie einen Kranz von Tentakeln. Diese erinnern an die Blüten einer Blume. Daher kommt auch der Begriff Blumentiere. Es gibt über 1 000 Arten von Seerosen.

Gemeine Seenelke

Nord- und Ostsee ▶ bis 30 cm
Die Seenelke hat ihren Namen nach ihren etwa tausend ➔ Tentakeln. Diese sind sehr kurz und stehen in 20 Reihen um die Mundscheibe. Das sieht aus wie ein Nelkenstrauß. Seenelken können verschieden gefärbt sein, rot oder gelb oder auch blau. Sie sitzen meistens in seichtem Wasser auf festem Untergrund. Manchmal siedeln sie sich aber auch auf Strandgut wie Balken oder Brettern an, die im

Seerosen

Seenelken gibt es in vielen Farben. Die Tentakel sind meist viel heller als der Fuß.

Meer treiben. Seenelken fressen nur kleine Teilchen aus dem ➔ Plankton. Sobald diese an ihre Fangarme stoßen, strudeln sie die Nahrung in ihre Mundöffnung.

Riesenanemonen lagern oft Algen in ihrem Körper ein. Dadurch erscheinen sie grün.

Riesenanemone

Indischer, Pazifischer Ozean
▶ bis 50 cm

Riesenanemonen leben vor allem in den warmen Korallenmeeren. Einige werden bis zu 50 Zentimeter hoch. Sie können sich bei Berührung bis auf fünf Zentimeter zusammenziehen. Zwischen den Fangarmen halten sich ständig kleine Korallenfische auf. Seltsamerweise werden sie von den Riesenanemonen nicht mit Nesselfäden betäubt und gefressen. Jede Anemone erkennt »ihren« Fisch und beschützt ihn mit ihren ➔ Tentakeln. Diese Anemonenfische entfernen sich auch nie weit von ihrem Blumentier. Die Seerose scheint ihren Fisch zu dulden, weil er ihr mit den Flossen ständig frisches Wasser zuwedelt.

Purpurrose

Atlantik, Mittelmeer ▶ bis 7 cm

Die Purpurrose ist in allen nördlichen Meeren verbreitet. Wegen ihrer hellroten Farbe wird sie auch Erdbeerrose genannt. Sie ist eine prächtige Anemone und lebt in flachem Wasser auf felsigem Grund. Es gibt aber auch braune und grüne Tiere dieser Art. Diese Seerose hat 192 Fangarme. Sie stehen in sechs Kreisen um die Mundscheibe. Unter den äußeren Fangarmen sitzen 24 Nesselkapseln. Die Seerose ergreift die von den Nesselfäden getroffenen Beutetiere mit den Fangarmen und führt sie zum Mund. Kleine Krebse und kleine Fische, die in die Nähe der

Seerosen

Wie leben Seerosen?

Seerosen setzen sich häufig auf Schneckengehäuse, die von Einsiedlerkrebsen bewohnt werden. Sie bilden mit den Krebsen eine Gemeinschaft zum gegenseitigen Nutzen. Man nennt das ➔ Symbiose. Die Seerose hat von dem Krebs den Vorteil, dass er sie mitsamt seinem Haus umherträgt. So kommt sie an immer neue Beuteplätze, obwohl sie sich selbst nicht bewegt. Gleichzeitig fängt sie die Überreste der Krebsmahlzeiten ein. Der Vorteil für den Einsiedlerkrebs besteht darin, dass ihn die Seerose mit ihren über 700 ➔ Tentakeln und Nesselkapseln vor Feinden schützt. Wenn der Krebs in ein anderes Haus umzieht, kommt die Seerose manchmal mit.

Fangarme geraten, werden ein leichtes Opfer der Purpurrose. Purpurrosen können sehr alt werden. Man hat sie im Aquarium schon über 60 Jahre lang gehalten.

Purpurrosen leben in der Brandungszone. Bei Ebbe ziehen sie sich zusammen.

Zylinderrose

Warme Meere ▶ bis 30 cm

Die Zylinderrose lebt vorwiegend in warmen Meeren. Eine Art kommt auch im Mittelmeer vor und eine in der Nordsee. Diese Tiere bilden eine eigene Gruppe und zählen nicht zu den üblichen Seerosen. Die größten Zylinderrosen können 70 cm hoch werden. Sie bauen sich eine bis zu 1 m lange Wohnröhre in den Sand. Bei Gefahr ziehen sie sich blitzschnell in ihre Röhre zurück. Meist schauen nur ihre langen ➔ Tentakel, mit denen

Zylinderrosen sind wahrscheinlich Zwitter.

sie ihre Beute fangen und lähmen, aus der Röhre heraus. Die Tentakel breiten sie fangbereit auf dem Untergrund aus. Vorbeischwimmende Tiere, etwa kleine Fische, werden mit mehreren Fangarmen gegriffen.

Quallen

Die Quallen bilden neben den Blumentieren und den Hydratieren eine weitere Gruppe der Nesseltiere. Es gibt etwa 250 Arten. Fast alle haben die Form eines aufgespannten Regenschirms. Sie werden deshalb auch Schirmquallen genannt. Wie die meisten anderen Nesseltiere besitzen sie Fangfäden mit Nesselkapseln.

Ohrenqualle

Nord- und Ostsee ▸ bis 40 cm
Die Ohrenqualle tritt in der Nord- und Ostsee oft in Massen auf. Bei einem Sturm werden die durchsichtigen, wabbeligen Quallen zu Hunderten an den Strand gespült. Sie bestehen mit Ausnahme eines papierdünnen Häutchens ganz aus Wasser. Im Meer hat das Tier eine glockenförmige Gestalt. Von dem Schirm hängen vier Fangarme herab. Am Rand des Schirms sitzt ein Kranz von ➔ Tentakeln mit Nesselkapseln. Damit betäubt die Qualle kleine Tiere, die sie mit den Fangarmen in den Magenstiel stopft.

Durch den Schirm sieht man vier ohrenförmige Gebilde. Das sind die Keimdrüsen der Ohrenqualle mit den Eizellen oder Samenzellen.

Würfelqualle !

Warme Meere ▸ bis 25 cm
Der würfelförmige Schirm dieser Quallen hat einen Durchmesser von 10 bis 25 Zentimetern. Einige Arten in tropischen Meeren besitzen außerordentlich giftige Nesselkapseln. Das hat ihnen den Namen »Feuerquallen« oder »Seewespen« eingetragen. Das Gift kann sogar Menschen töten. An manchen Stränden

sind Würfelquallen recht häufig und sehr gefürchtet. Wo sie auftreten, werden die Strände gesperrt.

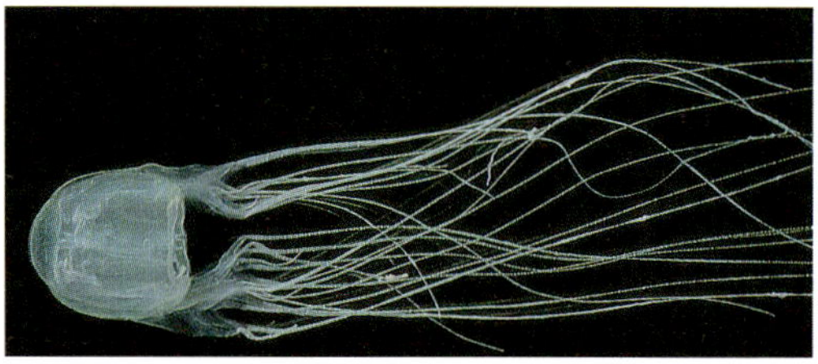

Würfelquallen schwimmen wie alle Quallen durch Rückstoß. Dazu pressen sie das Wasser aus der Glocke.

Portugiesische Galeere

Alle warmen Meere ▶ bis 30 cm
Die Portugiesische Galeere ist ein Hydratier und keine Qualle. Sie stellt einen im Meer schwimmenden Tierstaat dar, der sich aus Hunderten von Einzelpolypen aufbaut. Alle ➔ Polypen stammen von einem Tier ab und sind durch ➔ Knospung entstanden. Sie sitzen an einem gemeinsamen Stamm und erfüllen verschiedene Aufgaben: Fresspolypen mit Fangarmen sorgen für Nahrung. Geschlechtspolypen erzeugen Ei- und Samenzellen. Wehrpolypen haben über 30 m lange Nesselfäden.

Die bläulich schimmernde Gasblase ist mit Kohlendioxid und Stickstoff gefüllt.

Schwämme

Die Schwämme sind sehr einfach gebaute Tiere. Ihr Skelett aus Kalk, Quarz oder Horn hat viele Hohlräume mit porenförmigen Öffnungen. Durch die Poren dringt Wasser in den Schwamm. Mitgeschwemmte winzige Nahrungsteilchen werden verdaut.

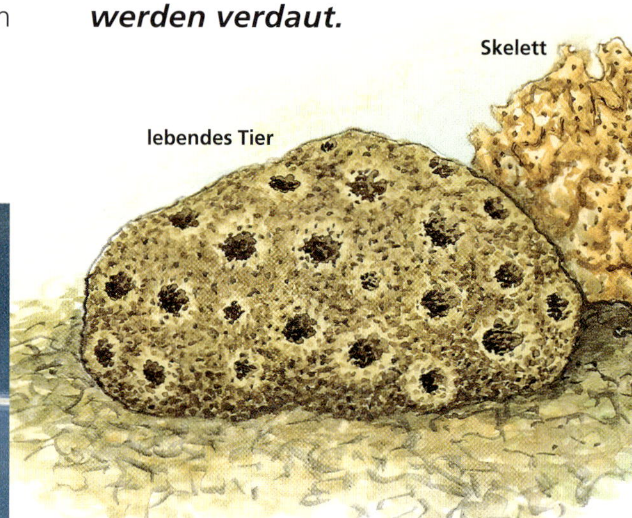

Badeschwämme sitzen meist auf felsigem Untergrund. Man findet sie manchmal auch auf Pflanzen.

Badeschwamm

Alle warmen Meere ▶ bis 30 cm
Der Badeschwamm zählt zu den so genannten Hornschwämmen. Er besitzt ein ➔ Skelett aus biegsamen

Hornfasern. Dieser Schwamm ähnelt eher einer Pflanze als einem Tier. Badeschwämme benötigen für ihre Entwicklung nicht zu kaltes Wasser. Sie kommen auch im Mittelmeer vor.

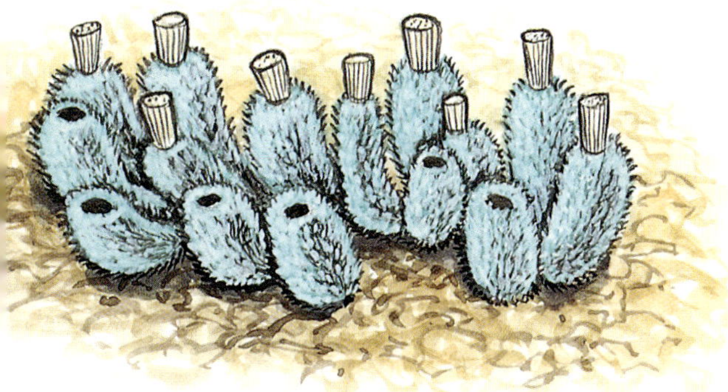

Der Gitterkalkschwamm sticht durch seine leuchtende Farbe ins Auge.

Gitterkalkschwamm

Alle warmen Meere ▶ bis 9 cm

Kalkschwämme sind die einfachsten Formen der Schwämme. Sie haben alle ein Skelett aus harten Kalknadeln. Als Badeschwämme sind sie natürlich nicht geeignet, da ihre Oberfläche außerordentlich rau ist. Die meisten Gitterkalkschwämme werden nur wenige Zentimeter groß. Manche Kalkschwämme haben bunte, leuchtende Farben. Sie kommen in seichten Küstengewässern vor und siedeln bis in etwa 70 m Tiefe.

Gießkannenschwamm

Alle warmen Meere ▶ bis 30 cm

Der Gießkannenschwamm zählt zu den Glasschwämmen. Sein Skelett besteht aus festen Kieselnadeln, die ein netzartiges Geflecht bilden. Diese Schwämme leben im Pazifischen und Indischen Ozean und siedeln bis in einer Tiefe von 5 000 Meter. Ihren Namen haben sie von einem gitterartigen Verschluss ihrer Körperöffnung. Er erinnert an die Brause einer Gießkanne. In Ostasien stellt man die getrockneten Schwämme als Zierde auf.

Der weißlich-gelbe Glasschwamm verankert sich mit einer Nadel von 3 m Länge in den Tiefseeboden.

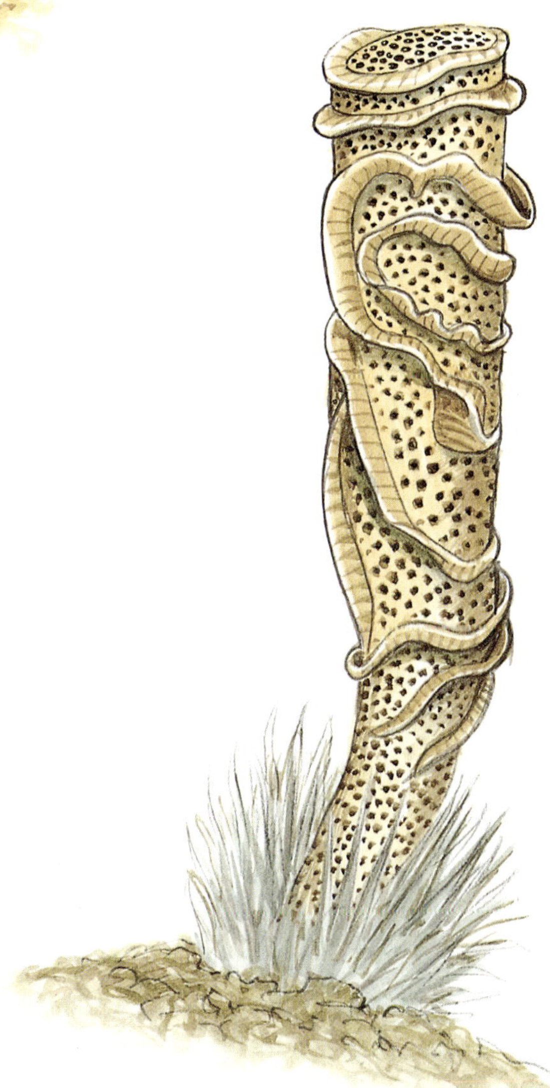

Würmer

Die Würmer erinnern an Schlangen, denn wie diese haben sie keine Beine. Da Würmer kein Skelett besitzen, zählen sie zu den wirbellosen Tieren. Es gibt etwa 50 000 Arten von Würmern, die sich in ihrer Gestalt unterscheiden. Die ersten Würmer lebten schon vor 700 Millionen Jahren im Wasser. Viele von ihnen waren Schmarotzer und fielen über Fische her. Erst später gingen Würmer an Land und entwickelten dort verschiedene Arten.

Die Seemaus sieht einem Wurm kaum ähnlich. Sie ist aber ein Ringelwurm.

Was sind Würmer?

Würmer sind niedere Tiere. Dennoch sind sie höher entwickelt als zum Beispiel eine Seeanemone oder eine Qualle. Sie besitzen im Unterschied zu diesen Hohltieren zwei Körperöffnungen, den Mund und den After. Sie haben auch einen Blutkreislauf und eine Art Nervensystem wie die höheren Tiere. So verfügen sie über verschiedene Sinne, mit denen sie sich in ihrer Umwelt zurechtfinden: Würmer können zum Beispiel Temperaturunterschiede wahrnehmen. Die meisten haben einen ausgeprägten Tastsinn. Sie können riechen und schmecken. Und sie besitzen Sinneszellen in der Haut, mit denen sie auf Licht ansprechen.

Rund oder platt

Man kann die Würmer nach ihrer Körperform unterscheiden: Am bekanntesten sind die Ringelwürmer, die wie Schlangen aussehen. Ihr Körper besteht aus einzelnen Ringen oder Gliedern. Zu ihnen gehört unser Regenwurm. Rundwürmer bestehen aus einem Schlauch. Zu ihnen zählen die dünnen Fadenwürmer. Sie sind weit verbreitet. Fadenwürmer findet man in der Laubstreu im Wald, im Boden und im Wasser. Viele von ihnen leben als ➔ Parasiten. Sie schmarotzen in

Regenwürmer lockern und durchmischen die obere Erdschicht.

Der 40 cm lange Palolowurm lebt vor den Südseeinseln am Meeresgrund. Einmal im Jahr pflanzt er sich fort. Auf die Stunde genau beim letzten Mondwechsel trennt er seinen Hinterleib mit den Eiern und Samenzellen ab. Danach treiben die Teile von Tausenden von Würmern zur Meeresoberfläche. Die Inselbewohner schätzen die Wurmteile als eine Delikatesse.

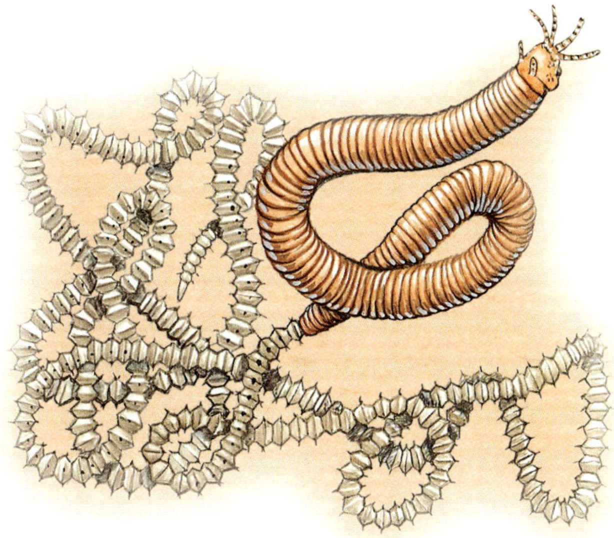

Australische Regenwürmer können 3 m lang und armdick werden.

Pflanzen und Tieren und auch im Menschen und fügen ihrem Wirt Schaden zu. Die dritte große Gruppe sind die Plattwürmer. Unter ihnen finden sich sehr viele ➔ Schmarotzer wie die Saugwürmer und die Bandwürmer. Auch die räuberischen Strudelwürmer sind Plattwürmer.

Männchen, Weibchen oder Zwitter

Würmer pflanzen sich recht seltsam fort. Die meisten sind sowohl Männchen als auch Weibchen. Solche Tiere nennt man ➔ Zwitter. Nun könnte man meinen, sie bräuchten keine Geschlechtspartner, um sich zu paaren. Sie erzeugen ja gleichzeitig Eier und Samen. Tatsächlich paaren sich aber auch Zwitter und tauschen untereinander Samenpakete aus. Damit werden die Eier beider Tiere befruchtet. Es gibt aber auch Arten von Würmern, die sowohl Männchen als auch Weibchen hervorbringen. Bei ihnen vollzieht sich eine normale Paarung wie bei anderen Tieren auch.

Zu den längsten Würmern gehört der Schweinebandwurm. Er kann bis zu 8 m lang werden.

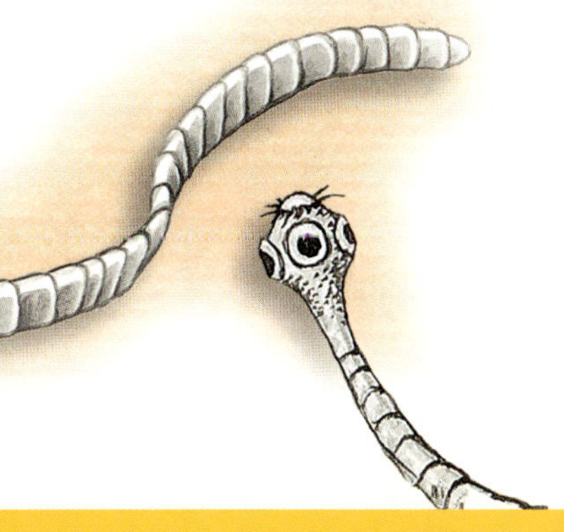

Ringelwürmer

Ringelwürmer

Von allen Würmern sind uns die Ringelwürmer am vertrautesten. Man nennt sie auch Gliederwürmer, weil ihr Körper aus vielen Gliedern besteht. Sie haben unterschiedlich viele Borsten. Zu den Wenigborstern zählen der Regenwurm und der Blutegel. Man bezeichnet sie auch als Gürtelwürmer, weil sie im vorderen Körperabschnitt eine gürtelartige Verdickung haben. Diese sondert bei der Paarung Schleim ab, in den die Eier eingebettet werden.

Blutegel

Afrika, Asien, Europa ▸ bis 15 cm

Der Blutegel hat keine Borsten. Er lebt in Teichen und Seen, ist aber heute in Europa recht selten. Früher lauerte er an Tränken dem Vieh auf, um Blut zu saugen. Dazu schnitt er mit seinem Hornkiefer eine Wunde in das Opfer. Dann setzte er seinen Saugrüssel an. Blutegel können so viel Blut saugen, dass sich ihr Körperumfang vervierfacht. Früher hat man Blutegel gefangen und in der Apotheke im Aquarium gehalten. Wenn die Ärzte einem Kranken einen Aderlass verschrieben, wurde ihm ein Blutegel angesetzt.

Blutegel spucken ihrem Opfer einen Saft in die Bisswunde, der das Gerinnen des Blutes verhindert. Dann saugen sie sich voll und speichern das Blut im Magen.

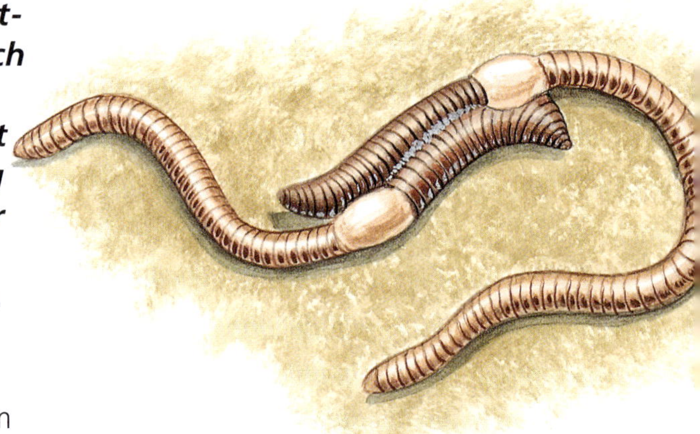

Regenwürmer sind Zwitter. Wenn sie sich paaren, legen sie sich aneinander. Sie tauschen dann gegenseitig Samenzellen aus.

Regenwurm

Alle Erdteile ▸ bis 30 cm

Es gibt über 3 000 Arten von Regenwürmern auf der Erde. Bei uns leben etwa 30 Arten. Die längsten davon werden 30 Zentimeter lang. Die Regenwürmer graben dicht unter der Erde waagerechte Gänge. Bis zu fünf Meter tief führen senkrechte Gänge nach unten. Dorthin ziehen sich die Würmer zurück, wenn es zu trocken oder zu kalt wird. Die Regenwürmer sind auf Feuchtigkeit angewiesen, da diese ihre nackte Haut vor dem Austrocknen schützt. Sie kommen nur nachts aus ihren Gängen, denn Sonnenlicht ist für sie tödlich. In der

Dunkelheit ziehen sie verwelkte Pflanzen in den Boden, um diese zu verdauen. Dazu fressen sie auch Erde in sich hinein. Da in einem Wiesenstück von ein mal einem Meter Größe bis zu 2 000 Regenwürmer leben, wandert viel Erde durch ihren Darm. Die Würmer schaffen durch ihre Verdauung neuen ➔ Humus. Der Boden wird dadurch verbessert. Gleichzeitig durchlüften die Gänge der Regenwürmer das Erdreich.

Pierwurm

Atlantik, Nordsee ▶ bis 35 cm
Wer an der Nordsee im Watt wandert, der findet immer wieder kleine Häufchen auf dem Schlickboden. Das sind Kothäufchen des Pierwurms. Er

Im Watt leben Millionen von Pierwürmern. Sie besitzen Fußstummel mit Borsten und Kiemenbüschel. Auf dem Sand hinterlassen sie Kothäufchen.

sitzt in einer U-förmigen Röhre im Schlick. Die Fischer graben den Wurm bei Ebbe aus, um ihn als Köder beim Angeln zu verwenden.

Seeringelwurm

Atlantik ▶ bis 70 cm
Der Seeringelwurm ist an der Nordsee im Watt recht häufig. Man findet ihn bei Ebbe in Wasserlachen auf dem Sand. Er ähnelt einem Tausendfüßer. Seeringelwürmer gehören zu den Vielborstern. Sie sind Räuber, die Jagd auf Kleintiere machen. Dafür haben sie kräftige Kiefer. Sie schwimmen auch sehr gut.

Der Seeringelwurm windet sich mit seinen Stummelfüßen durch den Sand.

Röhrenwurm

Alle Erdteile ▶ bis 3 mm
Es gibt auch fest sitzende Ringelwürmer im Meer, die Röhrenwürmer. Sie bauen sich kunstvolle Wohnröhren, die aufrecht im Sand stecken. Der Wurm besitzt am Kopf ➔ Tentakel, mit denen er, ähnlich wie eine Seerose, Nahrungsteilchen in den Mund strudelt.

Der Röhrenwurm lebt in einer fest sitzenden Röhre.

Rundwürmer

Rundwürmer

Die Rundwürmer erinnern an einen gedrehten Faden. Sie heißen deshalb auch Fadenwürmer. Bei ihnen gibt es Männchen und Weibchen und keine Zwitter. Unter den Rundwürmern finden sich viele Schmarotzer, die auch dem Menschen gefährlich werden können.

Trichine

Alle Erdteile ▸ bis 3 mm
Die Trichine ist ein ➔ Schmarotzer im Körper von Tieren und Menschen. Die Würmer gelangen mit Fleischnahrung in den Darm. Dort stoßen die Weibchen etwa 1 500 lebendige ➔ Larven aus. Die Jungwürmer wandern durch den Darm und werden vom Blut in alle Körperteile geschwemmt. In den Muskeln scheiden die heranwachsenden Trichinen lebensgefährliche Stoffe aus. Nach ein paar Wochen schließt sie der Körper in Kapseln aus Kalk ein. Die Trichinen können sich erst vermehren, wenn ihr Kalkgehäuse im Darm eines Fleischessers aufgelöst wird. Früher war vor allem Schweinefleisch von Trichinen befallen. Die Würmer wurden durch rohes Fleisch auf Menschen übertragen. Heute untersuchen Tierärzte das Fleisch bei der Fleischbeschau im Schlachthof genau.

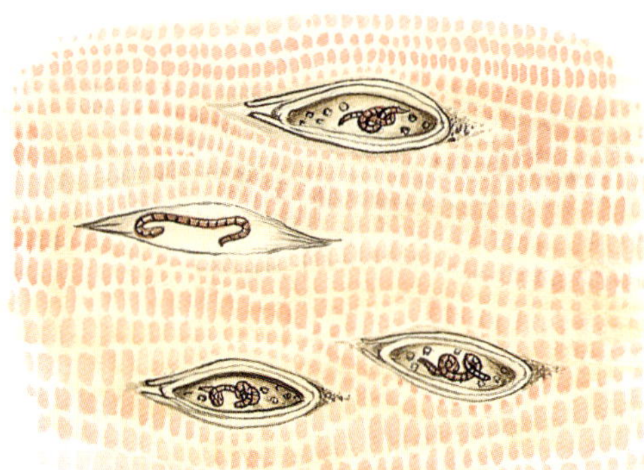

Eingekapselte Muskeltrichinen

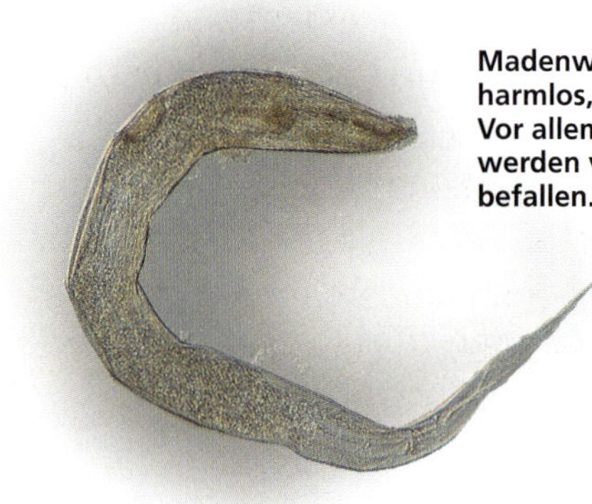

Madenwürmer sind harmlos, aber lästig. Vor allem Kinder werden von ihnen befallen.

Madenwurm

Alle Erdteile ▸ bis 5 mm
Die Madenwürmer sind lästige ➔ Parasiten im Darm. Man bekommt sie leicht von ungewaschenem Obst. Oder man atmet Wurmeier ein, die in den Darm gelangen. Dort reifen die Weibchen. Sie wandern aus dem After und setzen bis zu 12 000 Eier ab.

Plattwürmer

Die Plattwürmer sind sehr einfach gebaute Würmer. Sie haben weder Blutgefäße noch Organe zum Atmen. Die Atmung erfolgt durch die Haut. Nur frei lebende Plattwürmer wie die Strudelwürmer besitzen einfache Augen. Bei den Schmarotzern

beschränken sich die Sinnesorgane auf Tasten, Riechen und Schmecken. Fast alle Plattwürmer sind Zwitter.

Rinderbandwurm

Alle Erdteile ▸ bis 10 m

Der Rinderbandwurm zählt zu den größten Würmern. Er lebt im Darm des Menschen und wird von ihm miternährt. Der ➔ Schmarotzer besteht aus dem stecknadelkopfgroßen Kopf und vielen Körpergliedern. Beim erwachsenen Rinderbandwurm sind es bis zu 2 000 Glieder. Jedes reife Glied enthält rund 100 000 Eier. Ein ausgewachsener Bandwurm bringt also nach und nach 200 Millionen Eier hervor! Da Bandwürmer über 20 Jahre alt werden können, erzeugen sie Milliarden von Eiern. Aber nur wenn ein Ei in ein Rind gelangt, kann sich ein neuer Bandwurm bilden. Im Darm des Rindes schlüpft aus dem Bandwurmei eine ➔ Larve. Diese setzt sich im Muskelfleisch fest. Es entsteht eine Finnblase. In ihr befindet sich der Kopf des neuen Bandwurms. Gelangt die Finnblase durch den Genuss von rohem Rindfleisch in den menschlichen Darm, dann stülpt der Wurm seinen Kopf aus und wächst und wächst und wächst … Zum Glück kommt das nur selten vor. Eine Finnblase geht beim Einfrieren oder Kochen des Fleisches zugrunde. Außerdem wird jedes geschlachtete Rind vom Tierarzt genau untersucht, bevor das Fleisch verkauft werden darf.

Der Rinderbandwurm hat vier Saugnäpfe am Kopf. Damit hält er sich im Darm fest.

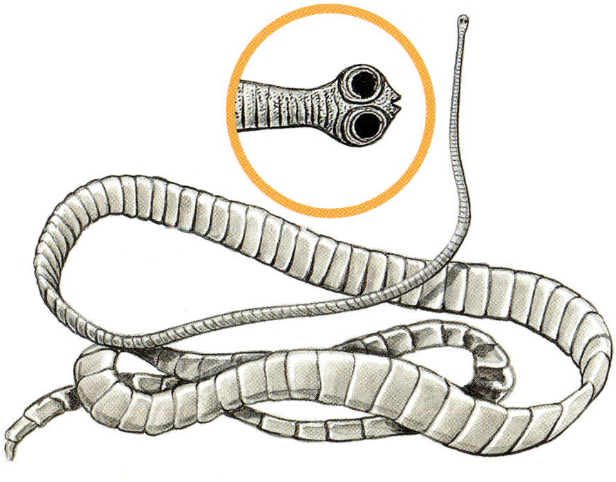

Strudelwurm

Alle Erdteile ▸ bis 60 cm

Strudelwürmer sind Plattwürmer. Sie sind keine ➔ Schmarotzer. Die meisten leben im Meer oder im Süßwasser. Manche könnte man für winzige Nacktschnecken halten. Am bekanntesten sind die Planarien. Die meisten von ihnen werden höchstens einen Zentimeter lang. Diese seltsamen Würmer fallen im Wasser andere Würmer und auch Schnecken an. Planarien können aus kleinen Teilen ihres Körpers vollständig neue Tiere bilden.

Der Mund der Planarie sitzt in der Körpermitte. Dort befindet sich ein Schlundrohr.

Fachbegriffe

Fachbegriffe

Die hier aufgeführten Stichwörter findest du in den Texten des Tierlexikons. Sie tragen dort einen Pfeil: ➔

Aas Totes Tier; man sagt auch Kadaver dazu. Aasfresser beseitigen Kadaver. Zu den Aasfressern gehören zum Beispiel Geier und Hyänen. Auch viele Käfer fressen Aas.

Arktis Das Gebiet um den Nordpol. Der Erdteil am Südpol ist die Antarktis. Beide Polargebiete sind eisbedeckt. Am Rande des Nördlichen Eismeers leben Eisbären, Robben und Eisfüchse. In der Antarktis gibt es Robben und Pinguine.

Artenschutz Gesetzliche Maßnahmen zum Schutz der vom Aussterben bedrohten Tier- und Pflanzenarten. Dazu gehören der Schutz des Lebensraumes und das Verbot, bedrohte Tierarten zu jagen. Auch der Handel mit bedrohten Tieren oder deren Fellen ist verboten.

Ausrottung Durch den Menschen verursachtes Aussterben einer Tierart. Entweder hat der Mensch die Tierart bis zum letzten Exemplar gejagt und getötet, oder er hat die Lebensräume von Tieren zerstört. Die Tiere pflanzen sich nicht mehr fort.

Balz Vorspiel beim Paarungsverhalten, vor allem bei Vögeln und Fischen. Bei Säugetieren spricht man von Brunft. Vor der Paarung werben meist die Männchen um die Weibchen. Bei Vögeln tragen die Männchen in der Balz oft ein buntes Federkleid und vollführen kunstvolle Flüge. Auch viele Fischmännchen zeigen in der Balz bunte Farben, zum Beispiel der Stichling.

begatten, Begattung Paarung von Tieren. Dabei werden die Samenzellen der Männchen auf die Eizellen der Weibchen übertragen.

Brackwasser Mischung von Salzwasser und Süßwasser. Es entsteht an der Mündung eines Flusses in das Meer. Brackwasser ist weniger salzig als Meerwasser. Viele Meerestiere können wegen des geringeren Salzgehaltes nicht im Brackwasser leben. Andere wiederum, vor allem kleine Krebse, Würmer und Schnecken, halten sich hier bevorzugt auf.

Brandungszone Küstenabschnitt, an dem die Meereswellen auflaufen. Die Wellen überschlagen sich an der Küste. Das Wasser fließt am Boden wieder ins Meer zurück. In dieser Brandungszone leben viele kleine Tiere wie die Seepocken oder Napfschnecken. Sie sitzen am Grund oder auf Felsen und werden so nicht weggespült.

Brunft Paarungszeit. Hirsche und Rehböcke führen in der Brunft oder Brunst Kämpfe um die Weibchen aus, mit denen sie sich paaren wollen. Viele Säugetiere zeigen in der Brunftzeit ein auffälliges Verhalten.

Brutfürsorge Vorsorge für die Brut. Viele Tiere betreiben Brutfürsorge, indem sie etwa ihre Eier an besonders günstigen Orten ablegen. Die Schlupfwespe wählt dafür zum Beispiel eine Raupe. Die ausschlüpfenden Jungen fressen diese dann auf. Diese Vorsorge endet mit der Eiablage.

Brutpflege Betreuung der Nachkommen. Die Brutpflege geht viel weiter als die Brutfürsorge. Tiere mit Brutpflege kümmern sich auch um ihre Jungen, wenn diese ausgeschlüpft oder geboren sind. Säugetiere betreiben Brutpflege, indem sie die Jungen mit Milch ernähren. Vögel bauen Nester und füttern ihre Jungen. Manche Tiere tragen ihre Jungen mit sich herum, bis diese selbständig sind.

Bürzel Schwanzwurzel des Vogels. Oberhalb sitzt die Bürzeldrüse. Sie enthält ein Öl, mit dem der Vogel sein Gefieder Wasser abweisend macht.

Chitin Hornähnlicher Stoff. Aus Chitin besteht das Außenskelett von Insekten, Krebsen, Spinnen und Tausendfüßern. Der Stoff ist anfangs weich und wird dann hart. Da er nicht mitwächst, häuten sich Tiere mit einem Außenskelett während ihres Wachstums mehrmals.

Delfinarium Großes Becken mit Wasser, in dem man Delfine hält. Delfinarien, in denen Delfine oft Kunststücke zeigen, gibt es in manchen Zoos und in Freizeitparks.

Echopeilung Ortung mit Hilfe von Schallwellen. Manche Tiere senden Schallwellen aus, die von Beutetieren oder Hindernissen zurückgeworfen werden. Fledermäuse stoßen Ultraschallschreie aus und fangen das Echo mit den Ohren auf. Wale und Delfine benutzen die Echopeilung unter Wasser. Man spricht dabei von einem Sonarsystem.

Einzeller Lebewesen aus einer einzigen Zelle. Pflanzen, Pilze und Tiere stammen von Einzellern ab. Diese leben vorwiegend im Wasser. Bekannte Einzeller sind die Amöbe und das Pantoffeltierchen.

Embryo Aus einer befruchteten Eizelle entstehendes Lebewesen. Bei Säugetieren wächst der Embryo in der Gebärmutter zum fertigen Tier heran. Nur bei den Beuteltieren entwickelt sich der Embryo in der Gebärmutter nicht ganz bis zum fertigen Tier. Beim Schnabeltier und dem Ameisenigel schlüpfen die Jungen außerhalb des Mutterleibs aus Eiern.

Evolution Entwicklung der Lebewesen von einfachen zu höheren Formen. Ein Ergebnis der Evolution ist auch der Mensch als das am höchsten entwickelte Lebewesen. Die Evolution geht ständig weiter.

Fossilien Reste früherer Lebewesen. Sie sind meist als Versteinerungen in den Erdschichten erhalten. Als lebende Fossilien bezeichnet man Tiere, die es schon seit langem auf der Erde gibt und die sich seither kaum verändert haben. Dazu zählen die Brückenechse und das Perlboot, ein altertümlicher Tintenfisch.

Generation Alle etwa gleichaltrigen Einzelwesen einer Art. Die Eltern bilden eine Generation, die Jungen die nächste. Bei manchen einfachen Tieren wie den Polypen gibt es den so genannten Generationswechsel. Darunter versteht man, dass sich die Tiere von Generation zu Generation einmal geschlechtlich, einmal ungeschlechtlich fortpflanzen. Bei Polypen entstehen zum Beispiel durch die ungeschlechtliche Knospung Quallen. Diese vermehren sich wieder geschlechtlich durch Eier.

Gliederfüßer Tiergruppe, in der Insekten, Krebse, Spinnen und Tausendfüßer zusammengefasst werden. Die Gliederfüßer haben einen in Kopf, Brust und Hinterleib gegliederten Körper sowie gegliederte Beine.

Harem Mehrere Weibchen, die ein Männchen um sich sammelt und mit denen es sich paart. Der Hahn begattet zum Beispiel mehrere Hühner. Ein Elefantenbulle hat einen Harem aus mehreren Elefantenkühen. Ein starker Seeelefantenbulle kann bis zu 20 Weibchen in seinem Harem haben.

Häutung Abstoßung der Haut als Ganzes. Schlangen schlüpfen von Zeit zu Zeit aus ihrer Haut, wenn sie ihnen zu eng geworden ist. Auch Krebse häuten sich mehrmals, da ihr Außenskelett nicht mitwächst. Das gilt auch für Insekten, Spinnen und Tausendfüßer.

Heimtier Kleine Tiere, die als Hausgenossen gehalten werden. Man unterscheidet Haustiere und Heimtiere. Zu den Haustieren zählen alle Nutztiere des Menschen wie Pferde, Kühe, Schweine und Geflügel sowie Hunde und Katzen. Heimtiere sind zum Beispiel Goldhamster, Meerschweinchen und Wellensittiche.

Horst Nest der Greifvögel, Eulen und Stelzvögel. Ein Horst ist meist flach und ausladend. Als Nistmaterial verwenden die Vögel dickere Äste und Zweige.

Humus Fruchtbarer Boden. Er entsteht aus abgestorbenen Tieren und Pflanzen, die verrotten. In dieser Bodenschicht leben besonders viele Kleinlebewesen. Sie wirken als Zersetzer und stellen so Nährstoffe für Pflanzen her.

Imponiergehabe Verhalten, durch das Tiermännchen Rivalen einschüchtern. Sie machen sich größer oder stolzieren aufgebläht umher. Der Gegner bekommt dann meist Angst und ergreift die Flucht, bevor es zu einem Kampf kommt. Männchen wollen häufig auch einem Weibchen durch ihr Gehabe imponieren.

Insektenstaat Gemeinschaft von Insekten. Insektenstaaten sind die größten Tiergemeinschaften mit bis zu einer Million Tieren. Zu den Staaten bildenden Insekten zählen Bienen, Wespen, Ameisen und Termiten.

Jungfernzeugung Entwicklung von Nachkommen aus unbefruchteten Eiern. Blattläuse oder Stabheuschrecken zum Beispiel können sich durch Jungfernzeugung vermehren. Zur Fortpflanzung sind keine Männchen nötig.

Kältestarre Ruhezustand von wechselwarmen Tieren im Winter. Die Körpertemperatur wechselwarmer Tiere hängt von der Umgebung ab. Insekten, Schnecken und Frösche fallen im Winter in Kältestarre. Dann stellt der Körper seine Tätigkeit weitgehend ein. So überwintern sie, ohne zu viele Nährstoffe zu verbrauchen.

Kiemen Atmungsorgane der meisten Wassertiere. Alle Fische haben Kiemen. Sie nehmen damit den im Wasser gelösten Sauerstoff auf. Mit Kiemen atmen auch Krebse, Kaulquappen und viele Weichtiere wie Tintenfische, Schnecken und Muscheln.

Knorpel Stützgewebe bei Wirbeltieren und beim Menschen. Die Jungen kommen mit einem knorpeligen Skelett zur Welt. Dieses verknöchert mit zunehmendem Alter. Haie und Rochen besitzen nur ein Skelett aus Knorpel. Darin unterscheiden sie sich von den Knochenfischen.

Knospung Ungeschlechtliche Form der Fortpflanzung bei niederen Tieren. Das Tier schnürt eine Knospe ab, und daraus entsteht ein Tochtertier.

Kokon Schutzhülle, mit der vor allem Insekten und Spinnen ihre Eier umschließen. Der Kokon besteht meist aus einem feinen Gespinst oder aus Schaum. Viele Insektenlarven spinnen auch selbst einen Kokon, in dem sie als Puppe ruhen.

Kolonie Ansammlung von Tieren. Zum Beispiel bilden Robben an den Küsten große Brutkolonien. Sie bringen dort ihre Jungen zur Welt und ziehen sie auf. Solche Brutkolonien kennt man auch von Seevögeln, etwa den Pinguinen.

Konkurrenz Wettbewerb um begrenzt vorhandene Dinge. Alle Tiere einer Art sind untereinander Konkurrenten. Sie konkurrieren um die besten Nahrungsbedingungen, um die Weibchen oder um die besten Brutplätze. Nahrungskonkurrenz entsteht auch unter verschiedenen Arten.

Korallenriff Kolonien von Korallen. Korallenriffe entstehen in lichtdurchfluteten Zonen warmer Meere. Die Korallen scheiden Kalk aus und bauen ihre Gerüste bis unter den Meeresspiegel. Aus dem Korallenkalk bilden sich Wälle und Atolle, wenn sich der Meeresboden hebt.

Kulturfolger Wildtiere, die die Nähe des Menschen suchen. Sie leben in Gärten und auf Feldern. Die Amsel ist ein Beispiel. Sie war einst ein scheuer Waldvogel und kommt heute in allen Gärten und Parks vor. Die meisten Tiere meiden aber die Nähe des Menschen und werden durch Straßen, Siedlungen und Ackerbau vertrieben. Man nennt sie Kulturflüchter. Ein Beispiel dafür ist der Biber. Er kam früher in vielen Flüssen vor. Erst seit man ihn bei uns wieder eingeführt hat, breitet er sich wieder aus.

Laich Die Eier von Fischen, Fröschen und Kröten. Wenn diese Tiere ihre Eier ablegen und besamen, spricht man vom Laichen.

Larve Zwischenform bei der Entwicklung eines Tieres. Vor allem bei den Insekten, aber auch bei Fröschen treten Larven auf. Die meisten Larven sehen anders aus als die Elterntiere. Die Larve des Maikäfers zum Beispiel ist der wurmartige Engerling. Raupen sind die Larvenform der Schmetterlinge, Kaulquappen die der Frösche. Sie alle verwandeln sich in fertige Tiere.

Mangrovensumpf Sumpfgebiet an Meeresküsten. An den Küsten warmer Meere wachsen häufig Mangroven. Diese Bäume haben Stelzwurzeln, mit denen sie teilweise im Salzwasser stehen. Zwischen den Mangrovenwurzeln sammelt sich der Schlick an. So bilden sich ausgedehnte Sumpfgebiete. Hier leben viele Tiere.

Mauser Federwechsel bei Vögeln. Die Mauser erfolgt zu bestimmten Zeiten im Jahr. Die Federn werden dabei nach und nach gegen neue ausgetauscht. Einige Vögel verlieren bei der Mauser auf einmal so viele Federn, dass sie eine Zeit lang nicht fliegen können.

Meduse Frei schwimmende Form eines Nesseltieres. Man bezeichnet sie auch als Qualle. Die festsitzende Form nennt man Polyp.

Mimikry Tarnung durch Täuschung. Ein harmloses Tier ahmt dabei ein anderes gefährliches oder ein giftiges Tier nach. Auf diese Weise schreckt es Feinde ab. So sieht zum Beispiel der Hornissenschwärmer, ein Schmetterling, wie eine Hornisse mit Giftstachel aus.

nachtaktiv Bezeichnung für alle Tiere, die erst in der Dämmerung auf Nahrungssuche gehen. Dazu zählen zum Beispiel Hyänen oder auch Eulen. Buschbabys, die nur nachts jagen, haben auffällig große Augen. Tiere, die tagsüber unterwegs sind und nachts ruhen, nennt man tagaktiv.

Nahrungskette Eine Reihe von Lebewesen, bei der eine Art der anderen als Futter dient. Pflanzenfresser ernähren sich von Pflanzen. Die Pflanzenfresser wiederum werden von Fleischfressern verzehrt. Kleine Fleisch fressende Tiere fallen größeren zum Opfer. Am Ende dieser Nahrungskette stehen die größten Raubtiere. Man kann für jedes Tier eine solche Kette aufstellen: In einem See ernährt sich ein Friedfisch von Algen und Wasserflöhen. Der Friedfisch wird vom Hecht gejagt und gefressen. Den Hecht fängt ein Angler, und der Raubfisch wird vom Menschen verspeist.

Naturschutz Alle Bemühungen, die Natur zu erhalten und die Pflanzen und Tiere vor dem Aussterben zu bewahren. Dazu gibt es Naturschutzgesetze. Sie schreiben vor, was erlaubt oder verboten ist. So dürfen Tiere, die unter Naturschutz stehen, nicht gejagt und getötet werden.

Nektar Zuckerhaltiger Saft der Blüten. Er dient vor allem vielen Insekten als Nahrung. Die Blüten werden beim Insektenbesuch bestäubt. Auch Kolibris saugen Nektar.

Nestflüchter Tierjunge, die nach der Geburt sofort das Nest verlassen. Dazu zählen nicht nur Hühnervögel, sondern auch Huftiere wie Rehe oder Antilopen sowie Feldhasen. Es sind vor allem Tiere, die keinen Bau haben und sich durch die Flucht vor Feinden retten.

Nesthocker Tierjunge, die nackt und blind zur Welt kommen und auf die Pflege ihrer Eltern angewiesen sind. Solche Tiere bleiben lange im Nest und werden von den Eltern gefüttert. Dazu gehören die meisten Vögel, aber auch Hunde, Katzen und andere Tiere.

Organ Körperteil. Alle Tiere mit Ausnahme der Einzeller, Schwämme und Nesseltiere haben Organe. Dazu zählen zum Beispiel Herz und Lunge oder Kiemen. Organe werden aus besonderen Zellen gebildet und übernehmen bestimmte Aufgaben im Körper. Das Herz pumpt das Blut durch die Adern. Lunge und Kiemen besorgen die Atmung.

Parasit Lebewesen, das auf Kosten anderer lebt. Zu den tierischen Parasiten oder Schmarotzern zählen viele Würmer und Insekten. Darunter sind Blutsauger wie Blutegel, Wanzen und Flöhe. Das Tier, von dem die Parasiten leben, nennt man Wirt.

Plankton Winzige Lebewesen, die im Wasser schweben. Es sind Pflanzen und Tiere. Die meisten sind Einzeller. Zum tierischen Plankton gehören aber auch kleine Krebschen, winzige Tintenfische und Schnecken. Das Plankton dient vielen Fischen, aber auch den Bartenwalen als Nahrung.

Pollen Blütenstaub. Er sorgt für die Bestäubung der Blüten. Schmetterlingen und Bienen dient er als Nahrung.

Polyp Festsitzende Form eines Nesseltieres. Polypen pflanzen sich durch Knospung auf ungeschlechtlichem Weg fort.

Puppe Vorletzte Stufe der Entwicklung bei vielen Insekten. Alle Insekten mit vollständiger Verwandlung ruhen eine Zeit lang als Puppe. Während der Puppenruhe verwandelt sich die Larve in das fertige Insekt.

Rangordnung Stellung von Tieren untereinander. Tiere in Tiergemeinschaften halten eine strenge Rangordnung ein. Sie legt fest, welche Vorrechte und Pflichten ein Tier innerhalb der Gruppe hat. Vorrechte sind zum Beispiel, als Erster fressen zu dürfen oder den besten Schlafplatz zu bekommen. Rangniedere Tiere stehen zurück. Das ranghöchste Tier verschafft sich durch Kämpfe und Drohgebärden Achtung und Anerkennung.

Rasse Unterart einer Art. Vom Hund kennt

man über 400 Rassen. Sie unterscheiden sich in Größe, Farbe und anderen Merkmalen. Alle können sich untereinander paaren und fruchtbare Nachkommen haben. Das heißt, dass diese wieder Junge bekommen können.

Regeneration Wiederherstellen verlorener Körperteile. Einem Seestern wächst ein abgefressener Arm wieder nach. Die Eidechse kann ihren Schwanz verlieren und wieder ersetzen. Je einfacher ein Tier gebaut ist, desto größer ist seine Fähigkeit zur Regeneration.

Regenwald Urwald am Äquator. Dort gibt es keinen Winter wie bei uns. Die Sonne scheint das ganze Jahr, und es regnet fast täglich einmal. Durch die Wärme und das Wasser gedeihen die Pflanzen wie in einem Treibhaus. Die Tiere finden hier viel mehr Nahrung als anderswo auf der Erde. Deshalb leben in den Regenwäldern auch mehr als die Hälfte aller Tierarten der Erde.

Revier Das Gebiet, in dem ein Tier ständig lebt. Man nennt es auch Territorium. Tiere verteidigen ihr Revier gegen Eindringlinge.

Rivale Gegner. Im Tierreich sehen Männchen in einem anderen Männchen einen Rivalen, der ihnen ihr Revier und die Weibchen streitig macht. Sie bekämpfen deshalb den Rivalen. Besonders heftig sind diese Kämpfe während der Paarungszeit.

Rotte Mehrere Wildschweine, die in einer Gruppe zusammenleben.

Rückstoß Eine Art der Fortbewegung. Raketen fliegen durch Rückstoß: Das nach hinten ausgestoßene Gas treibt die Rakete vorwärts. Auf die gleiche Weise schwimmen Tintenfische: Sie stoßen Wasser aus ihrer Körperöffnung und werden dadurch vorwärts getrieben.

Rudel Eine Gruppe von Tieren. Der Jäger verwendet das Wort anstelle von Herde und bezeichnet damit vor allem eine Gruppe von Hirschen oder Wölfen. Man spricht zum Beispiel von einem Hirsch- oder Wolfsrudel.

Savanne Tockenes Grasland, in dem einzelne Bäume wachsen. Die ausgedehnteste Savanne gibt es in Afrika. Hier leben noch große Herden von Antilopen, Zebras, Giraffen und Elefanten. Bewohner der Savanne sind auch Löwen, Nashörner, Hyänen und Strauße. In der afrikanischen Savanne liegt der Serengeti-Nationalpark, das größte Tierschutzgebiet der Erde.

Schelfmeer Die Meere über dem Schelf. Der Schelf ist der Rand der Erdteile. Dieser Festlandsockel fällt langsam in die Tiefe ab. Die Meere darüber sind bis zu 200 m tief.

Schmarotzer Tiere und Pflanzen, die auf Kosten anderer leben. Man nennt sie auf Lateinisch Parasiten.

Schule Ein gemeinsam handelnder Schwarm von Fischen oder Delfinen.

Skelett Körpergerüst. Es besteht bei Wirbeltieren aus Knochen und liegt im Körper. Man spricht deshalb auch von einem Innenskelett. Insekten und Krebse haben ein äußeres Skelett. Es besteht aus einem hornähnlichen Stoff, dem Chitin.

Symbiose Partnerschaft zwischen unterschiedlichen Tieren. Beide Tiere leben dabei zu gegenseitigem Nutzen zusammen. Eine solche Nutzgemeinschaft kennt man zum Beispiel von Putzerfischen. Sie leben im Korallenriff und säubern gefährlichen Raubfischen die Haut von Parasiten. Der Putzerfisch frisst die Parasiten und ist durch den Raubfisch vor Feinden geschützt.

Taiga Das größte Nadelwaldgebiet der Erde. Die Taiga liegt im Norden Europas und Asiens. Die größten Tiere der Taiga sind Bär, Elch und Vielfraß.

Tarnung Schutzeinrichtung von Tieren. Viele Tiere, die sich nicht durch Stärke, einen Panzer, Gift oder Schnelligkeit vor Feinden schützen können, tarnen sich. Die meisten passen sich durch ihre Farbe der Umgebung an. Man nennt das eine Tarntracht. Schneehasen zum Beispiel bekommen im Winter ein weißes Fell als Tarntracht. Viele Bodenfische tarnen sich, indem sie ihre Haut der Farbe des Untergrunds anpassen.

Tentakel Die Fangarme von Tintenfischen, Quallen und Blumentieren. Bei Tintenfischen sind die Tentakel mit Saugnäpfen besetzt. Die Tentakel der Quallen und Blumentiere tragen Nesselkapseln.

Tollwut Lebensgefährliche Krankheit, die auch Menschen befallen kann. Sie tritt bei warmblütigen Tieren auf, häufig bei Füchsen, Mardern und Eichhörnchen. Erkrankte Tiere zeigen ein auffälliges Verhalten. Sie werden beißlustig und sind gegenüber dem Menschen sehr zutraulich. Deshalb ist es sehr gefährlich, solche Tiere anzufassen oder zu streicheln. Wer von einem tollwütigen Tier gebissen wird, muss sofort einen Arzt aufsuchen. Vor Tollwut schützt eine Tollwutimpfung.

Tundra Baumlose Steppe im nördlichen Polargebiet. Hier wachsen nur Moose und Flechten. Der Sommer dauert in der Tundra nur zwei Monate. Danach ist sie wieder von Eis und Schnee bedeckt. In der Tundra leben Rentiere und Moschusochsen, Lemminge, Schneehasen und Eisfüchse. Im kurzen Sommer brüten hier auch viele Vögel.

Verwandlung Veränderung der Körperform während der Entwicklung. Viele Tiere ändern während des Wachstums vom befruchteten Ei zum fertigen Tier ihr Aussehen. Aus dem Ei wird zuerst eine Larve. Viele Larven häuten sich mehrmals während des Wachstums. Dabei werden sie dem fertigen Tier immer ähnlicher. Man nennt das unvollkommene Verwandlung. Man findet sie zum Beispiel bei Krebsen. Bei der vollkommenen Verwandlung verpuppt sich die Larve und ruht eine Zeit lang. Käfer und Schmetterlinge schlüpfen aus einer Puppe. Mit einem griechischen Wort nennt man die Verwandlung auch Metamorphose.

wechselwarm Bezeichnung der Körperwärme. Wechselwarme Tiere haben keine gleichmäßige Körpertemperatur. Sie richtet sich nach der Außentemperatur. Ist es kalt, dann sinkt auch ihre Körperwärme ab. Wechselwarm sind alle Tiere mit Ausnahme der Säugtiere und der Vögel. Diese haben stets die gleiche Körpertemperatur.

Wiederkäuer Paarhufer mit einem Magen aus vier Kammern. Dazu zählen Rinder, Schafe, Hirsche, Antilopen und andere Huftiere. Sie würgen nach dem Fressen ihr Futter wieder hoch, um es noch einmal durchzukauen, bevor sie es verdauen. Auf diese Weise wird das Futter besser ausgewertet. Pferde, die keinen Wiederkäuermagen haben, müssen sehr viel mehr Futter fressen.

Winterruhe Unterbrochener Ruhezustand vieler Tiere in kalten Gebieten. Viele Säugetiere halten keinen durchgehenden Winterschlaf. Sie wachen von Zeit zu Zeit auf, um von ihren Vorräten zu fressen. In der kältesten Zeit schlafen sie aber fest. Allerdings senken sie ihre Körpertemperatur nicht ab wie echte Winterschläfer. Zu den Winterruhern zählen das Eichhörnchen und der Hamster. Sie tragen für den Winter große Mengen an Vorräten ein.

Winterschlaf Fester Ruhezustand vieler Tiere in kalten Gebieten. Winterschläfer fressen sich bis zum Herbst eine dicke Fettschicht an und fallen dann in einen tiefen Schlaf. Sie zehren während ihres Schlafs von den Fettreserven. Dabei sinkt ihre Körpertemperatur ab, die Atmung verringert sich, und das Herz schlägt langsamer. Wenn im Frühjahr die Sonne die Erde erwärmt, wachen die Tiere aus ihrem Winterschlaf auf. Siebenschläfer und Murmeltiere schlafen über ein halbes Jahr.

WWF Abkürzung für *World Wide Fund for Nature*. Das ist die größte Naturschutzorganisation der Welt.

Zelle Der kleinste Baustein aller Lebewesen. Einfache Lebewesen bestehen nur aus einer einzigen Zelle und werden deshalb Einzeller genannt. Bei mehrzelligen Lebewesen übernehmen die Zellen im Körper verschiedene Aufgaben. Muskelzellen sehen deshalb anders aus als Nervenzellen oder Blutzellen.

Zugvogel Vögel, die im Herbst ihr Brutgebiet verlassen, um in wärmeren Ländern zu überwintern. Viele unserer Singvögel sind Zugvögel. Sie fliegen zum Teil bis nach Südafrika und kehren im Frühjahr wieder zurück.

Zwitter Tiere, die sowohl weibliche als auch männliche Geschlechtsorgane haben. Dazu zählen zum Beispiel Schnecken und Regenwürmer. Die zweigeschlechtigen Tiere paaren sich trotzdem untereinander.

Abbildungsnachweis

aisa, Barcelona: 62 **Toni Angermayer, Holzkirchen:** 111 l., 123, 145, 181 u., 274 l./Pfletschinger, 278/Pfletschinger, 304/Kösters, 308 l./Ziesler, 317/Pfletschinger **Document Vortragsring e.V., München:** 46 o./Göhler, 52/Trippmacher, 161 u./Göhler, 255 r./Göhler **Dorling Kindersley, London:** 177 **IFA-Bilderteam GmbH, Ottobrunn:** 16 l./BCI, 191 l./BCI, 20/Simanor, 23 r./Maier 105/Leeson, 93/Rügner, 96/BCI, 130/Volmer, 132 o./Maier, 136/Fischer, 157, 239 o.l./Maier, 240 u.l., 240 u.r./Walsh, 253/Willemeit, 254 u./Maier, 266 u./Wunsch, 276 l./Wittek, 281 l./Giel, 284/BCI, 307 o./Mielke **Interfoto, München:** 71 u./Silvia, 246 l. **Sybille Kalas, Pöndorf:** 115 r. **Volker Kess, Lübeck:** 172, 173 **Dr. Rudolf König, Preetz:** 301 l. **Aldo Margiocco, Campomorone:** 203 **Mauritius, Mittenwald:** 13 r./Ausloos, 95 u./Bibikow, 119 l./age fotostock, 119/Vidler, 126 r./Liedtke 193 l./Wilson, 202 l./AGE, 204 l./Dirscherl, 206/Otte, 207/Frei, 208/Oxford Scientific, 209/Dirscherl, 213/Dirscherl, 216 u./AGE, 219 o./Obst, 219 u./Lange, 220 r./Frei, 221/Dirscherl, 222/Dirscherl, 223/Dirscherl, 224 l./Dirscherl, 234 o.l./Rauschenbach, 234 u.l./Rauschenbach, 242 o./Schäfer, 249 o./AGE, 249 u./Cupak, 251 o.l./Lange, 254 o./AGE, 255 l./Kunkel, 256/AGE, 257/Layer, 260 l./Milse, 262/Wendler, 263/AGE, 269 u./AGE, 272 l./Schätzle, 285 o./Schrempp, 290 r./Photononstop, 293 u./Oxford Scientific **Dr. Giuseppe Mazza, Monte Carlo:** 225 **Mev, Augsburg:** 72/Hesselmann, 214 **Natural History Photographic Agency, Saltwood:** 59, 88/Dalton, 127/Pfister, 133/Pickford, 139/Pfister, 141/Heuclin, 224 r./Pitkin, 227/Lacz **Naturfoto Brehm, Schrozberg:** 87/Brehm **Okapia KG, Frankfurt:**13 l., 16 r./NAS/Lynn, 17, 32 o./Kelley, 32 u./Denis-Huot/BIOS, 48/Holdsworth/Wildlife, 49 u./Barber, 56 o./NAS/McHugh, 65/Danegger, 69/Quinton, 73/NAS/Bergkessel, 75/FLPA/Middleton, 81 l./Hubacher, 81 r./Franz/Wildlife, 82/Gohier, 86/Maier, 88 o., 101 Fleetham/OSF, 107/Sound, 113 l./Thomas/BIOS, 113 r./LeMoigne/BIOS, 121 o.r./Stefanovic, 124/Holdsworth/Wildlife, 126 l./Thielscher, 140/Emu, 159/Hamblin/OSF, 320/Stone/OSF, 175/McDonald, 180/Myers, 181 o./Grzimek, 190 r./Layer, 191 r./Cubitt, 195/Pieschel, 197/Staffan, 252 r./McHugh, 205/Sauer, 216 o./Martyn, 234 r./Wothe, 235 l./Hagemann, 245/Fogden/OSF, 251 o.r./Nomachi/NAS, 252/Roura, 260 r./Wanecek, 264 l./Fleetham/OSF, 272 r./Northcott, 274 r./Pelka, 275/Ramage/OSF, 279/McHugh/NAS, 280 l./Kage, 280 r./Macewen, 281 r./McHugh/NAS, 287 l./McHugh/NAS, 288/Bernard, 290 l./Pott, 293 o.r./Fleetham, 298 r./Westerskov, 299/Martinez/NAS, 300 r./McDaniel/NAS, 305 r./Martinez/NAS, 305 l./Freund, 309 r./Faulkner/NAS, 310 u./Atkinson/OSF, 310 o./Aitken/P. Arnold Inc., 315 u./Pölzer, 315 o./Maywald, 316/Gaugler **RCS Libri & Grandi Opere SpA Milano/Il mondo degli animali:** 38, 46 r., 46 u., 66 o., 100, 189 l., 201, 210, 217 l., 220 l., 233 l., 233 r., 276 r., 314 **Reinhard-Tierfoto,**

Heiligenkreuzsteinach-Eiterbach: 66 u. **shutterstock:** 11/Ehlers, 14/Wong Tsu Shi, 19/Doxa, 22/Kuwasaki, 23 l./Cowan, 39 l./WhiteShadePhotos **Ivars Silis, Qaqortoq/Grönland:** 50 **Silvestris online, Kastl:**10 r./Lacz, 10 l./Lacz, 18/Hosking, 21 o./Feetham, 24/FLPA, 25/Sohns, 28/Meyers, 29/Meyers, 31 l./ Meyers, 31 r./Sunset, 33/Wisniewski, 35 o./Gross, 35 u./Martinez, 39 r./Wothe, 40/Lange, 41 Bertrand, 44/Sycholt, 45/Lacz, 49 o./FLPA, 51 r./Schulte, 53/Lacz, 54 o./Fischer, 54 u./ Sohns, 58/Lacz, 60/Bertrand, 61/Pölking, 63/Lacz, 64/Usher, 67/NHPA, 68 l./Lacz, 68 r./Coleman, 71 o./FLPA, 74/Danegger, 76/NHPA, 77/Wilmshurst, 78/Arndt, 84/ Danegger, 91/Lacz, 92/Lane, 94/Hubacher, 95 o./A.N.T., 98/Fogden, 99/Dani/Jes, 103 o./Lacz, 111 r./Dr. Brehm, 112/Aitken, 114/Walz, 115 l./Dr. Brehm, 117/Wisnieweski, 121 o.l./Lacz/SUNSET, 121 u., 125, 129/A.N.T., 132 l./Hüttenmoser, 137/ Wilmshurst, 142/Lacz, 146 o./FLPA, 146 r.o., 146 r.u./Gross, 148/Walz, 149/ A.N.T., 151/Nill, 153/Thielscher, 154 o., 154 r./Nill, 154 u./Nill, 155/Danegger, 156/Partsch, 158/Sohns, 161 o./Brandl, 167/Pelka, 168 o./Cramm, 168 u./NHPA/ Dalton, 170/J. & C. Sohns, 171/Dani/Jeske, 172/Breiter, 176/Prenzel, 178/Cramm, 179/Nill, 182/ANT, 184 u./Wothe, 184 o./ Aitken, 190 l./Lacz, 192/Willner, 193 r./ Willner, 194/Cramm, 202 r./Aitken, 217 r./ Lacz, 227 l./Fleetham, 231/Weinzierl, 235 r./Brockhaus, 236/Hagen, 238/Brockhaus, 239 u./Willner, 239 o.r./Brockhaus, 240 o./Stolterfaut, 242 u./Willner, 246 r./ Martinez, 261/Rohdich, 264 u./Hecker, 266 o./ANT, 267/Lindenburger/Quedens, 269 o./Wothe, 168/Hagen, 285 u./Hecker, 287 r./Fleetham, 291 u./Fleetham, 291 u./ Hecker, 292/Wothe, 293 o.l./Aitken, 298 l./Hecker, 300 l./Hecker, 301 r./ Cramm, 309 l./Robba, 322/Lacz **TopFoto, Kent:** 37/Eastcott-Momatiuk/The Image Works, 43/The Image Works, 51 l./Brakefield/The Image Works, 56 u. Brakefield/ The Image Works, 132 u./The Image Works, 189 r./Townsend Dickinson/TIW **U. S. Fish & Wildlife Service:** 21 u./Rathburn. **Wissen Media Verlag GmbH, Gütersloh:** 206.